Wilhelm Probst

# Kampfschwimmer der Bundesmarine

# Wilhelm Probst

# Kampfschwimmer der Bundesmarine

## Innenansichten einer Elitetruppe

Einbandgestaltung: Katja Draenert unter Verwendung
von Vorlagen aus der Sammlung des Vefassers.


Die teilweise geminderte Bildqualität ist auf das Alter
der Abbildungen und die Umstände ihres Entstehens
zurückzuführen.

ISBN 3-613-02148-X

1. Auflage 2001
Copyright © by Motorbuch Verlag,
Postfach 103743, 70032 Stuttgart.
Ein Unternehmen der Paul Pietsch-Verlage GmbH & Co.

Lektor: Martin Benz M.A.
Innengestaltung: IPa, 71665 Vaihingen/Enz
Scans: Repro Schmid, 70469 Stuttgart
Druck: Rung Druck, 73033 Göppingen
Bindung: Buchbinderei Dieringer, 70828 Gerlingen
Printed in Germany

# Inhalt

# Vorwort und Dank

Kampfschwimmer – mit diesem Begriff verbinden viele Eigenschaften wie selbstsicher, übernatürlich oder unbezwingbar; ja es schwingt etwas Abenteuerliches – ja Engültiges – mit.

Mythos und Abenteuer stecken zweifellos auch dahinter. Doch für einen, der sich wirklich das Ziel gesteckt hat, Kampfschwimmer der deutschen Marine zu werden, ist es vor allem ein langer und qualvoller Weg. Der Wunsch, irgendwann einmal den so genannten *Fisch* – das heißbegehrte *Kampfschwimmer-Abzeichen* – an die Brust geheftet zu bekommen bedeutet für alle Aspiranten: Das Unmögliche schaffen! Und dies kann nur, wer den glasklaren wie knallharten Wahlspruch der Kampfschwimmer verinnerlicht und zum Maßstab allen Handelns erhebt: »LERNE LEIDEN OHNE ZU KLAGEN«.

Das brutale und gnadenlose Auswahlverfahren und der tägliche physische und psychische Stress, dem sich ausnahmslos jeder Kampfschwimmer-Bewerber unterwerfen muss, verfolgen allein den Zweck, einen überaus hohen Leistungsstand zu erreichen und zu halten, sowie die Sicherheit jedes Einzelnen zu garantieren.

Schon 1958, als zum ersten Mal nach dem Krieg wieder deutsche Kampfschwimmer ausgebildet wurden, galt das eiserne Motto: *Sicherheit geht vor!* Wobei unter »Sicherheit« vor allem die Fähigkeit zu verstehen war und ist, sich in Extremsituationen zu beherrschen und kontrolliert zu handeln. Nur wer im und unter Wasser unter Atemnot professionell seine Arbeit verrichtet, meistert später auch Notfälle und Extremsituationen.

Dieses Buch habe ich auch für Jugendliche geschrieben, die sich zum Ziel gesetzt haben, Kampfschwimmer zu werden. Für diejenigen, die den »großen Kick« suchen, wie es so schön neudeutsch heißt, ist die Ausbildung zum Kampfschwimmer im Grunde das Beste, was ihnen widerfahren kann. Denn diese bedeutet zwölf Monate »Dauerkick«!

Freilich genügt die Sucht nach Adrenalin bei weitem nicht. Gewisse sportliche Voraussetzungen, eine gute Gesundheit, ein eiserner Wille und vor allem die richtige innere Einstellung sind unverzichtbar. Ohne sie ist alles von vorneherein zum Scheitern verurteilt. Aber davon später mehr.

\*

Großen Dank schulde ich den Freunden und Kameraden der Kampfschwimmerkompanie, die mir dabei halfen, dieses Werk zusammenzustellen und auch zu beenden. An dieser Stelle hätte ich gerne alle namentlich genannt, doch wollten und konnten einige nicht aufgeführt werden. *Erich Adolf* stand als Berater zur Seite und kam der mühsamen Aufgabe nach, historisches Bild- und Textmaterial in allen möglichen und unmöglichen Ecken zu suchen und zusammen zu tragen. Sein Sohn *Sven Adolf*, aktiver Offizier der Marineflieger, half bei der Fertigstellung eines Kapitels durch seine Erfahrung aus einer gemeinsamen, sehr realistischen Übung mit der Kampfschwimmerkompanie. Auch *Wolfram Giebel*, einst unser Skilehrer bei der Winterkampfausbildung in Mittenwald und Garmisch, lieferte wichtige Einzelheiten. In der ihm – und nur ihm – eigenen Art trug er damals oft zur »Auflockerung« der Ausbildung und Förderung der Kameradschaft bei.

*Olaf Gierke* und *Andree Böker* – Letzterer erteilte als Markeninhaber des Kampfschwimmerlogos in Schrift und Bild die Genehmigung zur Veröffentlichung in diesem Buch – stellten Bildmaterial zur Verfügung, das zum Teil noch nie veröffentlicht wurde.

Ein aktiver Kampfschwimmer, der namentlich nicht genannt sei will – wohl aber einer der besten, die die Bundeswehr je hatte – ließ seine Fachkompetenz und sein Hintergrundwissen einfließen.

Kameraden befreundeter Einheiten steuerten wertvolle Erinnerungen an Zeiten gemeinsamer Ausbildung und Einsätze im In- und Ausland bei. An dieser Stelle darf der Dank an die Gründer der Kampfschwimmerkompanie nicht fehlen, ohne deren Erfahrung, Leistung und Einsatzbereitschaft es heute wahrscheinlich keine derartige Elite in Deutschland gäbe.

Zuletzt möchte ich all jenen danken, die sich mit unseren Kampfschwimmern verbunden fühlen und sie in irgendeiner Art und Weise aktiv und passiv unterstützen. Ohne ihre Hilfe wäre vieles nicht möglich gewesen.

Unseren ums Leben gekommenen Kameraden gilt an dieser Stelle der letzte Gedanke.

Im Sommer 2001
**Wilhelm Probst**
*Kampfschwimmer Nr. 304*

Nächste Doppelseite: Aktive Kampfschwimmer und Unterstützungspersonal vor dem Kompaniegebäude 1982.

# Im Klartext

Zunächst möchte ich klarstellen, was ich unter einem *Kampfschwimmer* verstehe. Es gibt viele Leute, die von sich behaupten, Kampfschwimmer zu sein, aber keine sind… Einige haben es zumindest zu werden versucht, sind aber kläglich gescheitert. Dies soll keinesfalls heißen, dass Bewerber, die den hohen Anforderungen nicht gerecht werden, Soldaten oder Menschen zweiter Klasse sind. Im Gegenteil: Sie haben sich einer der härtesten Anforderungen gestellt, die es für Männer überhaupt gibt. Letztlich bringen aber nur die wenigsten das Zeug zum Kampfschwimmer mit *und* bewältigen auch die letzten Hürden. Es ist keine Schande, aus den gnadenlosen Auswahlverfahren nicht als einer der wenigen Sieger hervorgegangen zu sein. Bei der Olympiade kommen viele hervorragende Sportler auch nicht mit Gold nach Hause, wohl aber mit dem Stolz, dabei gewesen zu sein.

Männer diesen Schlages sind hier nicht gemeint. Wohl aber jene Blender, die absichtlich den falschen Eindruck erwecken, Kampfschwimmer gewesen zu sein.

Kampfschwimmer nach Definition der deutschen Marine ist, wer nach einer kompletten Schulung von mindestens 12 Monaten Dauer in Eckernförde die Ausbildung erfolgreich beendet hat und im Besitz des *Kampfschwimmerabzeichens* und des *Kampfschwimmerscheines* ist. Letzterer enthält die nur einmal vergebene taktische Nummer eines jeden Kampfschwimmerscheines und damit Kampfschwimmers und stellt das Zertifikat der Echtheit dar. Das Kampfschwimmerabzeichen erhält der erfolgreiche Kampfschwimmerschüler vom Chef der Ausbildung angeheftet, worauf ihn der Chef der Kampfschwimmerkompanie in die Reihen der Akti-

ven aufnimmt. Erst nach diesen »Weihen« ist er vollwertiger Kampfschwimmer.

Dabei gilt es zu beachten, dass der Chef der Ausbildung zur Zeit nicht unbedingt Kampfschwimmer sein muss, denn in regelmäßigen Abständen obliegt diese verantwortungsvolle Aufgabe einem erfahrenden Offizier der Minentaucher. Dies hat organisatorische Gründe. Der Zugführer des Kampfschwimmerausbildungszuges ist freilich immer ein aktiver Kampfschwimmer und bringt als solcher die spezielle Fachkompetenz mit, die ihn zur Übernahme der hohen Verantwortung be-

»So, du willst Froschmann werden?« Das »Frogman«-Logo prangt, fast in Lebensgröße, in der Unterkunft der Kampfschwimmerkompanie. Es wurde Mitte der 70er-Jahre von Robert Zimmermann entworfen. Warum in Englisch? Der Text stammt von Bob Schoultz, Kapitän z. See bei den SEALs und bis vor kurzem Kommandeur der *US Navy Spezial Warfare Group II*, der seinerzeit als Austauschoffizier in Eckernförde weilte.

fähigt. Es lässt sich also jederzeit die Spreu vom Weizen trennen. Behauptet einer, »KS-ler« zu sein (KS = Abkürzung sowohl für *Kampfschwimmer* als auch für *Kampfschwimmerkompanie*), braucht man ihn nur nach seiner Taktischen Nummer zu fragen, die nur Eingeweihte wissen können.

Falscher Ehrgeiz? Keineswegs. Ich habe in Kriegs- und Krisengebieten mehr als einmal erlebt, wie »falsche Fuffziger« absichtlich oder unabsichtlich versucht haben, den guten Ruf der Kampfschwimmer zu nutzen, um sich Vorteile irgendwelcher Art zu verschaffen. Diese Personen schadeten dem Leumund und der Fachkompetenz der deutschen Kampfschwimmer und ließen dadurch – gewollt oder ungewollt – die Kampfschwimmerkompanie in einem trüben Licht erscheinen.

Ein Beispiel: Auf dem Balkan begegnete mir ein Mann, der – sage und schreibe – das deutsche, das amerikanische und das französische Kampfschwimmerabzeichen auf der Brust trug und steif und fest behauptete, alle drei Ausbildungen vollständig durchlaufen zu haben. Es gibt ja bekanntlich nichts, was es nicht gibt, doch in diesem Falle war es schlicht Frechheit und Anmaßung. Die betreffende Person, ein Stabsoffizier der Reserve, ist der Kampfschwimmerkompanie bekannt.

Er war nicht der einzige Fall. So trugen ehemalige NVA-Leute, die nie in Eckernförde eine Ausbildung durchliefen, unberechtigt das Kampfschwimmerabzeichen mit dem Sägefisch.

Meist genügt ein Telefongespräch oder ein kurzer Blick in die Ahnengalerie der Kompanie und die Blender sind enttarnt. Welche »Brustschmerzen« müssen diese Leute haben. Vor allen Dingen offenbart ihr Verhalten Charakterschwäche.

Kein Kampfschwimmer hat aber etwas dagegen, wenn Zivilisten oder Soldaten, die sozusagen »KS-Fans« sind, die Baseballmützen oder T-Shirts, Polohemden und andere Artikel mit KS-Logo tragen, die man käuflich erwerben kann. Dies kommt der Kompanie a) finanziell und b) ideell zugute, weil damit indirekt Nachwuchswerbung betrieben wird.

Aber leider gibt es auch die schwarzen Schafe; darunter aktive Soldaten, die sich in der Öffentlichkeit und von den Medien als Kampfschwimmer oder gar Ausbilder von Kampfschwimmern darstellen lassen. Sie halten es nicht für nötig

klarzustellen, wer oder was sie wirklich sind. Einer vertieften Befragung durch Reporter oder schlicht Neugierige, die sich in ihren kühnsten Träumen nicht vorstellen können, was in der KS-Ausbildung tatsächlich läuft, weichen diese Kameraden aus. Denn es könnte mit Sicherheit sehr peinlich für sie werden. Hier trifft folgender Ausspruch zu: »Es haben schon viele behauptet Kampfschwimmer zu sein, es hat jedoch noch nie ein Kampfschwimmer behauptet, etwas Anderes zu sein.«

Hierzu kommen noch Probleme, die Kampfschwimmern wie Knüppel zwischen die Beine geworfen werden. Ein immer wieder auftauchendes Streitthema sind die Tauchstunden. Da legen Außenstehende Maßstäbe an, ohne die Hintergründe zu kennen. Dieses leidige Problem besteht seit es die Kompanie gibt. An einer Einheit wie der KS lassen sich nicht die gleichen Maßstäbe anlegen, wie sie z. B. für andere – nennen wir sie einmal *Tauchende Einheiten* – gelten. Diese haben meist keinerlei Probleme, pro Mann 30 oder mehr Tauchstunden im Jahr nachzuweisen, da nun mal das Tauchen, aber auch nur dies (sei es im Tauchtopf, im Tauchbecken oder in freien Gewässern), ihre Aufgabe ist. Ein Kampfschwimmer ist *»Allrounder«* und muss – so verlangt es sein Auftrag zwingend – in unzähligen Einsatz- und Trainingsstunden seinen Part auf den verschiedensten Gebieten sicher erfüllen. Manchmal habe ich den Eindruck, einige Herren hätten nichts Besseres zu tun, als die Tauchstunden der Kampfschwimmer zu zählen. Dass das Tauchen aber nur einen geringen Teil der Aufgaben der Kompanie in Anspruch nimmt, vergessen die meisten. Wer Kampfschwimmer ausschließlich nach Unterwasseraufenthalten beurteilt, ist falsch orientiert und sollte sich zur Aufklärung die folgenden Kapitel zu Gemüte führen. Mit diesen Zeilen möchte ein alter Troupier auch die Gelegenheit ergreifen, Leuten in verantwortlichen Stellen den kleinen Denkanstoß zu geben, sich im Bedarfsfall Informationen nicht bei fachfremden Offizieren, sondern direkt bei aktiven Kampfschwimmern zu holen. Bestimmten Leuten »an der Quelle« hülfe es schon, wenn sie ihre Pflicht zur Dienstaufsicht wahrnähmen und auch nur gewisse Abschnitte des Trainings besuchten. Vielleicht fiele dann der Groschen.

Der Verfasser kennt die Leistungen in der Kompanie mittlerweile seit 23 Jahren und sieht sich in der Lage jederzeit den Beweis zu erbringen, dass die Tauchleistungen bei Übungen und Einsätzen immer und ausnahmslos zur vollsten Zufriedenheit ausgeführt wurden. Sollte jemand den Sicherheitsaspekt aufgreifen, so möge er irgendeinen Kampfschwimmer auf dieser Erde zum Vergleich hinzuziehen. Er wird keinen Unterschied feststellen. Im Gegenteil: Mit vielleicht einer Ausnahme, den Franzosen, suchen die deutschen Kampfschwimmer international ihresgleichen. Ich hebe dies, völlig unbescheiden, deutlich hervor, weil diese einmalige Truppe Anerkennung und Respekt verdient.

# Aus der Geschichte der Kampfschwimmerkompanie

Als die Bundeswehr 1958 eine Kampfschwimmereinheit aufbaute, bot es sich natürlich an, ehemalige Weltkriegsteilnehmer, die den *Kleinkampfverbänden* und *Marineeinsatzkommandos* der ehemaligen Kriegsmarine angehörten, mit Aufstellung und Aubildung zu betrauen. Einer, der sich diesen nicht einfachen Aufgaben mit Hingabe widmete, war Kapitänleutnant »Papa« Völsch. Er diente unter Kapitänleutnant *Günter Heyden*, ebenfalls Weltkriegsteilnehmer und Angehöriger der Kleinkampfverbände, als Ausbildungsleiter.

Herbert Völsch wurde 1909 in Krefeld geboren und trat 1927 in die damalige Reichsmarine ein. 1942 vom Stabsbootsmann zum Leutnant und später zum Oberleutnant befördert, meldete er sich nach verschiedenen Kommandos freiwillig zum frisch aus der Taufe gehobenen Kleinkampfverband unter Vizeadmiral Hellmuth Heye. Nach seiner Ausbildung zum Kampfschwimmer bildete Völsch selbst Soldaten aus. Als Führer einer Kampfschwimmer-Einsatzgruppe leitete Völsch 1945 zwei Kriegseinsätze im Rhein bei Duisburg und in der Elbe bei Lauenburg. Kapitänleutnant Völsch wurde mit dem Kriegsverdienstkreuz mit Schwertern, mit dem Eisernen Kreuz beider Klassen sowie dem *Bewährungs- und Kampfabzeichen der Kleinkampfmittel* ausgezeichnet. Das Kriegsende erlebte Völsch in englischer Gefangenschaft.

Kapitänleutnant Heyden und Maat *Fred Langhans* wurden 1959 zu Ausbildungszwecken für sechs Monate zu den *Nageurs de combat*, den französischen Kampfschwimmern, nach Toulon geschickt. Die Franzosen hatten im Zuge des Indochina-Kriegs einen neuen Typ des maritimen Einzelkämpfers geschaffen, der sich als besonders effektiv erwies. Dieser neue Kampfschwimmer hatte mit dem herkömmlichen Froschmann, insbesondere wie ihn die Amerikaner sahen, nur noch wenig gemein. Er war, wie schon die deutschen Kampfschwimmer des 2. Weltkriegs, sowohl im Wasser als auch an Land einsetzbar. Außerdem

Spiegel der Luftlandetruppen **129**
Jahrgang 11   Nr. 6   Juni 1968   N 1833 E

Lautlose Kämpfer ■ Sport Report ■ Nächtlicher Wildwechsel ■ Belichtet - Berichtet ■ fallschirm aktuell ■ Weißer Sport auf roter Asche ■ Ist man mit 21 erwachsen? ■ platten-lifter ■

**Ein Bild aus alten Tagen: Kampfschwimmer machen sich zu einem Wassersprung bereit.**
Aus: *Spiegel der Luftlandetruppen* Juni 1968.

**Bei der Bergung von Wikingerfunden im Haddebyer Moor griffen die Kampfschwimmer der Wissenschaft tatkräftig unter die Arme, wie dieser Zeitungsbericht vom 25. April 1967 belegt.**
Mit freundlicher Genehmigung der *Eckernförder Zeitung*.

KAMPFSCHWIMMER DER BUNDESWEHR bereiten sich auf ihren Einsatz im alten Wikingerhafen von Haithabu bei Schleswig vor.
Foto: Schleswig-Holsteinisches Landesmuseum für Vor- und Frühgeschichte

Kampfschwimmer der Bundeswehr helfen Archäologen

# Froschmänner fanden Wikingerwaffen

### Taucher vermessen Palisadenzaun im Noor von Haithabu — Wrackteile von Schiffen entdeckt

**Haddeby** (chb) Schlauchboote mit Froschmännern auf dem stillen Haddebyer Noor bei Schleswig. Der Anblick ist ungewöhnlich, nicht weniger der Anlaß: Kampfschwimmer der Bundeswehr im Dienst wissenschaftlicher Forschung.

Vier Tage lang halfen bis zu vierzig Mann der in Eckernförde stationierten einzigen Kampfschwimmer-Einheit der Bundeswehr den Archäologen von Haithabu. Im Zuge der gegenwärtigen Grabungsperiode auf dem Gelände der einstigen Wikingerstadt leisteten sie Vorarbeiten zu neuen Untersuchungen dieses um das Jahr 1000 bedeutsamen Handelsplatzes zwischen Nord- und Ostsee.

Das Kommando unter Korvettenkapitän H e y d e n und Oberleutnant W ü r z arbeitete schichtweise, häufig unter ungünstigen Witterungsbedingungen. Die Ausbeute der Tauchaktion stimmte Ausgrabungsleiter Dr. Kurt S c h i e t z e l optimistisch. So war es gelungen, eine halbkreisförmig vor dem Hafen liegende Palisade zu vermessen und ihren gesamten Verlauf durch Bojen zu markieren; er soll demnächst mittels Luftaufnahmen gesichert werden.

An Einzelfunden brachten die Taucher Bruchstücke von Palisadenstäm- men und Waffenteile empor. Sie stießen auf dem Grund des Noor ferner auf verschiedene hölzerne Konstruktionen. Es bleibt zu klären, wie weit diese zu einer Hafeneinfahrt gehörten, zum Vertäuen von Schiffen dienten oder selbst gar Wrackteile darstellen. In diesem Falle würde sich die Vermutung verstärken, daß tatsächlich mehr als ein Wikingerschiff auf dem Boden von Haithabus Hafen ruht.

Ein einzelnes Schiff war bei ersten Tauchunternehmungen 1953 entdeckt worden, ebenso die Palisade. Ihre Funktion — möglicherweise schützte sie die Hafenanlage vor Angriffen von der Wasserseite — ist allerdings bis heute nicht eindeutig bestimmt. Seit jener Zeit steht auch die Lage des Schiffes fest — knappe 30 Meter vom Ufer entfernt und zwei bis drei Meter unter der Wasseroberfläche.

Dennoch bereitet das Wrack den Forschern erhebliches Kopfzerbrechen. Eine weitere Tauchaktion 1966 — erstmals mit Unterstützung durch die Bundeswehr und in Zusammenarbeit mit Experten von der schiffbau-historischen Abteilung im Dänischen Nationalmuseum — brachte zwar Erfahrung, aber keinen Erfolg. Die Taucher konnten in dem verschmutzten Wasser ihre Instrumente nicht ablesen, um das auf 25 Meter Länge geschätzte Schiff zu vermessen. Selbst Chemikalien — das zeigten schon Versuche — bewirkten nur, daß sich die mineralogischen Schwebeteilchen absenkten. Die Mikroorganismen hätten das brackige Gewässer weiter verdunkelt.

Ungewiß, was künftig geschehen wird. Es bliebe etwa die Möglichkeit, den Wasserspiegel des Noors abzusenken — drei Meter, meint man, würden genügen, um das Wrack freizulegen. Dann ließe es sich vermessen. Auch seine Bergung wäre wesentlich erleichtert. Doch, einmal an der Luft, zerfällt das im moorigen Noor-Boden besonders gut erhalten gebliebene Holz völlig.

Bittere Erfahrungen der dänischen Archäologen mit dem Heben von Wikingerschiffen mahnen zur Vorsicht, bevor nicht auch die Fragen der Konservierung restlos geklärt sind. Die Existenz eines für Deutschland einmaligen Fundes steht auf dem Spiel. Verständlich, daß man den Bestand dieser Kostbarkeit aus dem Frühmittelalter nicht voreilig gefährden möchte. Auf dem Grund des Noors liegt sie zur Zeit

---

kam noch eine weitere Dimension hinzu: Der Einsatz aus der Luft.

Auf dieses neue, bei den Kampfschwimmern und -tauchern der deutschen Kriegsmarine bereits vorgesehenen und von den Franzosen konsequent umgesetzten triphibischen Konzept bauten auch die Kampfschwimmer der jungen Bundesmarine auf. Am 1. Juli 1959 standen also Kapitänleutnant Völsch und Oberbootsmann *Walter Prasse*, ebenfalls ein »alter Hase« aus Kriegstagen, bereit, den ersten Lehrgang in Stärke von drei Unteroffizieren und zehn Mannschaften zu übernehmen. Er fand in List auf der Insel Sylt statt, wo schon die Weltkriegs-Kampfschwimmer ausgebildet worden waren.

Nach anschließendem Fallschirmspringer- und Einzelkämpferlehrgang bildeten diese Soldaten den Ausbildungskader für nachfolgende Lehrgänge. Anfangs waren die Kampfschwimmer als abgesetzter Zug dem damaligen *Seebataillon* unterstellt. Ab 1963 wurden sie, nach Aufenthalten in verschiedenen Marinestandorten, als Zug in die *Strandmeisterkompanie* integriert. Am 1. April 1964 traten die Kampfschwimmer erstmals als selbstständige Einheit auf. Die ersten Chefs der jungen Kompanie waren *Günter Heyden* und *Bernd Kielow*, der die Einheit später ein zweites Mal übernahm. Im April 1967 wurden die Kampfschwimmer archäologisch zu Hilfe gebeten, als Wissenschaftler im Haddebyer

# Günter Heyden verläßt Kampfschwimmereinheit

### Seit 1955 Kompaniechef in Carlshöhe / Schlagkräftige Gruppe entwickelt / Kapitänleutnant Völsch würdigte Verdienste

Die Kampfschwimmer bilden im Wasser Spalier, als Korvettenkapitän Günter Heyden (links) aus dem Waser kommt. Unser rechtes Bild zeigt Heyden mit Kapitänleutnant Völsch.

Am 27. September 1967 verabschiedete die Kompanie ihren ersten Chef, Korvettenkapitän Günter Heyden, mit einer besonderen Zeremonie: Heyden schritt die Front der Kompanie im Wasser ab, die Kampfschwimmer bildeten Ehrenspalier in ihrem Element.
Mit freundlicher Genehmigung der *Eckernförder Zeitung*

Noor bei Schleswig auf dem Gelände der alten Wikingerstadt Haithabu Waffen, Ausrüstungsgegenstände und ein Wrack heben wollten. 40 Kampfschwimmer arbeiteten schichtweise, um die vor dem Hafen befindliche Palisade zu vermessen und deren Verlauf durch Bojen zu markieren, was danach mittels Luftaufnahmen gesichert wurde. In diesem Jahr verließen auch die beiden Gründer der Kompanie die Einheit, die inzwischen zu einer starken, schlagkräftigen Truppe herangewachsen war. Günter Heyden wurde mit 42 Jahren als Kommandant auf eine Fregatte und danach in Wilhelmshaven zur Stammdienststelle versetzt. Ausbildungsleiter »Papa« Völsch wurde in den wohlverdienten Ruhestand verabschiedet. 1974 konnte die Kompanie anlässlich ihres zehnjährigen Jubiläums mit Stolz auf erfolgreiche Jahre zurückblicken: Manöver, Übungs- und Hilfseinsätze in Deutschland, Frankreich, Dänemark und auf Kreta, sowie die Beteiligung an internationalen Meisterschaften im maritimen Fünfkampf bildeten die Meilensteine. Von 1966 bis 1974 war die Kompanie in Eckernförde-Karlshöhe stationiert. Vier Jahre nachdem 1970 in der Marinewaffenschule die neue Taucherübungshalle (TÜH) eingeweiht worden war, bezog auch die Kampfschwimmerkompanie eine neue Unterkunft in Eckernförde Nord. Hier garnisoniert sie noch heute, mit direkter Anbindung zur

Ostsee. 1972 entwarfen die Kampfschwimmer (KSler oder KS-Kp, so die gängige Abkürzung, *nicht* KSK, wie fälschlicherweise oft zu lesen ist, dies bedeutet *Kommando Spezialkräfte*), ein eigenes Tätigkeitsabzeichen. Da sie dahin zusammen mit den Minentauchern die Ausbildung zum *Waffentaucher* durchlaufen hatten, was sich zwischenzeitlich mit der Erweiterung des Aufgabenspektrums grundlegend geändert hatte, war die Zeit reif dafür. Dieses Abzeichen sollte und musste die triphibischen Eigenschaften und Aufgaben der Kampfschwimmer versinnbildlichen. Es entstand der heute noch getragene *Sägefisch mit Eichenlaub und Fallschirm*. Der »Fisch«, wie das Abzeichen intern genannt wird, ist auch heute noch mit nichts zu toppen und wird mit großem Stolz von allen echten Kampfschwimmern getragen. Fortan erhielt jeder Schüler, der die Ausbildung bestanden hatte, neben dem Zeugnis eine der durchlaufenden taktischen Kampfschwimmernummern. Die lückenlose Durchnummerierung begann ab der Nr. 257. Die in der Liste bis zu dieser Stelle fehlenden Nummern sind an Minentaucher ausgehändigt worden.

Um ihr Einsatzspektrum zu erweitern schnupperten die Kampfschwimmer 1972 erstmals auch ohne Fallschirm Höhenluft. Im Rahmen eines Winterkampftrainings zogen die »Wassermänner« in

# Kptlt. Völsch feierlich verabschiedet

## Ausbildungsleiter der Kampfschwimmer in den Ruhestand / Steuerrad als Andenken / Musikchor spielte

Verabschiedet wurde gestern in der Kaserne Carlshöhe Kapitän-Leutnant Völsch (links). Hier mit Korvettenkapitän Heyden.

Als Kapitänleutnant war er von 1959 bis heute als Lehrgangsleiter für die Ausbildung sämtlicher Nachkriegskampfschwimmer und Minentaucher verantwortlich. Der Kapitänleutnant hat die Lehrgänge in vollem Bewußtsein seiner Verantwortung zielbewußt und sicher geführt. Durch seine hervorragenden Fachkenntnisse, seine Lehrbefähigung und seine sachliche und korrekte Dienstführung hat er die ihm anvertrauten Schüler auf einen beachtlichen Ausbildungsstand gebracht, der sich in gemeinsamen Übungen mit den Waffentauchern andere NATO-Marinen voll bewährt hat und allgemein anerkannt worden ist. Aufgrund seiner guten körperlichen Verfassung konnte er durch wiederholte persönliche Einsätze den jungen Soldaten ein nachahmenswertes Beispiel geben.

Kapitänleutnant Völsch war voll erfüllt von seiner Aufgabe und verstand es, seine Ausbilder und Schüler dafür zu begeistern. Die Kampfschwimmer verlieren mit dem ausscheidenden Offizier ein leuchtendes Vorbild.

E. H.

**Eckernförde.** Die Kampfschwimmer der in Carlshöhe stationierten Einheit haben gestern den ältesten Kampfschwimmer-Offizier der Marine, Kapitänleutnant Herbert Völsch, in feierlichem Rahmen verabschiedet. Auf dem Platz vor dem Wirtschaftsgebäude war nicht nur die Kampfschwimmerkompanie angetreten, sondern auch Soldaten des Marineausbildungsbataillons. Unter den Klängen des Marine-Musikchores Ostsee nahm der Kapitänleutnant in Begleitung von Kompaniechef Korvettenkapitän Günter Heyden Abschied von den angetretenen Kampfschwimmern. Als Dank überreichten sie dem verdienten Kapitänleutnant ein Steuerrad, auf dem die Namen derer eingraviert sind, die Völsch im Laufe seiner Dienstzeit zu Kampfschwimmern ausgebildet hat.

Kapitänleutnant Völsch wurde am 27. Mai 1909 in Krefeld geboren. In die Reichsmarine trat er 1927 ein und fuhr auf den noch heute unvergessenen Booten wie Torpedoboot „Il-

tis", Segelschulschiff „Niobe", Vermessungsschiff „Meteor" und Kreuzer „Emden". Im Jahre 1942 wurde der damalige Stabsbootsmann zum Leutnant zur See befördert. Nach zweijähriger Tätigkeit bei der 6. U-Flottille der Kriegsmarine meldete sich der Oberleutnant zur See freiwillig zum Kleinkampfverband unter Admiral Heye.

Nach seiner Ausbildung zum Kampfschwimmer bildete Völsch selber Soldaten aus. Als Führer einer Kampfschwimmer-Einsatzgruppe leitete der Oberleutnant zwei Kriegseinsätze im Rhein bei Duisburg und in der Elbe bei Lauenburg. Ausgezeichnet mit dem Kriegsverdienstkreuz II. Klasse mit Schwertern und I. Klasse mit Schwertern sowie mit dem EK II und EK I und den Bewährungsabzeichen der Kleinkampfverbände geriet Völsch in englische Kriegsgefangenschaft. Bevor er 1958 in die Bundesmarine eintrat, war er lange Jahre bei der Stadtverwaltung in Krefeld tätig.

Über die Verabschiedung von »Papa« Völsch im September 1967 und über das Wirken des Kampfschwimmers der ersten Stunde berichtete die *Eckernförder Zeitung*. Der Kampfschwimmer alter Schule brachte wertvolle Einsatzerfahrung mit: 1945 leitete Herbert Völsch als Oberleutnant und Führer einer Kampfschwimmer-Einsatzgruppe u.a. zwei Kriegseinsätze in Rhein und Elbe.

Mit freundlicher Genehmigung der *Eckernförder Zeitung*.

---

die verschneiten Alpen. Auch hier standen die Jungs aus dem hohen Norden ihren Mann. Diese Winterübungen werden auch heute noch in verschiedenen kalten Regionen der Welt durchgeführt.

Zwischen Training und Übungen engagierten sich die Kampfschwimmer immer wieder bei Vorführungen und in der Öffentlichkeitsarbeit, um Nachwuchs und Ausrüstungsmaterial zu bekommen. Trotz ihrer positiven Einstellung und ihren achtungsgebietenden Leistungen waren die Männer der Flottenführung irgendwie unbequem und lästig. Die Kompanie forderte dringend benötigte Ausrüstung, darunter auch Transportmittel, wie sie z.B. bei anderen Marinen gang und gäbe waren. Die Kampfschwimmer dachten etwa an

Kleinst-UBoote, wie sie ja schon während des Krieges mit Erfolg verwendet wurden. Die herkömmlichen Verbringungsmittel setz(t)en die Kampfschwimmer bis zu 10 km vor ihrem Angriffsziel ab, um selbst nicht in Gefahr zu geraten bzw. die Kampfschwimmer zu verraten. Dies bedeutet für die Kampfschwimmer im Klartext, bis zu 10 km schwimmend und tauchend zurückzulegen. Diese übermenschlichen Anstrengungen hielten und halten auch die Stärksten nur eine begrenzt Zahl von Einsätze durch, irgendwann spielen die Gelenke nicht mehr mit. Auch Rettungs- und Bergemittel fehlten. Ebenso dringlich war eine bessere ärztliche Versorgung und Betreuung. Einfach zehn Leute ohne jede Chance auf Regenerierung auf Nimmerwiedersehen abzuschieben,

Das UBoot WILHELM BAUER fuhr 1961 bis 1971 zu Forschungszwecken bei der Bundesmarine. Es war während des Krieges als U 2540 in Dienst gestellt worden und gehörte zu jenem revolutionären UBoot-Typ XXI, der den gegnerischen Flotten mit Sicherheit schwere Verluste beigebracht hätte, wäre er noch zum Einsatz gekommen*. Da es als einziges UBoot der Bundesmarine über eine Taucherschleuse verfügte, bot sich hier eine Alternative zum Torpedorohr. Die Kompanie trainierte damals u.a. mit den amerikanischen UDTs (*Underwater Demolition Teams*), die später in die SEALs übernommen wurden. Im Bild (v.l.n.r.): Peter Breuning, Erich Adolf, Wolfram Giebel und Heiner Magay noch mit Tauchgerät LAR II.

war allenfalls eine beschämende und der deutschen Marine unwürdige Lösung.

Auch die Verpflegung war – gelinde gesagt – für Kampfschwimmer mangelhaft und unzureichend. Doch das Schlimmste war die Kälte. Der Markt bot zwar Hervorragendes an Kälteschutz-

bekleidung, doch wer nicht frieren wollte musste sich in Eigeninitiative und selbstredend auf eigene Kosten ausstatten. Diese gravierenden Missstände führten zu diversen Meldungen an vorgesetzte Dienststellen und zu Eingaben an den Wehrbeauftragten. Die Reaktion war jedoch seit 1959 bis

---

* Am 30. April 1945 lief das erste Typ-XXI-Boot, U 2511 unter dem Kommando von Korvettenkapitän Adalbert Schnee, zur Feindfahrt aus. Noch bevor es seinen Auftrag ausgeführt hatte, erreichte es der Befehl zur Kampfeinstellung. Auf dem Rückmarsch stieß U 2511 auf eine britische Kampfgruppe mit Zerstörern und einem Kreuzer. Adalbert Schnee nutzte die Gelegenheit zu einem Scheinangriff: U 2511 durchtauchte den Sicherungsschleier der Zerstörer und näherte sich dem Kreuzer bis auf die ideale Torpedoschussweite von 600 m, um ebenso unbemerkt wieder zu verschwinden.

WILHELM BAUER (ex U 2540) kann seit Sommer 1984 im Alten Hafen vor dem Deutschen Schifffahrtsmuseum in Bremerhaven besichtigt werden.

Literatur:

E. Bagnasco: Uboote im 2. Weltkrieg. Technik – Klassen –Typen. Stuttgart 1988. S. 82 ff.

Eckard Wetzel: U 2540. Das U-Boot beim Deutschen Schifffahrtsmuseum in Bremerhaven. Erlangen o.J.

Das Kampfschwimmer-Abzeichen wurde von Jochen Gerlach, Wolfram Giebel, Erich Adolf und Gerd Meyer entworfen; unter Oberleutnant Rolf Leip zur Genehmigung eingereicht und unter Kompaniechef Rüdiger Matzat 1972 eingeführt.
Mit freundlicher Genehmigung von Andree Böker *(Inhaber Rechte Kampfschwimmerabzeichen)*

1982 gleich null. Erst als sich Flottenchef Admiral Paul Jeschonnek vor Ort persönlich informierte, begannen sich die Dinge allmählich zu ändern. Nicht ohne Ironie kommentierte ein Bootsmann: *»An uns erinnert man sich nur, wenn hoher Besuch im Anmarsch ist oder für die Presse ein attraktiver Zirkus veranstaltet werden soll. Reportagen berichten von den `James Bonds´ aus Eckernförde, um die Marine glänzen zu lassen. Das Selbstbewusstsein und das Leistungsvermögen kann jedoch nur dann erhalten werden, wenn unsere Forderungen erfüllt werden. In Zukunft wird keiner mehr auf eigene Kosten aus dem Urlaub zurückkehren, nur um einer Zirkusveranstaltung den gewünschten Glanz zu verleihen. Zum Aufgabengebiet der Kampfschwimmer gehört unter anderem: Stranderkundung und Vermessung bei amphibischen Operationen sowie Beseitigung von Unterwasserhindernissen durch Sprengen. Weiterhin sind spezielle Kampfaufträge unter und über Wasser sowie an Land im Programm. Die Sicherung und Bewachung von gefährdeten Unterwasseranlagen als auch das Anbringen von Sprengladungen an Schiffen und Brückenpfeilern und Schleusen stehen auf dem Dienstplan.«*

Durch das tägliche Sportpensum ergab es sich wie von selbst, dass die Kampfschwimmer immer öfter bei Sportveranstaltungen auftraten und mit Erfolgen glänzten. Im Rahmen der für die Kompanie so wichtigen Öffentlichkeitsarbeit konnten die Kampfschwimmer vor allen durch Freifallsprünge auf sich aufmerksam machen. Vom 26. Januar 1960 bis zum 31. Dezember 1973 absolvierte die Kompanie insgesamt 4286 Fallschirmsprünge. Mitgezählt sind natürlich auch die manuellen Sprünge (Freifall), die 1970 wieder eingeführt wurden. Nicht zu vergessen die automatischen und manuellen Wassersprünge ins Meer, die aus nahe liegenden Gründen eine Domäne der Kampfschwimmer sind und in der Bundeswehr ausschließlich von ihnen geübt wurden.

1974 vermeldete der Auszug eines Flottentagesbefehls folgende sportliche Erfolge:

Beim Soldatensportwettkampf belegten die ersten Plätze:

| Obtsm Scherer | KpfSchwKp | 78,0 Punkte |
|---|---|---|
| Omaat Wich | KpfSchwKp | 73,0 Punkte |
| Btsm Würger | KpfSchwKp | 70,0 Punkte |

Die Mannschaft der CISM-Meisterschaften im Maritimen Fünfkampf 1974 (CISM = Conseil International du sport militaire ) in Argentinien stellte ausschließlich die Kampfschwimmerkompanie. Ab Mitte der 70er-Jahre sandte die KS regelmäßig eine Mannschaft zum internationalen und von den Fernspähern ausgerichteten *Para Cross*-Wettkampf nach Weingarten, bei dem die deutschen Kampfschwimmer immer unter den ersten Plätzen zu finden waren. Dieser Mehrkampf setzte sich aus Fallschirmspringen, Laufen, Schießen und Schwimmen zusammen. Vor allem bei Letzterem waren die Kampfschwimmer natürlich in ihrem Element.

Verteidigungsminister Kai Uwe von Hassel und seine amerikanischer Amtskollege Robert McNamara vereinbarten 1974 einen Erfahrungsaustauch der KS mit den US SEALs, den Sondereinsatzkräften der amerikanischen Marine. Für die Dauer von je zwei Jahren leisteten fortan ein Deutscher bei den SEALs und ein Amerikaner bei der KS Dienst. Die Soldaten sind in den Gasteinheiten voll integriert. Zusätzlich wurden nun auch Zehn-Mann-Gruppen regelmäßig für ca. drei bis vier Wochen zum Training und auf Übungen über den Großen Teich geschickt. Für die Deutschen waren insbesondere die Landkampftaktiken der SEALs von Interesse, während die US-Boys von den Tauch-Erfahrungen der KS mit dem Dräger-

Wassersprung bei Einbruch der Dämmerung über der Eckernförder Bucht (1976). Erich Adolf nähert sich der Tür der C-160 Transall. Er trägt einen Rundkappenfallschirm RBN mit manueller Auslösung und hat sich das Tauchgerät LAR II unter die Reserve geschnallt.

Reihenwassersprung mit Flossen aus rund 3000 m Höhe über Aschau bei Eckernförde. Springer von oben nach unten: Camillo Keuter, Peter Knipp, Willi Probst.

Kreislaufgerät LAR V profitierten (das sich die SEALs prompt beschafften).

1980 ließ Kompaniechef *Robert Strunk* seinen Männern die Haare zu Berge stehen, als er bei einem Übungsspringen aus 3000 m Höhe abstürzte. In allerletzter Sekunde öffnete sich der Fallschirm, konnte sich wenige Dutzend Meter über Grund jedoch nicht mehr voll entfalten. Mit zahlreichen Knochenbrüchen und einem gehörigen Schock wurde der 36-jährige, der die Kompanie erst wenige Wochen zuvor von *Rolf Leip* übernommen hatte, in die Kieler Universitätsklinik geflogen. Er überlebte, genas und übernahm ein Jahr darauf, wieder voll tauglich, erneut die Führung der Kompanie.

Im Oktober 1981 verließen die beiden letzten »Alten« die Kompanie: *Erich Kalin* wurde nach 22 Jahren, in denen er vielfach Einsatzzüge geführt hatte, als Verbindungs- und Sportoffizier ans Ver-

teidigungsbezirkskommando (VBK) Regensburg versetzt. *Fred Langhans*, der als Pionier der ersten Stunde insbesondere in der Kampfschwimmerausbildung wertvolle Arbeit geleistet und zusammen mit Erich Kalin mitunter auch die Chefvertretung übernommen hatte, verrichtete nun als Personaloffizier in Wilhelmshaven seinen Dienst.

Der Zufall wollte es, dass ein amerikanischer Austauschoffizier 1981 das deutsche Kampfschwimmerabzeichen erwerben konnte. Er war bis vor kurzem (2000) Kommandeur des *SEAL Team* 2 an der Ostküste der Vereinigten Staaten.

1980 wurden engere Verbindungen zur GSG-9 geknüpft. Ähnlich wie mit dem französischen *Commando Hubert*\* und den *SEAL Teams* sollte ein Erfahrungsaustausch stattfinden. Anlass zur Verbindungsaufnahme gab eine Fallschirmsprung-Vorführung der KS vor Polit-Prominenz, darunter Verteidigungsminister Manfred Wörner.

*Robert Strunk* und *Ulli Wich* nutzten die Gunst der Stunde, um Wörner von den Defiziten der Kompanie zu berichten. Der Minister setzte die nötigen Hebel in Bewegung und so konnte ein fruchtbarer Erfahrungsaustausch zwischen beiden Spezialeinheiten beginnen, der auch heute noch fortgeführt wird. Die GSG-9 wollte im maritimen Sektor Fuß fassen; die KS tastete sich in den Antiterrorbereich vor, was ihr – sozusagen als Nebeneffekt – endlich einige lang ersehnte Waffen und neue Ausrüstung einbrachte. Diese Zusammenführung war und blieb durchweg positiv für beide Einheiten. Auch mit der englischen *Special Boat Squadron* (zu Deutsch etwa: »Boot-Sonderkompanie«; damals noch bei den *Royal Marines*, später in den *Special Air Service* – SAS – integriert) arbeiteten die deutschen Kampfschwimmer zusammen. Während des Falklandkrieges hatten die Spezialisten der SBS neue Erkenntnisse gesammelt, die man sich nun in Eckernförde zu Nutze machte. Vor allen das in Deutschland zwar hergestellte aber militärisch bisher vorwiegend in anderen Ländern genutzte Klepper-Kajak lernten die Männer der KS als Verbringungsmittel wieder neu kennen. Nachdem ihre Kajaks anderthalb Jahrzehnte »eingemottet« im Keller gelegen hatten, weckte man sie aus ihrem Dornröschenschlaf. Das Kajak füllt sozusagen die Lücke zwischen dem *Speed*-Boot und den Schwimmflossen. Dieses vielseitig und flexibel einsetzbare Fortbewegungsmittel ist aus dem Einsatzkonzept der KS nicht mehr wegzudenken. Auch unter Wasser wurde weiter erprobt und getestet. Nach wie vor waren die KS an einer Schwimm- und Tauchhilfe interessiert. Ein Kampfschwimmer ist zwar jederzeit in der Lage, aus dem gefluteten Torpedorohr eines UBootes auszusteigen und mehrere Kilometer an sein Zielobjekt heranzutauchen, der enorme Zeitaufwand und die teils eisige Kälte bleiben aber. Eine offene Tauchhilfe macht zwar Zeit gut, der oder die Kampfschwimmer sind jedoch immer noch der Kälte ausgesetzt. Deshalb wurde auch ein geschlossenes Mini-UBoot erprobt, doch die

Rarität: Anlässlich ihres zehnjährigen Bestehens gab die Kampfschwimmerkompanie 1974 diese Festschrift heraus.

aufwändige Betreuung und Pflege und vor allen Dingen die enormen Kosten sprachen gegen das Fahrzeug.

Die im Zulauf befindlichen neuen Waffen brachten die Kompanie nun auch unter Zugzwang. Eine Hand voll Männer wurden auf Scharfschützenlehrgänge des Heeres geschickt. Danach sollten sie sich selbst und später den Nachwuchs an den neuen Präzisionsgewehren PSG 1 (7,62 mm x 51) und später McMillan (Cal. .50 = 12,7 mm x 99) aus- und weiterbilden. Im Umgang mit Kurzwaffen betrieb die Kompanie eine umfangreiche interne Weiterbildung und nutzte auch das sehr intensive

---

* Mehr über das *Commando Hubert* bei Yers Keller und Frank Fosset: *Frankreichs Elite. Legions-Paras, Kampfschwimmer, Antiterror-Spezialisten.* Motorbuch Verlag, Stuttgart 2001. Diese Bilddokumentation berichtet erstmalig ausführlich in deutscher Sprache über die französischen Kampfschwimmer.
Die amerikanischen SEALs beleuchtet *Hartmut Schauer* in: *US Navy SEALs. Kampfschwimmer, Kommandos, Antiterror-Truppe.* Erschienen im Motorbuch Verlag 1998.

Diese Schwimmhilfe wurde für die Kampfschwimmer entwickelt und erprobt, kam aber aus verschiedenen Gründen nie zum Einsatz. Auf ihr fanden zwei Kampfschwimmer nebeneinander Platz. Am hinteren Ende (im Bild links) vor der Ruderanlage wurde die Haftladung deponiert.

Training mit der GSG-9. Auch im Fallschirmspringen ergaben sich Neuerungen. Mit der Einführung der Flächenfallschirme ergaben sich weitgreifende Einsatzmöglichkeiten. Da das Springen in der Kompanie schon immer sehr beliebt war, vermischte sich schnell das Sportspringen mit dem militärischen Training. Von den alten Freifallern, die schon in früheren Jahren hohe Maßstäbe setzten, konnten die Jungen nun voll profitieren. Bei internationalen Wettkämpfen und durch das Schauspringen im Rahmen der Öffentlichkeitsarbeit konnte man sich profilieren. Ab und zu sorgte auch mal ein »Husarenstückchen« für Unbehagen bei der Flottenführung oder aktivierte die Presse. Da die meisten Kampfschwimmer sehr kreativ veranlagt sind, ergab sich beim Springen immer wieder die Möglichkeit, eine vorangegangene Aktion zu toppen. Der Kompaniechef musste das Ding dann einfach wieder ausbügeln. Auch bei anderen sportlichen Aktionen taten sich Kampfschwimmer hervor: Die Kuttermannschaft der KS gewann – übrigens als einziges *Team* in der Marinegeschichte – das *Kutter-*

*Race* im Rahmen der Kieler Woche drei Mal hintereinander. Zu den weiteren sportlichen Erfolgen zählten ein Weltmeistertitel im Maritimen Fünfkampf (Hindernisschwimmen), ein Weltrekord und die Eintragung im Guinnessbuch der Rekorde im Langstreckentauchen, der Höhenrekord im Fallschirmspringen mit 10.000 m, ein inoffizieller deutscher Rekord im Zeittauchen sowie mehrere Marinerekorde im Laufen, um nur einige zu nennen. Im Laufe der Jahre schaffte es die Kompanie, trotz einigen unvorteilhaften Umgliederungen und den Verlust der Selbstständigkeit am 2. Oktober 1991*, eine schlagkräftige Spezialeinheit mit der so ziemlich modernsten Ausrüstung innerhalb der Bundeswehr zu bleiben.

Auch in den 90er-Jahren stand die Kompanie ihren Mann im Vergleich mit internationalen Spezialeinheiten. Vor und während des Golfkriegs 1991 sicherten die Kampfschwimmer deutsche Schiffe und Boote im Persischen Golf. Der nächste Auslandsauftrag kam mit der Rückführung des deutschen Kontingents aus Somalia. Im Zuge der Embargo-

Kutterpullen bei der Kieler Woche 1992. Traditionell belegten die Kampfschwimmer den 1. Platz. Oberbootsmann Willi Probst stand an der Pinne und feuerte die Jungs an.

Kampfschwimmer sichern das Auslaufen eines deutschen Führungsschiffes.

## Die Elf im Boot

Jahrelang stellte die KS eine Mannschaft zu zehn Ruderern und einem Steuernmann für das traditionelle Marinekutterrennen der Kieler Woche. Die Kompanie stand immer unter Erfolgszwang, da verschiedene Marinemannschaften – u.a. der GORCH FOCK, des Zerstörergeschwaders, der Marineunteroffizierschule – sowie Zivilmannschaften (z.B. die Kieler Feuerwehr) alles daran setzten, der KS den 1. Rang streitig zu machen. Zu den erfolgreichen Bootsteuerern gehörten Hauptbootsmann Wolfram Giebel, Hauptbootsmann Heiner Magay, Oberbootsmann Michael Furtner, Oberbootsmann Pit Abt und Oberbootsmann Willi Probst.

Auch auf der Kieler Woche 1990 erkämpfte sich die KS-Kuttermannschaft den 1. Platz. An der Pinne Hauptbootsmann Wolfram Giebel. Die Ruder sind kurz vor dem Zerbrechen. Auch diesmal führte der Wahlspruch von Oberleutnant Michael Furtner zum Erfolg: »Ein zweiter Platz ist für Kampfschwimmer eine verlorene Wettfahrt!«

Das Training lief – wie vor anderen Wettkämpfen auch – neben dem »normalen Dienst« einher – es war manchmal die Hölle. Hinzu kamen der Ehrgeiz und der sprichwörtliche Biss gepaart mit der von Oberbootsmann Furtner geprägten Einstellung: »Ein zweiter Platz ist für Kampfschwimmer ein verlorener Wettkampf«. Dies ließ die Jungs immer bis zum Umfallen kämpfen. Die abgebildete Mannschaft erkämpfte den Sieg mit der absoluten Bestzeit und dem größten Abstand zum 2. Platz (drei bis vier Bootslängen). Michael Furtner, heute (2001) Oberleutnant z.See und Hörsaalleiter der Unter- u. Überwassersprengausbildung, war u.a. erfolgreicher *Para-Cross*-Wettkämpfer und erwies sich in Training und Einsatz stets als einer der »bissigsten« Kampfschwimmer.

Fregattenkapitän Rolf Leip, Chef des Seebataillons, bei der Ansprache zum 25-jährigen Bestehen der Kampfschwimmerkompanie im Mai 1989. Der ehemalige KS-Kompaniechef und Weltrekord-Fallschirmspringer kam wenige Wochen später, am 24. Juni 1989, im Alter von 50 Jahren durch einen tragischen Fallschirmunfall ums Leben (siehe auch Seite 163)
Foto: Jochen Kröper

kontrollen von Restjugoslawien waren ebenfalls Kampfschwimmer zur Sicherung der deutschen Zerstörer und Fregatten als auch zur Ausbildung der Schiffsbesatzungen im so genannten *Boarding* eingesetzt (Einsatz als Prisenkommando – Aufentern und Kontrollieren eines Schiffes).

Derzeit untergliedert sich der Auftrag der Kampfschwimmer in drei Bereiche:

1. Offensivauftrag Unterwasserangriff gegen feindliche Schiffe, Hafenanlagen, Brücken und Schleusen. Aufgaben im Zuge amphibischer Operationen und Angriffe in Küstennähe.

2. Defensivauftrag Schutz eigener Objekte, Überwachungsaufgaben, Rettungs- und Bergungseinsätze.

3. Aufklärung Aufklärung von Stränden und Küstenhinterland sowie Küstenanlagen. Erkundung von Schiffsbewegungen und Hafenanlagen, Prisenkommando (*Boarding*).

---

\* Aus Sicht der Kampfschwimmer unfreiwillig und vor allem zum erwiesenen Nachteil in vielen Bereichen wurden sie mit den Minentauchern zur Waffentauchergruppe zusammengefasst und der Flottille der Minenstreitkräfte unterstellt. Die Nachwehen sind heute noch, zehn Jahre danach, zu spüren.

Eine Kampfschwimmer-Einsatzgruppe nähert sich in der Dämmerung ihrem Zielgebiet.

# Auslese und Ausbildung

In rund 3000 m Höhe lässt sich ein winziger Punkt ausmachen, der sich auf die Küste zu bewegt. Nur ein geschultes Auge kann erkennen, dass gerade vier Punkte den Hubschrauber verlassen haben. Die Punkte stürzen in rasender Geschwindigkeit vom Himmel. Plötzlich, kurz über den Baumwipfeln, so erscheint es aus dem ungünstigen Blickwinkel am Boden, öffnen sich Fallschirme. Man kann sie auf Grund ihrer graublauen Tarnfarbe im Morgengrauen kaum erkennen. Nach einigen Sekunden sind sie hinter den Bäumen verschwunden. Sie landen irgendwo in der kalten Ostsee und verschwinden, als ob sie nie da gewesen wären. Die vier Männer in den Neoprenanzügen gehören zur Elite der Bundeswehr. Es sind Kampfschwimmer der Bundesmarine, die als Taucher, Fallschirmspringer, Nah- und Einzelkämpfer dort eingesetzt werden, wo herkömmliche Mittel nicht anwendbar sind. Sie sind eine Art militärische Zehnkämpfer, darauf trainiert, unter den schwierigsten und härtesten Bedingungen ihren Auftrag durchzuführen. Sie sind Profis, die triphibisch – aus der Luft, an Land und im Wasser – mit den geringst möglichen Mitteln den größtmöglichen Erfolg erzielen sollen und auch können. Die ihnen eigene Präzision und Vielseitigkeit versetzt sie in die Lage, Aufträge auszuführen die »Ottonormal-

Eine Kampfschwimmerrotte entsteigt der See und nähert sich mit G 36 im Anschlag dem Strand.

Verbrauchern« unmöglich erscheinen. Dies setzt großen Mut und Entschlossenheit, Selbstvertrauen, Durchsetzungsvermögen sowie in der Durchführung Kompromisslosigkeit voraus. Idealismus ist in diesem Job durchaus angebracht. Den gnadenlosen Schliff, um das schier Unmögliche vollbringen zu können, erhalten sie während einer zwölfmonatigen Ausbildung und danach in der speziellen Weiterbildung. »Nicht allein das Körperliche, nein: Vor allem die Psyche ist das, was einen fertig macht«, erklärte einmal ein Kompaniechef der Einheit einem Reporter. Viele können den psychischen »Schalter« während der Ausbildung einfach nicht umlegen. Genau das ist einer der Hauptursachen für die extrem hohe Durchfallquote. »Ich lasse mich quälen und schinden, auch die manchmal so brutale Kälte macht mir nicht so viel aus, doch das Ungewisse und das jeden Tag etwas Neues, noch Härteres kommt und ich mich jeden Tag, vier Monate lang, immer wieder aufs Äußerste quälen muss, das ist die Hölle die ich nicht durchstehe« äußerte einmal ein Schüler nach seiner Ablösung.

Bevor nun näher auf die Hallenausbildung eingegangen wird, ein Wort zum medizinischen Aspekt, denn dies ist die erste Hürde auf dem langen, steinigen Weg zum Kampfschwimmer. Das Schifffahrtsmedizinische Institut der Marine in Kiel hat aus gesundheitlicher Sicht das wichtigste Wörtchen mitzureden und setzt durch penible Untersuchungen vielen Träumen ein jähes Ende. Haben die Anwärter das »Prüfsiegel« erhalten, werden sie zur Ausbildung zugelassen, die sich in die *Hallenausbildung* und in die *Freiwasserausbildung* unterteilt. In der Hallenausbildung wird die Spreu vom Weizen getrennt.

Nur wer die Halle »schafft« kommt in die Freiwasserausbildung. Diese beginnt immer im Juli. In der Freiwasserausbildung werden die in der Halle teils bis zum Erbrechen gedrillten – was wörtlich zu nehmen ist – und gnadenlos wieder und wieder eingemeißelten Ausbildungsinhalte verfeinert. Hier wird der Schüler zum Kampfschwimmer geformt. Nach der Halle sind die Schüler noch wie Rohdiamanten. In der Freiwasserausbildung werden sie zu wertvollen Diamanten geschliffen. In diesen vier Monaten reiner Wasserarbeit verinnerlichen sie den Wahlspruch der Kampfschwimmer LERNE LEIDEN OHNE ZU KLAGEN.

# Hallenausbildung

**G**leich zu Beginn der Hallenausbildung genießen die Schüler eine Tortour nach der anderen. Da wäre zunächst der Leistungstest, der sich über eine Woche hinzieht und 13 Disziplinen beinhaltet. Je nach Witterung wird in der Taucherübungshalle oder auf dem Sportplatz begonnen. Gefordert sind anfangs ganz normale Disziplinen und Leistungen aus dem Soldatensportwettkampf, ergänzt um interne Disziplinen:

| | |
|---|---|
| 5000-m-Lauf | in max. 23:00 Min |
| 100-m-Lauf | in max. 13:04 Sek |
| Weitsprung | mind. 4,75 m |
| Hochsprung | mind. 1,40 m |
| Kugelstoßen | mind. 8,00 m |
| 1000 m Kraul | in max. 21:56 Min |
| 100 m Kraul | in max. 1:20 Min |
| Streckentauchen | 25 m |
| Zeittauchen | 60 Sek |
| Klimmzüge | 10 Stück |
| Aufrichten | |
| aus der Rückenlage | 60 x in 2 Min |
| Bankdrücken | 30 x 50 kg |
| 10.000-m-Lauf | in max. 60 Min |

Diese Anforderungen kann jeder sportlich einigermaßen trainierte junge Mann schaffen.

Doch beim Leistungstest erreichen einige schon das Ende des Fahnenmastes. Mit Sicherheit nicht so sehr auf Grund sportlicher Engpässe, sondern weil sie den gezielt harten Ton der Ausbilder nicht vertragen können oder wollen. Aber niemand hält einen Schüler fest. Jeder kann zu jeder Zeit freiwillig gehen; er hat dadurch keinerlei Nachteile. Er braucht auf das militärische Tauchen keineswegs zu verzichten, sofern er z. B. bei den Minentauchern vorstellig wird und deren Prüfun-

gen besteht. Die Grundausbildung der Minentaucher ist mit sechs Monaten deutlich kürzer und läuft unter wesentlich geringerer physischer und psychischer Belastung ab. Sie haben ganz andere – und nicht weniger wichtige – Aufgaben als die KS.

Das entscheidende Moment in der KS-Ausbildung stellen nach wie vor die Ausbilder dar. Diese Männer genießen zu Recht allerhöchste Anerkennung innerhalb der Marine. Es gibt keine vergleichbare Einheit, in der Soldaten dieses Kalibers über einen derart langen Zeitraum ein körperlich so hohes Leistungsniveau halten. Bei jedem Ausbildungsabschnitt führen sie den Lehrgangsteilnehmern wieder und wieder die geforderten Leistungen theoretisch *und* praktisch vor. Die derzeitigen Ausbildungsbootsleute können neben ihrer Kampfschwimmerausbildung einen zweijährigen Trainings- und Erfahrungsaustausch bei den US SEALs vorweisen und bringen wertvolle und durch nichts zu ersetzende praktische Erfahrung von Auslandeinsätzen in den letzten zehn bis 15 Jahren mit. Der hohe Stellenwert der KS–Ausbilder lässt sich auch daran erkennen, dass die amerikanischen SEALs gerne auf die Erfahrung der Deutschen in der Unterwassertaktik zurückgreifen. Die Jungs sind alle zwischen 28 und 40 Jahre alt und mit Sicherheit topfit. Oberleutnant M., der Leiter des Ausbildungszuges, dürfte mit diesen Männern derzeit die besten Ausbilder der letzten Jahre in seinem Kader haben. Die Schüler sehen natürlich die Leistungen der Ausbilder und merken, dass diese nicht nur große Töne spucken, sondern ständig als Vorbilder auftreten. Jeder Ausbilder hat natürlich auch einmal das gleiche Training wie die Schüler durchlaufen. Sie können also sehr wohl alle Grenzen abschätzen. Auch dürfte es keine Schlitzohrigkeit der Schüler geben, die sie nicht kennen.

Die vorprogrammierten Belastungen sollen die Schüler gezielt körperlich und psychisch »in den Keller fahren«. Für viele ist die Hallenausbildung die Hölle, weil sie diese vierwöchige Belastung nicht gewöhnt sind und keiner mit so etwas Außergewöhnlichem gerechnet hat. Die Ausbilder schleifen die Jungs gnadenlos. Egal ob auf dem Sportplatz, bei den Geländeläufen, im Kraftraum, beim Schwimmen oder beim Tauchen, wo auch noch die Konzentration stimmen muss. Die so genannten Einlagen, wie z. B. das KdF (siehe Kasten) sind nicht Selbstzweck, sondern dienen der Sicherheit des Einzelnen und der Rotte bei späteren Einsätzen. Trotzdem – oder gerade deshalb – machen sie die Schüler fertig. Es gab Zeiten, da kam der Kompaniechef in die Halle, um beim so genannten *Abfaller rückwärts* persönlich zugegen zu sein. »Wenn einer nicht springt, wird er abgelöst. Feiglinge können wir nicht gebrauchen«, sagte er glashart. Man hätte eine Stecknadel fallen hören können… Wir (darunter der Schreiber dieser Zeilen als KS-Schüler) standen alle auf dem Fünfer und unten stand, in Uniform, Kapitänleutnant Rolf Leip, die Kampfschwimmer-Legende. Die Presse bezeichnete ihn nach seinem tragischen tödlichen Fallschirmabsturz 1989 als härtesten Offizier Deutschlands. Er würde sich im Grab umdrehen, hätte er das gelesen. Rolf Leip war in dieser Hinsicht wesentlich bescheidener.

Damals hätten wir uns vor Respekt und Muffe, wäre der Hintern nicht eh schon zugekniffen gewesen, fast in die Hose gemacht.

Es liegt im Ermessen der Ausbilder, ob einer nach einer Verweigerung noch eine zweite Chance bekommt. Dann kommen auch noch so blöde Sprüche von den Ausbildern wie: »Denken Sie daran: *Ich kann nicht!* gibt es für einen angehenden Kampfschwimmer nicht!«

Ein Glück, dass mir das Springen immer leicht viel. Ich habe in späteren Jahren selbst als Ausbilder unten am Beckenrand gestanden und die blöden Sprüche gebracht, doch dabei nie vergessen, dass ich auch mal da oben stand und Kameraden abgelöst wurden. Diese Situationen wird kein Aktiver je vergessen.

Als ich vor einigen Jahren das Vergnügen hatte, den bekannten Überlebenskünstler Rüdiger Nehberg durch einige Ausbildungsabschnitte begleiten zu dürfen (er hat sich übrigens gut durch-

## Das »Wort zum Sonntag«

dient dazu, bei den »Neuen« die Spreu vom Weizen zu trennen. Wer es eingeführt hat, ließ sich nicht mehr herausfinden. Die Ausbilder stellen quasi in der ersten Stunde fest, wer wie weit physisch und psychisch belastbar ist. Hier zeigt es sich, wer die Angst vor dem Unbekannten überwinden kann und will. Es ist bei Weitem nicht der beste Athlet, sondern der Mann mit dem besten »Biss« gefragt. Mancher ehemalige oder noch aktive Kampfschwimmer hatte anfangs so seine Probleme mit dem Geforderten. Auch der Verfasser hatte mehr als einmal zu beißen, doch die Ausbilder und der Wille siegten. Für viele war und ist die Ausbildung ein täglicher Kampf mit sich selbst. Der Schüler weiß nie genau was in der nächsten Stunde auf ihn zukommt. Ein gewisser Rahmendienstplan und die AAW (Ausbildungsanweisung) sind seit den 70er-Jahren die einzigen Orientierungshilfen. Fred Langhans und Erich Adolf haben die AAW mühsam erstellt. Seit sie 1990 »entschärft« wurde, ist sie nach wie vor intern umstritten. Denn gerade das was zwischen den Ausbildungsabschnitten liegt, ist das Salz in der Suppe. Zum Beispiel wurde das »Wort zum Sonntag« oft als erzieherische Maßnahme angewandt, wenn die Schüler Mist gebaut hatten. Freitags nach dem »Psycholauf« wurde schon Mal, natürlich nachdem alle schon geduscht hatten, noch ein 5000er angesetzt, weil einer mal wieder die Klappe nicht halten konnte. Viele halten dies für Schikane. Doch gerade diese und andere Maßnahmen lehren den angehenden Kampfschwimmer das Durchhalten. Anfangs sehen die Jungs das natürlich nicht so. Doch die Tatsache, dass jeder einmal Grund für eine Extraeinlage gab, schweißt sie zusammen. Diese und ähnliche Ausbildungsmethoden machen einen Kampfschwimmer zu einen Konditionswunder und verhelfen ihm zu einem fast unglaublichen Stehvermögen. Hier liegt eine der Wurzeln für Spitzenleistungen der Kampfschwimmer bei unzähligen Leistungsvergleichen.

gebissen), übten wir u. a. im Becken auch das gefürchtete Ausschleusen aus dem Torpedorohr; außerdem wurde er, an Händen und Füßen gefesselt, ins 5 m tiefe Becken geworfen. Nehberg, der auf seinen zahllosen Abenteuerreisen sicher nicht nur harmlose Situationen kennenlernte, sprach von »Horrorvisionen« und »Psychoattacken«. Nachdem er die extremen Sicherheitsübungen ge-

![Foto von Rüdiger Nehberg vor einer Landkarte mit TARGET-Logo]

Rüdiger Nehberg setzt sich derzeit mit seiner Menschenrechtsorganisation TARGET gegen die Beschneidung und Verstümmelung von Frauen in der Dritten Welt ein.
An dieser Stelle: Ein herzlicher Dank für die Unterstützung für dieses Buch, Sir Vival!

meistert hatte und nachvollziehen konnte, warum sie notwendig sind, nahm er einige davon in sein Training auf. Das Gefesselt-Schwimmen (siehe Kasten) ist für den Normalbürger ohne Zweifel eine Schreckensvision. Doch es dient einzig und allein dazu, dem Schüler die Angst vor dem Wasser zu nehmen und ihm Sicherheit zu geben. Auch diese Übung wird, wie auch ausnahmslos jede andere, selbstverständlich von den Ausbildern vorgemacht.

Schüler sollten sich während der Ausbildung nicht zu viele Gedanken machen, sonst werden sie nur verrückt. Es gab da Mal einen Zehnkämpfer, der sich freiwillig ablösen ließ, weil er zu sehr ins Grübeln kam.
Bei den Sprüngen ist einfach nur Überwindung gefragt. Schaffen würde sie jeder, doch viele bringen einfach nicht den Mut auf, sich zu überwinden. Mut heißt: Die Angst zu überwinden. Genau das wollen die Ausbilder sehen. Körperliche Lei-

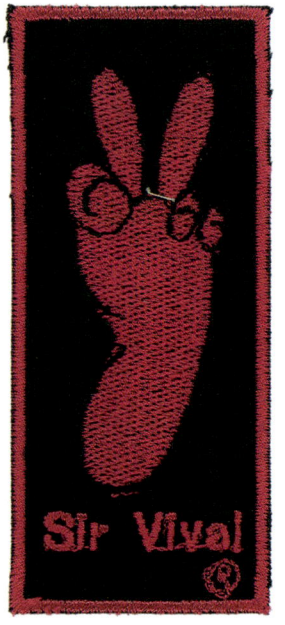

# Lerne klagen, ohne zu leiden!

Der Wahlspruch der KS, wie ihn Rüdiger Nehberg nach abgeschlossenem Training auslegte.

stungen kann man antrainieren. Das andere läuft durch den Kopf. Was nützt ein Spitzenathlet, der sich nicht traut, aus mehreren Tausend Metern Höhe aus einem Flugzeug zu springen?

Hat ein KS-Schüler dieses Prinzip begriffen und meistert alle Mutsprünge in der Halle, springt er auch aus einem Flugzeug oder von einer 20 m hohen Bordwand. Bei den Sicherheitsübungen, im Wasser in der Halle oder später in der Ostsee, ist es ähnlich. Nach der Ausbildung, wenn kein erfahrener Ausbilder mehr in der Nähe ist, während eines Einsatzes irgendwo auf der Welt, vielleicht an einer Bohrinsel bei absoluter Dunkelheit oder bei unmittelbarer Gefahr, durch eine Schiffsschraube gedreht zu werden, muss der Kampfschwimmer sicher handeln und seinen Auftrag ausführen können. Wer es nicht getan hat, kann sich nicht vorstellen was es bedeutet, bei Schiffsverkehr in einem nächtlichen Hafenbecken zu tauchen, näher und näher kommende Schraubengeräusche im Ohr? Selbst für geübte Sporttaucher ist das Horror pur. Wer jetzt in Ruhe seinen Auftrag weiter durchführt, wohl wissend, dass der Dampfer gleich über ihm sein wird, weiß etwas mit Begriffen wie Sicherheit und Professionalität anzufangen.

Während des Einsatzes fühlen sich Kampfschwimmer, aus taktischer Sicht, in derartigen Situationen wohl. Für jeden Anderen wären sie unter Umständen tödlich. Allein die Vorstellung – geschweige denn der Anblick – einer drehenden Riesenschraube jagt vielen schon Angst und Schrecken ein. Kampfschwimmer müssen oft genau an diesen Monsterquirl ran, um einen Auftrag auszuführen. Wenn dabei irgendetwas nicht hinhauen würde, zum Beispiel ein Gerät versagt, können sie nicht einfach auftauchen und an die Pier schwimmen. Die Gegner warten möglicherweise schon. Hier kommt ihnen die gnadenlos und tausendfach durchexerzierten Sicherheitsü-

bungen aus der Halle zugute. Auch ohne Atemgerät kann sich der Kampfschwimmer einige Zeit unter Wasser halten und sich sicher fühlen.

In der 3. Woche, der »Hasswoche«, wird den Kandidaten gezielt Schlaf entzogen. Zwischen den zweimaligen Nachtübungen in der Taucherübungshalle werden noch ein oder zwei Nachtläufe eingebaut. Der normale Tagesdienst geht jedoch unvermindert weiter. Neben der Schleiferei im Wasser wird von den Jungs beim Taktischen Tauchen auch noch Konzentration verlangt. Sie können sich vor lauter Müdigkeit kaum noch auf den Beinen halten, wenn sie nach dem Hallenpro-

## Gefesselt Schwimmen

Beim Gefesselt-Schwimmen müssen die Kandidaten ihren Kampfanzug anziehen und sich auf den Startblock stellen. Nun binden ihnen die Ausbilder Hände (auf dem Rücken) und Füße zusammen. Dann werden sie ins Becken gestoßen und für rund 30 Sekunden ihrem Schicksal überlassen, die manchen zur Ewigkeit werden. Die meisten saufen einfach ab. Der Sicherheitstaucher, der immer dabei ist, hört sie unter Wasser um ihr Leben brüllen. Doch für 30 Sekunden kennt er keine Gnade. Er lässt die Eleven regelrecht ersaufen.

Dann holt er dieses zerrende, blubbernde und kotzende Etwas aus dem Wasser. So ergeht es fast allen. Manche kennen den Trick und kämpfen sich zum gegenüberliegenden Beckenrand durch. Meistens sind es Schwimmer, gute Schwimmer. Der Schreiber dieser Zeilen nahm einmal, rein der Psyche wegen, einen Kassettenrekorder mit in die Halle und spielte die bekannte Melodie aus Spiel mir das Lied vom Tod ab…

Die Jungs sahen aus, als hätten sie kein Blut mehr im Körper. Doch nach einer Woche schaffen es alle – von denen, die dann noch übrig sind.

Mut heißt, die Angst zu überwinden. Daraus wächst Sicherheit.

Nach Genehmigung des Flottenkommandos konnte Überlebenspezialist Rüdiger Nehberg 1985 erstmals an der Ausbildung der Kampfschwimmer teilnehmen. Willi Probst erhielt den Auftrag, sich um »Sir Vival« zu kümmern und ihn mit einer Art »Überlebenstraining« in der Taucherübungshalle und im Freiwasser auf die anstehende Atlantiküberquerung vorzubereiten. Er ist, so weit bekannt, bisher der einzige Zivilist, der einen Teil der KS-Ausbildung »genießen« durfte.
Die Aufnahme zeigt Rüdiger Nehberg beim Gefesseltschwimmen. Rüdiger wollte wirklich wissen, was ein Mensch beim Ertrinken verspürt. Er erfuhr es etwa 30 Sekunden nachdem er vom Beckenrand gestoßen worden war. Auch das Torpedorohr »inspizierte« er gemeinsam mit Willi Probst, der ihn im Freiwasser nicht minder hart ran nahm. In späteren Jahren besuchte der Überlebenskünstler noch mehrere Male die Kompanie, um sich auf Extremtouren vorzubereiten.
Foto: Willi Probst

## KdF

heißt »Kraft durch Freude« und bedeutet für KS-Schüler nichts Anderes, als unzählige Male quer durchs Becken zu tauchen und zu schwimmen, und sich nach jedem Durchgang »an Land« zu begeben. Am Beckenrand erwarten sie haufenweise Liegestützen, Kniebeugen, Aufrichten aus der Rückenlage (»Sit ups«) und »Klappmesser«. Das Spiel beginnt mit zehn Wiederholungen pro Übung und steigert sich über die vier Wochen in der Halle auf 100 und mehr Wiederholungen und 30 Minuten. »Unmöglich« gibt es nicht. Diese »KdF-Landübungen«, die auch im Kraftraum und während des Laufens praktiziert werden, züchten Konditionsbolzen heran. Wer die Strapazen durchhält bekommt den sprichwörtlichen Biss, der die KS auszeichnet. Wo andere aufhören, fangen Kampfschwimmer an zu »beißen«.

gramm in die Dusche schleichen. Man könnte sie mit einem nassen Handtuch erschlagen...

Da Kampfschwimmer unter anderem spezialisierte Einzelkämpfer im Wasser sind, müssen sie sich das Wasser zum Partner machen. So gut es geht, müssen sie sich dem nassen Element anpassen. Bei Tage und aus taktischen Gründen natürlich auch des Nachts. Die Arbeit im Wasser muss ihnen in Fleisch und Blut übergehen. Was am Tage unter dem wachsamen Auge der Ausbilder geübt wird, müssen die Schüler nachts praktisch umsetzen. Die Ausbilder bringen ihnen bei, absolut geräuschlos und ohne Hektik zu arbeiten. Dies ist für einen Ausbilder die reinste Geduldsarbeit und eine wahnsinnige nervliche Belastung für die Schüler. Bis diese in den Genuss kommen, mit dem Kreislaufgerät zu tauchen, vergehen rund anderthalb Wochen. Bis dahin wird ohne jegliche Hilfsmittel, also auch ohne Brille, Schnorchel, Flossen und Ge-

In der »Röhre« ohne Atemgerät.

wichtsgürtel gearbeitet. Beim Zeit und Streckentauchen, das anfangs ohne Hilfsmittel durchgeführt wird, erlangen die Schüler Grundsicherhei-
ten und Selbstvertrauen. Zum Ende der Hallenausbildung sind Tauchleistungen von 5 Minuten Zeittauchen und 100 m Streckentauchen keine Seltenheit mehr. Mit diesen Sicherheiten im Hinterkopf
geht jeder angehende Kampfschwimmer leichter
an manch knifflige Aufgabe heran.

Unter Wasser werden Übungen abverlangt,
die eine enorme Konzentration erfordern. Man
will die Aufgaben gut und zur vollsten Zufriedenheit erfüllen, wenn da bloß nicht immer diese blöde Atemnot wäre. Bloß ruhig bleiben, keine Hektik und keine Nervosität zeigen. Die Ausbilder, die
zur Sicherheit mit unten sind, »riechen« die Unsi-
cherheit förmlich. Manchmal scheint es, als ob die
Schleifer vorher schon wüssten, wann einer einen
Fehler macht. Nach ein bis zwei Wochen kennen
die Ausbilder die Stärken und Schwächen ihrer
Schäfchen. Bei der Arbeit unter Wasser wird mit
Absicht die Atemnot hinausgezögert. Das Gelingen des Einsatzes, das eigene Leben und das des
Kameraden könnte davon abhängen.

Also Ruhe bewahren. Dieses Ruhebewahren
wird z. B. im Torpedorohr trainiert. Nach mehreren
Wiederholungen macht es vielen sogar Spaß, in
die »Röhre zu kucken«. Ohne Tauchgerät, versteht sich. Der Mann liegt in der noch trockenen
Röhre am Grunde des Beckens, die sich langsam
mit Wasser füllt. Nichts für Leute mit Hang zur
Klaustrophobie! Der Kandidat muss sich etwa
zehn Minuten gedulden, bis ihm das Wasser über
das Gesicht schwappt und die Röhre voll gelaufen
ist. Erst dann entriegelt ein Ausbilder das Rohr,
das sich übrigens nur von außen öffnen lässt. Ersoffen ist noch keiner. Sollte wirklich mal etwas
sein, so ist immer ein Sanitäter in der Halle und ein
Taucharzt in Rufbereitschaft. Während einer
Vorführung, ausgerechnet vor sämtlichen Tau-
cherärzten aus Kiel, kippte einmal ein KS-Schüler
beim Unterwassermarsch um, beim allerletzten
Schritt. Ich war als Sicherheitstaucher direkt neben dem Kameraden und zog ihn raus. Er kam sofort wieder zu sich. Fregattenkapitän Rolf Leip
stand daneben. Zu »Appel«, so der Spitzname des
Kameraden, sagte er: »Lieber ehrenvoll gestorben
als unehrenvoll gelebt«. Der Admiralarzt, der daneben stand, wechselte die Farbe. Ich dachte, dass

## In die Röhre kucken muss nicht langweilig sein

Das Training in der »Röhre« findet in der Taucherübungshalle statt. Es dient als Vorübung für das Ausschleusen aus dem Torpedorohr eines UBootes. Das
Rohr entspricht im Durchmesser etwa dem eines U-
Bootrohres, ist aber rund einen Meter kürzer. Der Ein-
stieg erfolgt trocken am Beckenrand. Es kriechen immer zwei Mann Kopf an Kopf in die Röhre. Maximal
vier Mann werden eingeschlossen. Ist das Rohr von den
Männern besetzt, geben sie dem Einsatzleiter per
Hand das Klarzeichen. Nun werden die Schotten
(Türen) vorne und hinten geschlossen. Sie lassen sich
*nur* von außen öffnen. Ein Kran senkt das Rohr nun auf

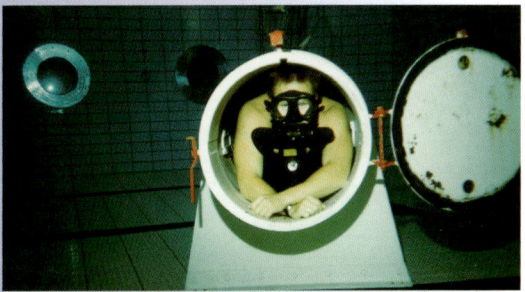

den Boden des Beckens in 5,10 m Tiefe. Durch ein
Sichtfenster signalisieren die Männer im Rohr nun ihr
»Wohlbefinden«, worauf der Sicherheitstaucher mit
dem Fluten beginnt. Dies kann schon während des Ab-
senkens oder erst auf dem Grund des Beckens geschehen und bis zu 20 Minuten in Anspruch nehmen. Diese
Übung wird sowohl mit Kreislaufgerät als auch ohne,
wie auf der Abbildung dargestellt, durchgeführt.
Im Innern des Rohres steigt und steigt das Wasser und
die Männer haben beim Training ohne Gerät nur die
eigene Lunge als Sicherheit. Zwei Minuten Zeittauchen - in Ordnung, sich aber sozusagen auf Gedeih
und Verderb in eine enge Röhre einschließen lassen,
in der die Luft langsam knapp wird ... Hier brauchen
Anfänger starke Nerven und müssen allen Mut zu-
sammennehmen, um nicht in Panik zu geraten. Je
nach Ausbildungstand wird zur Sicherheit der Schüler
ein Atemgerät vor dem Rohr abgelegt.
Für viele ist dieser Teil der Ausbildung, zumindest bei
den ersten Durchgängen, Horror pur. Doch haben sie
diesen Abschnitt mit Anstand überwunden, steigt ihr
Selbstvertrauen ungemein.

wir unseren Reanimateur gleich für ihn brauchen... Jeder von uns wäre lieber ersoffen, als bei einer Vorführung eher hochzukommen. Wir spulen unser Programm ab. Die Ärzte kamen aus dem Staunen nicht mehr heraus. Sie hatten so etwas noch nie gesehen. Bei jeder Übung ohne Gerät waren die Akteure 2 Minuten oder länger unter Wasser. Beim Zeittauchen machten alle 3 Minuten. »Appel« kam als Letzter. Er marschierte los als ob er einen Spaziergang machen wollte. Es ging auf der rechten Seite des 25-m-Beckens mit 20 kg Blei um die Hüften nach unten bis unter die Startblöcke, dann nach links in die Ecke und sozusagen auf der Gegengeraden wieder zurück. Doch dann kommt das schwerste Stück. Man muss ja nun wieder bergauf gehen und mit den Händen Schwimmbewegungen machen, um vorwärts zu kommen. Nun gut. »Appel« fing an zu rudern, immer schneller. Als ich seine Bewegungen sah war mir klar: Das geht schief. Er war nur noch einen Schritt von der Kante weg und fing an zu zucken. Jetzt stand er im halstiefen Wasser und war mit dem Kopf an der Luft. Mit der Rechten zeigte er mir das Klarzeichen… und fiel um. Ich war darauf vorbereitet und fing ihn auf. Ein zweiter Ausbilder half ihn aus dem Wasser zu ziehen. Nach ein paar Klatschern ins Gesicht war er wieder klar.

Der Unterwassermarsch durch das ganze Becken gehört zu den Krönungen der Hallenausbildung. Einmal ganz rum, wie wir so sagen, ist ein Knaller. Schaffen nicht alle. Verlangt wird derzeit nur noch das »U«. Doch wenn ab und zu »Off limits« gearbeitet wird, ist es das Ziel, den Kreis zu schließen. An Strecke sind es etwa 75 m. Als ich einmal ganz rum gelaufen war, verspürte ich keinen Atemreiz mehr. Risiko muss auch kalkulierbar bleiben und so hatte ich auch zur Sicherheit den Taucherarzt und einen Ausbilderkollegen am Beckenrand. Das taktische Tauchen in der Halle wird nicht nur bis zur Bewusstlosigkeit, sondern bis zur Perfektion geübt. Dabei werden die Schüler hin auf absolut lautloses Verhalten gedrillt. Egal ob beim Zeit- oder Streckentauchen oder irgendwelchen anderen taktischen Übungen – nachdem der Ausbilder seine Anweisungen erteilt hat wird weder gesprochen noch werden Geräusche verursacht. Sollte einer dies vergessen haben, sorgen unvergesslich viele Liegestützen nach der Übung dafür, dass es kein zweites Mal passiert.

Ein wertvoller Beitrag zur Körperbeherrschung und damit zur Stärkung der Sicherheit unter Wasser ist das »Unterwasserballett«. Durch unzählige Rollen vorwärts und rückwärts sowie horizontale und vertikale Schwimmübungen lernt der Schüler, richtig mit seiner Lunge zu arbeiten. Das heißt, er lernt sich auszutarieren. Außerdem muss jeder Schüler *ausgeatmet* längs die 25 m durch das Becken tauchen können. Glauben sie mir, es ist möglich.

Nach Übungen solcher Art steht dann noch ein mindestens einstündiges Schwimmtraining auf dem Dienstplan. 2000 m täglich ist das normale Pensum. Nach dem Vormittagsprogramm und dem Mittagessen kriegen die Schüler eine Stunde Bettruhe verordnet. Nach einer Woche haben sie sich an den Rhythmus gewöhnt und können auch schlafen; nach der 2. Woche sehnen sich einige schon nach dem Mittagsschläfchen. Nachmittags steht in der Regel »Trocken«-Sport auf dem Dienstplan. Der Lauf, der sich bis auf 20 oder 25 km ausdehnen kann, dient der Stärkung von Kondition und Stehvermögen. Viele haben anfangs damit Probleme. Wer hat früher schon Mal ein kräftezehrendes Tauch- und Schwimmprogramm absolviert und ist danach 90 oder 120 Minuten gelaufen? Keiner. Doch die Ausbilder wollen es wissen. Immer wieder testen sie den »Biss« der Jungs. Das Tempo ist für die meisten schon am Anfang zu schnell, denken sie jedenfalls. Doch irgendwie schaffen sie es doch. Einfach ohne zu denken. Bei jenen, die nach vier Wochen übrig geblieben sind, kommen beim abschließenden Leistungstest – wenig überraschend – bessere Ergebnisse als am Anfang heraus. Das gilt natürlich auch für die Kraftübungen: Klimmzüge, Bankdrücken, Bauchaufzüge und Kniebeugen bis zum Umfallen. Klimmzüge, von den meisten gehasst, werden bis auf 30 Wiederholungen und mehr »hochgepowert«, ebenso wie Nackenziehen oder ähnliche Folterübungen. Und jeden Tag der Psychodruck: »Habt ihr noch Lust Männer, oder will sich einer ablösen lassen?« Immer wenn keiner damit rechnet oder einer schwächelt kommt so ein Text. Wenn sich einer die Seele aus dem Leib kotzt, wird oft einfach weiter trainiert. Da muss der Mann einfach durch. LERNE LEIDEN OHNE ZU KLAGEN.

Während eines 20-km-Freitaglaufs (siehe auch Seite 45 ff.) hatte ich einmal Puls 200 und kotzte reine Galle. Ein Kamerad durfte mich einige Hundert Meter weit tragen. Zur Erholung sozusagen. Unmittelbar danach durfte ich mich revanchieren... Danach konnte ich den Schalter umlegen. Gekotzt habe ich nie wieder.

Der Ausbilder, der »den Schrott aufsammelt«, d. h. der Schlussläufer, spricht kaum ein Wort. Er diktiert nur das Tempo. Da heißt es dranbleiben, nur nicht abhängen. Den Letzten beißen die Hunde. Wer eine Pause machen will, braucht dies nur zu sagen. Der Schleifer wartet nur darauf. »Ich kann nicht mehr« heißt Aufgabe. Aus, Schluss und vorbei. Ablösung von der Ausbildung. Jeder Kandidat kann die Ausbildung jederzeit abbrechen. Einige haben es praktiziert.

In der 4. Hallenwoche haben sich die Reihen der Schüler jedenfalls deutlich gelichtet. Es steht wieder der Leistungstest und das Tauchen mit

Gerät im Vordergrund. Der Umgang mit Maske, Brille und Flossen ist ihnen mittlerweile in Fleisch und Blut übergegangen. Nun wird *unter Wasser* mehr Zeit verbracht als über Wasser. Sicherheitsübungen werden bis zur Erschöpfung gedrillt. Einige träumen nachts davon.

Turmsprünge mit Gerät, die den Sprung aus dem Hubschrauber darstellen sollen, folgen. Ebenso die »Tankstelle«, eine spezielle Sicherheitsübung um den Atemreiz hinauszuzögern. Endlos lange Minuten bleiben die Schüler unter Wasser und atmen wechselseitig aus Atemgeräten. Dies wird solange trainiert, bis nur noch *ein* Gerät für sieben Mann in einer Ecke liegt. Da wird es ganz schön knapp mit der Luft. Trotz Atemnot, die nunmehr fast nebensächlich erscheint, sind die Schüler in der Lage, nach nur drei bis vier Atemzügen aus dem Gerät bisher für unmöglich Gehaltenes zu

**Die drei von der Tankstelle:** Die Schüler legen ihr Gerät ab und tauchen zu einem anderen Gerät, um abwechselnd Sauerstoff zu zapfen. Sie müssen dabei bis zu vier Minuten die Luft anhalten. Sicherheitsübung »Tankstelle«.
Foto: Wolfram Giebel

vollbringen: Sie tauchen drei Minuten lang – voll konzentriert und unendlich langsam, um möglichst wenig Sauerstoff zu verbrauchen – 25 m zum gegenüberliegenden Beckenrand. Dann tauchen sie kurz auf um Luft zu holen und dann geht es wieder die gleiche Strecke tauchend an die »Tankstelle« zurück.

Alle anderen taktischen Tauch- und Schwimmübungen, die sie anfangs ebenfalls für schier unmöglich hielten, meistern die KS-Schüler nun fast spielerisch. Ihr Selbstbewusstsein hat einen enormen Schub bekommen. Nach vier Wochen sind sie ihrem großen Ziel, dem »Goldenen Fisch« auf der Brust, ein kleines Stückchen näher gerückt. Sie sind jetzt alle etwas lockerer geworden. Die Ausbilder dulden es auch. In Maßen. Beim *Off–Limit*-Tauchen können sie zeigen, was sie drauf haben. Und beim abschließenden Leistungstest wurden von Einzelnen schon beeindruckende Maßstäbe gesetzt. Hier einige Beispiele:

| | |
|---|---|
| Zeittauchen | 6 Minuten (Ziel: 3 Min) |
| Streckentauchen (ohne Flossen) | 115 Meter (Ziel: 50 m) |
| Unterwassermarsch | 75 Meter (Ziel: 50 m) |
| Klimmzüge | 40 Stück (Ziel: 20 Stck) |
| Bankdrücken | 100 x 50 kg (Ziel: 30 x 50 kg) |
| Aufrichten aus der Rückenlage | 130 x in 2 Minuten (Ziel: 90 x in 2 Min) |
| 5000-m-Lauf | 15:32 Minuten (Ziel: 18:30 Min) |
| 10.000-m-Lauf | 34:00 Minuten (Ziel: 48:00 Min) |
| 1000-m-Schwimmen | 12:30 Minuten (Ziel: 19:00 Min) |

Wohlgemerkt sind dies Bestleistungen, die vereinzelt von Schülern *und* Aktiven erbracht wurden. Teilweise sind diese Werte mittlerweile verbessert worden.

Mit dem abschließenden Leistungstest haben sich die Jungs die Grundlagen geschaffen, um die Freiwasserausbildung zu bestehen. Vorausgesetzt, es wird keiner mehr krank und die Nerven halten den Belastungen stand. Für einige wird es hart werden. Sehr hart. Aber sie haben gelernt abzuschalten. Und wenn einer Mal einen »Durchhänger« hat, richten ihn die anderen auf. Sie sind zu einer verschworenen Gemeinschaft geworden. In den nächsten Wochen werden sie erfahren, dass noch mehr drin ist. Die Ausbilder werden ihnen nun zeigen, wo die

»Eisernen Kreuze«
wachsen!

# Freiwasserausbildung

## »Zwölf Wochen unter Strom«

Zu Beginn dieses Ausbildungsabschnitts empfangen die Männer ihre Tauchausrüstung für die Freiwasserausbildung: Neoprenanzug, Kreislaufgerät, Taucherschwimmkragen (TSK), Gewichtsgürtel, Flossen und Brille. Damit geht es in die »Pfütze« – das Freiwasserbecken des Kranzfelder Hafens. Als Erstes lernen sie sich auszutarieren und es sich im Neopren »richtig bequem« zu machen. Alles muss eingestellt und die erforderliche Zahl an Gewichten festgelegt werden. Auch die richtige Schwimmlage unter Wasser gilt es zu finden – ein Kampfschwimmer liegt anders im Wasser als ein Sporttaucher. Die Schüler müssen sich auf Strecke und Tempo einstellen; Tempo und Genauigkeit auf große Distanzen ist nun wichtig. Mit kompletter Ausrüstung und »Bombe« (Haftminenattrappe) müssen sie bald 1000 m unter Wasser in 30 Minuten schaffen. Zu den wichtigsten Ausbildungszielen gehört das hundertprozentig sichere Orientieren mit dem Unterwasserkompass. Egal ob es hell oder absolut dunkel ist, ein Schiff, eine Hafeneinfahrt oder ein anderes Objekt muss auf 1000 m mit schlafwandlerischer Sicherheit angetaucht werden. Oftmals ist unterwegs, aus taktischen Gründen oder weil einem

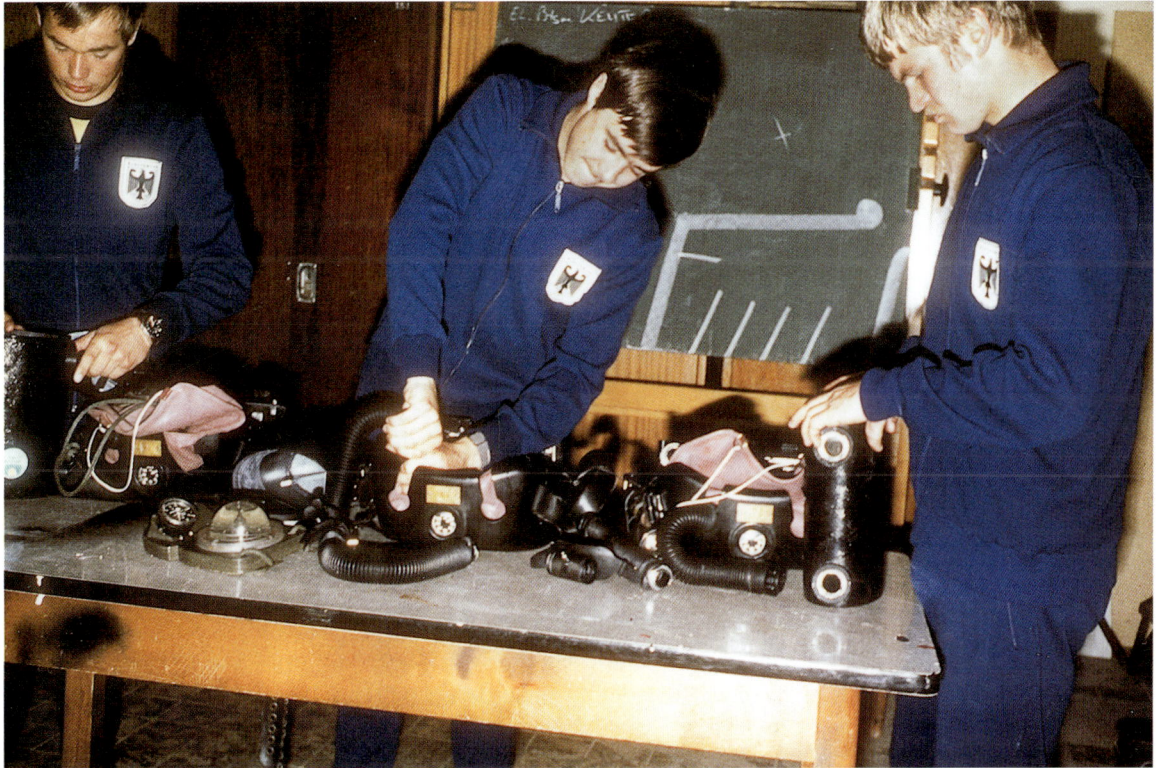

Schüler beim täglichen Fertigmachen des Kreislaufgerätes.

Das gute alte, immer zuverlässige Kompassbrett aus Holz. Hier ohne Kampfschwimmeruhr, aber mit Tiefenmesser. Daneben die *Gigant*-Flosse mit Tauchermesser.

Wasserfahrzeug ausgewichen werden muss, ein Kurswechsel angesagt, wofür es aber keinerlei Zeitguthaben gibt. Ein wichtiger Aspekt für das Überleben im Einsatz! Ein sehr hohes Maß an Konzentration ist unverzichtbar. Mit Kondition und Köpfchen über einen Zeitraum von vier bis fünf Stunden im Wassereinsatz zu arbeiten und einen gefährlichen Auftrag erfolgreich auszuführen, zeichnet einen Kampfschwimmer aus. Ohne hartes tägliches Training wird keiner zum Profi. Die Jungs werden fast täglich an die Leistungsgrenze gebracht und physisch wie psychisch immer wieder aufs Äußerste gefordert. Im Grunde läuft die Ausbildung im gleichen Rhythmus weiter wie die Hallenausbildung. Ein wesentlicher Faktor ändert sich jedoch. Es findet nunmehr alles – außer Krafttraining und Unterricht – im Freien statt. Schlechtes Wetter gibt es nicht. Im Gegenteil. Für den Kampfschwimmer im Einsatz kann das Wetter gar nicht schlecht genug sein. Für den maritimen Einzelkämpfer ist die mieseste Witte-

rung der beste Kamerad. Das Schwimm- und Tauchtraining in der Ostsee wird täglich durchgeführt. Das kalte Seewasser – die »Brühe« kann auch im Sommer verdammt eisig sein – zehrt den Körper aus. Jeden Nachmittag steht weiterhin Geländelauf, Krafttraining und Nahkampf auf dem Dienstplan. Einem fällt das Laufen leichter, dem Anderen das »Eisenbiegen«. Beim täglichen Unterricht hat jeder Probleme mit der Müdigkeit. Immer muss der innere Schweinehund bekämpft werden. »Hoffentlich ist bald Dienstschluss und heute kein Nachtalarm« wünschen sich viele sehnlichst. Nach dem Abendessen einfach »auf den Bock« und bis morgen früh schlafen, das wäre schön. Manch einer kann auf der Koje nicht einschlafen. Er ist so aufgewühlt. Auch die verrückten quälenden Gedanken kommen wieder. Man will nicht daran denken, aber sie kommen automatisch wenn der Körper zur Ruhe kommt. Lasse ich mich morgen ablösen oder ziehe ich noch einen Tag durch? Manchmal liegt man die ganze Nacht

Ein Versorgungsboot des Marinehafens Eckernförde verbringt Kampfschwimmer zum Übungstauchen. Sie tragen noch die alten Sauerstoffkreislaufgeräte LAR II. Ganz rechts ist eine Handverbindungsleine zu erkennen, das Verbindungsmittel der Rotte unter Wasser. Mittlerweile ist die Leine von dunkler Farbe.

so. Wenigstens kein Alarm. Plötzlich ertönt die Bootsmannsmaatenpfeife. 05:30 Uhr. Die Nacht ist um und kein Auge zugetan. »Reise, Reise aufstehen!« Brüllt der UvD (Unteroffizier vom Dienst) durch den Flur. Ach ja, wir sind bei der Marine und nicht in der Hölle. Doch wo ist der Unterschied? Das Aufstehen fällt schwer. Man fühlt sich wie gerädert. In zwei Stunden wieder im Neopren, in der kalten Brühe des Hafens. Wieder Richtungstauchen. Kaum vorstellbar, aber wahr. Was haben sich die Ausbilder heute wieder ausgedacht? Man könnte meinen, sie haben eine kranke Fantasie. Ihr Einfallsreichtum scheint grenzenlos zu sein. Fast jeden Tag neue Spielchen und neue Sprüche. Als ob sie über die Jahre Buch darüber geführt hätten. 07:00: Antreten vor dem Dienstzimmer. Einer der Schleifer kommt raus: »Guten Morgen, Männer!« »Guten Morgen, Herr Oberbootsmann!«, schallt es durch den Flur. »Fragen… keine? Wünscht einer ein persönliches Gespräch?«

»Nein, Herr Oberbootsmann!«, tönt es laut und deutlich. Der Ausbilder sieht einigen an, dass sie hart mit sich selbst kämpfen. »Gut. Umfallen 50:50!« Das heißt: 50 Liegestützen und 50 Rumpfdrehbeugen. Zermürbung. »Punkt 08:00 Uhr auf der Stichpier!«, schnarrt der Bootsmann. Die Jungs setzen ihre Pudelmützen auf und laufen los. Wie jeden Tag. Hinunter in die »Heiligen Hallen« zum Umziehen. Vielleicht wird der heutige Tag leichter als der gestrige. Hoffen alle – vergebens. Pünktlich zur angegebenen Zeit erscheinen zwei Ausbilder. Der Lehrgang steht in Linie, die Ausrüstung sauber ausgerichtet vor jedem auf der Pier. In diesem Hafenbecken machen die Schüler die ersten »Gehversuche«. Tauchen ohne Navigationsmittel und taktisch sauberes Auf und Abtauchen wird geübt. Die ersten Feinheiten müssen in den Kopf. Dutzende Male hin und her. Das Gespür für die Tiefe, der Druckausgleich und das Orientieren, alles muss sitzen. Weniger die Muskeln, vielmehr der Kopf ist gefordert. Schwimmhindernisse müssen untertaucht werden. Am hellen Tag wird es plötzlich stockfinster unter einer Pier oder einem großen Schiff. Unzählige Male auftauchen und wieder abtauchen, auch alarmmäßig, in jeder Lage. Einzeln oder zu zweit in der Einsatzrotte. Es wird geübt, bis es alle wie im Schlaf beherrschen. Nach einer Woche kommt der Kompass dazu. Acht bis zehn Tage immer wieder das Gleiche. Nach der zweiten Woche sitzt das Ganze auch nachts. Nun geht es nach draußen in die freie Ostsee. Die Tauchstrecken werden um ein Vielfaches verlängert. Das Richtungstauchen bekommt eine andere Bedeutung. Nun ist Köpfchen und Kondition gefragt. Peinlich genaues Arbeiten mit dem *Navigationsbrett* wird zur täglichen Routine. Der Schiffsverkehr in der Ostsee muss mit einkalkuliert werden. Gefahren lauern im Unvorhersehbaren. Mehrmaliger Richtungswechsel auf bis zu 3 km Tauchstrecke wird den Männern abgefordert.

Wieder einmal ist Dienstag. Spät abends treffen sich alle in den Umkleideräumen. Die Witterung ist wie geschaffen für einen Einsatz: Nieselregen, kalt und eine leicht aufgeraute See. Alle sitzen im Neopren im Einweisungsraum und erwarten ihren Auftrag. Zwei Ausbilder haben sich auch umgezogen. Die Schüler sind nervös. Warum zwei? Einer, in Ordnung. Was hat das zu bedeuten? Keiner der Ausbilder verliert auch nur ein Sterbenswörtchen darüber. Auch nach der Einweisung (»Briefing«) auf dem Weg zum Verbringungsboot und auf dem Wasser, zum Absetzpunkt kein Wort. Unheimlich. Die Nervenprobe ist natürlich finstere Absicht.

Alle machen sich fertig zum Einsatz. Die Ausbilder nicht. Man spürt die Nervosität der Jungs. Was kommt für eine Schweinerei? Nun, da alle auf dem Oberdeck stehen gibt der Ausbildungsleiter das Zeichen zum Zuwassergehen. Sie springen in die kalte schwarze Brühe. Kein Stern am Himmel. Über Wasser ist es stockfinster und unter Wasser erkennt man die Hand vor Augen nicht. Nachdem die Männer sich *klar gemacht* haben, gibt der Rottenchef das Klarzeichen. Wie von Geisterhand nach unten gezogen, verschwinden die Taucher geräuschlos im nassen Element. Der Sicherheitstaucher an Bord – es ist immer einer der Schüler – macht sich fertig für eine eventuelle Nothilfe. Kaum sind die Rotten verschwunden, er-

tönen in der Ferne Schraubengeräusch. Ist es nur der Butterdampfer oder ein UBoot? Es könnte auch ein anderes Kriegsschiff sein. Auf alle Fälle müssen die Männer unter Wasser tiefer. Manche waren auch schon auf Grund. Gegen eine Schiffsschraube hat auch der beste Kampfschwimmer keine Chance. Nach einer Weile donnert der Pott über die Jungs hinweg. Irgendwo in der Bucht wirft er den Anker. Anfangs bildet sich bei einigen Schweiß auf der Stirn. Doch das gibt sich. Kurze Zeit später wieder Schraubengeräusch. Doch dieses mal ist es bekannt. Das V–Boot (Versorgungsboot) kehrt in den Hafen zurück. Die beiden Ausbilder springen vom fahrenden Boot in die kalten Fluten. Sie tauchen zu ihrem Kontrollpunkt und warten auf die Schüler. Sie werden die Jungs beobachten und zensieren. Die Schüler haben keine leichte Aufgabe. An mehreren Kontrollpunkten müssen sie so leise und unsichtbar wie möglich auftauchen und sich melden. Genau diese Punkte sind beleuchtet. Am schwierigsten Punkt warten die beiden Ausbilder unter Wasser. Den ersten Punkt haben die Jungs in der abgesprochenen Zeit passiert. Zum zweiten Punkt kommt keine der Rotten pünktlich. Trotz keiner feststellbaren Strömung sind sie über der Zeit. Nach und nach kommen sie an und tauchen taktisch richtig auf. Nun müssen sie in den Hafen. Hier warten einige Schwierigkeiten auf sie. Wenn sie nicht innerhalb der Nullzeit am Endpunkt sind, müssen sie, wie bei der Einweisung vorgegeben aber unter Einhaltung der Sicherheitsbestimmungen zum Treffpunkt. Für einige ist diese Nacht ein kleines Waterloo. Aber aus diesen Fehlern lernen sie. Als die Männer zur Abschlussbesprechung (»Debriefing«) erscheinen, sind die beiden Ausbilder längst umgezogen und üben Kritik. Es kann nur besser werden. Gegen 02:00 Uhr fallen die Schüler todmüde in ihre Kojen. Nicht viel Zeit zum Schlafen. Um 05.30 Uhr ist die Nacht vorüber. Es ist Mittwoch und ein zermürbendes Programm liegt vor ihnen.

## Seeschwimmen

Mittlerweile sind 5 km zu schwimmen. Falls es keine Strömung gibt und der Wind günstig steht, kann man die Strecke in zweieinhalb Stunden bewältigen. Gute Schwimmer schaffen es auch schneller. Nervend ist jedoch die Schwimmlage:

Immer Rückenschwimmen. Zum Orientieren muss man sich jedes Mal umdrehen.

Ab und zu nervt auch noch die FAIR LADY, der Butterdampfer von Eckernförde nach Sonderburg. Die Wellen von dem Dampfer lassen die Schwimmer für ein paar Sekunden verschwinden. Manchmal werden sie von den Wogen überrascht und nehmen auch noch ein Maul voll Seewasser. Die Rülpser zeigen es an. Aus taktischen Gründen schwimmen sie immer zu zweit, mit der anderthalb Meter langen Handverbindungsleine verbunden. Doch das Paar-Schwimmen ist sehr gewöhnungsbedürftig und die Rotten müssen sich erst finden. Das geschulte Auge der Ausbilder findet heraus, wer zusammenpasst und wer nicht. Im Laufe der drei Wasserausbildungsmonate werden die Rotten noch einige Male wechseln. Bis zum traditionellen Abschluss-Schwimmen, den 30 km von Olpenitz nach Eckernförde, haben sie sich dann gefunden.

Woche für Woche begeben sich die Männer auf eine immer länger werdende Strecke. Es ist mit das Härteste, das die Ausbildung zu bieten hat. Die Kameraden, die es hinter sich haben,

werden es zeit ihres Lebens nicht vergessen. Wer die 30 km geschafft hat, bewältigt alles, was später an Schwimmstrecken noch kommt, sozusagen mit links. Anfangs, wenn die Schwimmstrecken noch kurz sind, liegt Nachmittags noch irgend ein Dienst an. Später stehen Sauna oder lockeres Ausschwimmen in der Halle auf dem Plan. Manchmal kommen die Jungs aber erst nach Feierabend an. Nach sechs oder sieben Schwimmstunden wird ihnen der Dienstschluss auch von den Ausbildern gegönnt. Am nächsten Tag haben die Eleven ja wieder ihr »Rendezvous« mit den Quallen und Fischen der Ostsee. Übrigens: Schwimmhäute sind noch keinem gewachsen.

## Nachtalarm

Mittwoch, 23:00 Uhr. Die nächste Einlage lässt nicht lange auf sich warten. Im Kampfanzug und Sportschuhen schlagen die Schleifer Alarm. Gerade eine Stunde in der »Mulde«, werden die Jungs aus dem Schlaf gerissen: »Los Männer, raus aus dem Bock. Kampfanzug und Laufschuhe an. Klein-Vietnam wartet schon!«. Schlaftrunken stei-

Nachtlauf mit »Albdrücken«.

gen die Männer in ihre Klamotten. »Los, los Mädels, in 5 Minuten seid ihr unten! Tempo! Tempo!«, hallt es durch den Flur. Oberbootsmann Wilhelm Probst blickt auf die Uhr und zählt laut hörbar für alle: »3 Minuten.« Langsam begibt er sich nach unten. »4 Minuten! Was ist? Pennt ihr immer noch?« 4:30 Minuten. Immer noch keiner da. Ausbilderkollege Oberbootsmann Ralf Grabowski stellt sich neben ihn: »Wenn sie nicht pünktlich sind, lassen wir sie mit Rucksack laufen!« 5:30, 5:40 Minuten, gleich 6 Minuten. Jetzt kommt der Letzte. »In Ordnung Jungs,« sagt Grabo in leisem Ton. »Bedankt euch beim Letzten. Ihr habt jetzt eine Minute Zeit eure Rucksäcke zu holen. Ab!« Die Jungs rennen wie die Teufel. Sie wissen, wenn sie wieder zu spät kommen wird die Nacht zum unvergesslichen Erlebnis. Nach weniger als einer Minute sind sie vollzählig angetreten. Im Augenblick sind Probst und Grabo mit Sicherheit die am meisten gehassten Männer der Marine. Und das ist gut so. Mit Hass zu laufen erbringt Höchstleistungen. Außerdem müssen sie sich zu beherrschen lernen. Grabo flüstert Probst zu: »Ich laufe zunächst vorne weg. Ich hab da `ne Idee«. Probst: »Aber vergiss nicht; wir haben morgen noch was vor!« Der KS-Nachwuchs läuft inzwischen die 5000 m mit Gepäck unter 21 Minuten. 10.000 m sind bei normalem Tempo und ausgeschlafen ein Spaziergang. Heute wollen die Ausbilder sehen, wie die Eleven nach der extremen Belastung der letzten Tage drauf sind. Mal sehen, ob sie den Schalter umlegen können...

Grabo führt mit langsamen Trab die Gruppe Richtung Sportplatz. Er will sie jetzt schon mürbe machen. Kürzlich, auch bei einem kleinen Nachtalarm, sind sie nur 5000 m auf dem Sportplatz gelaufen und haben die Jungs dann wieder auf den Bock geschickt. Die Eleven fühlen sich erleichtert. Noch! Es geht eine Runde um den Sportplatz und dann Richtung Hubschrauberlandeplatz. Leise zischen einige »Sch.....!«. Sie ahnen was kommt. Die Gruppe läuft ins Wasser und schwimmt mit dem Rucksack die 20 m um den Zaun. Die kalte Brühe umspült schmerzend die Körper. Doch spätestens in 10 Minuten werden sie wieder schwitzen. Auf dem Sandweg am Campingplatz geht es »gemütlich« Richtung Steilküste. Plötzlich zieht Grabo an – so lange, bis einer zurückfällt. Schrott sammeln nennt man das. Der hinten laufende Aus-

bilder achtet darauf, dass keiner verloren geht und treibt die Läufer gnadenlos an. Es regnet nun stärker. Die Jungs werden langsamer. Der Abstand nach vorne, wo noch zwei Mann das Tempo mithalten, ist auf ca. 100 m gewachsen. Von vorn ertönt das Kommando »Aufschließen! Oder wollt ihr wieder ins Wasser?« Eigentlich wäre es egal. Es ist sowieso schon alles pudelnass. Das Aufschließen kostet Kraft. Wieder zusammen und mit etwas verlangsamtem Tempo erreicht die Gruppe die Steilküste. Grabo läuft unten rum, durch den Sand. Es ist die Hölle. Mit dem Rucksack und den nassen Klamotten ist alles doppelt so schwer. Die Waden werden hart. Die Oberschenkel drohen zu platzen und der Körper pfeift aus dem letzten Loch. Jene, die zurückzubleiben drohen werden von den Kameraden geschoben. Sie sind zu einer Gemeinschaft geworden. Kameradschaft ist wichtig in so einem „Haufen". Das wollen die Schleifer sehen und verringern das Tempo. Am Ende der Steilküste geht es wieder auf dem schmalen Weg über den Grat zurück. Es ist fast unheimlich. Man hört nur das schwere Atmen der Männer und das Rauschen der nächtlichen Ostsee. In Reihe trabt die Gruppe langsam in Richtung Kaserne. »Durchzählen!« Kommt laut und deutlich von vorne. Grabo lässt sich zurückfallen bis zu Probst. Der trabt nun nach vorne und macht Tempo: »Los Männer, es geht nach Hause. Auf meiner Höhe bleiben!« Ob sie das glauben? Probst rennt los, immer schneller werdend. Die Verbindung reißt ab. Nach 5 Minuten ist keiner mehr hinter ihm zu sehen oder zu hören. Hinter einem Waldstück auf den Weg zum Gut wartet er auf die Meute. Die Schüler »hängen« wie eine Traube um Grabo herum. Einer ist umgefallen und wird von zwei Kameraden mitgeschleift. Probst schultert seinen Rucksack und zieht den Kameraden nach vorn an die Spitze. Grabo hat auch schon einen Rucksack um. Die beiden ohne Gepäck stehen gebückt, die Hände auf die Knie gestemmt da und pumpen Luft. Langsam erholen sie sich. In Reihe geht es weiter, die beiden ohne Gepäck traben neben den Ausbildern, die sich mittlerweile auf ein Tempo »geeinigt« haben, bei dem alle mithalten können. Am Hemmelmarker Berg forcieren sie nochmals die Gangart. Ewig lang kann dieser verdammte Konditionshügel werden. Bis auf einen hängen die Jungs wieder durch. Solche Konditionswunder gibt es immer mal wieder. Es kristallisiert sich heraus, dass er Lehrgangsbester wird. Allmählich sind alle »platt«, auch die Ausbilder. Oben wird wieder durchgezählt. Vollzählig. Noch 2 km bis zur Kaserne. Alle haben den toten Punkt überwunden. Im lockeren Dauerlauf geht es zur Panzerstraße. Dort ziehen die Ausbilder, die die Rucksäcke ihren Besitzern wieder übergeben haben, nochmals an. Die Schüler bleiben dran. Am Kasernentor kommentiert der Posten: »Lerne leiden ohne zu klagen!« Den Schülern entlockt das manchen Fluch. Vor der Unterkunft noch kurzes Antreten. »Gut Männer, langsam werden Diamanten aus euch!« Kein Kommentar, logisch. Grabo macht nur eine leise Bemerkung: »Der Freitag kommt bestimmt!«

Mitternacht ist um. Es ist Donnerstag. Es geht wieder ins Wasser, wieder keulen. Und dann der Freitag: Psycholauf! Ob sie noch schlafen? Aber sie haben den Schalter umgelegt.

## Der Freitagslauf

Wieder treten sie vorm Büro an. Keiner fehlt. »Frisch seht ihr nicht aus, Männer«, sagt Erich Adolf. Kein Kommentar. Sie sind restlos fertig. Sie hoffen nur, dass er nicht zu hart wird, der Lauf. Erbarmen kennen die Schleifer nicht. Aber die KS-Schüler wollen durch. Irgendwie. Freiwillig gibt keiner mehr auf. Am Montag beginnt die Ausbildungsfahrt. Dann sind sie zwei Wochen auf der LANGEOOG. Wenn es stimmt, was man so hört, kann man sich an Bord etwas erholen.

Der Freitagslauf ist die von vielen Schülern am meisten gefürchtete Prozedur während der Kampfschwimmerausbildung. Eine Zeitschrift, die eine Reportage über die KS und Bilder vom Freitagslauf veröffentlichte, behauptete, dass Menschen hierbei schikaniert und erniedrigt würden. Es war »von Heldentum, das schon längst seine Grenzen gefunden hätte« die Rede. Die Kampfschwimmer ignorierten diesen Blödsinn, der von Leuten ohne Hintergrundwissen verbreitet wurde und warteten auf die nächste Gelegenheit der Verherrlichung durch die »Journaille«. Vielleicht war es Zufall, dass kurz danach die Bildzeitung bei der Kompanie anfragte.

Der Freitagslauf – auch »Psycholauf« genannt – stellt ein zermürbendes Fitness-Programm dar, das angehende Kampfschwimmer formen soll. Der

Beim Freitagslauf.

»Verwundete« werden transportiert. Auch die Ausbilder packen mit an.

Schreiber dieser Zeilen kennt kein vergleichbares und gnadenloseres Ausbildungsprogramm, das über einen Zeitraum von drei Monaten regelmäßig durchgeführt wird. Er hat diese Läufe zu seiner Zeit gleichermaßen gehasst wie die Ausbilder, die sich ihre Schüler aussuchen. Jeden Freitag ist ein anderer dran, der besonders rangenommen wird. Im Zuge der Ausbildung fallen immer einige auf, die sich bei irgendeiner Disziplin zu schonen versuchen. Doch sie vergessen, dass die Ausbilder auch Mal an ihrer Stelle waren und das Gleiche versucht haben. Also wird beim Freitagslauf, als erzieherische Maßnahme, auf diese Kameraden speziell Rücksicht genommen. Im Laufe der Jahre hat die Kampfschwimmerkompanie von allen vergleichbaren Einheiten, mit denen sie Verbindungen pflegte, etwas ins Programm des Freitagslaufes aufgenommen. Dieser wird, ganz nach Bedarf, auf mehrere Stunden ausgedehnt und individuell gestaltet, sodass sich die Schüler nicht auf einen bestimmten Fahrplan einstellen können. Es wird nur im Kampfanzug und – aus Gründen der Fürsorge und Sicherheit – mit freier

Schuhwahl gelaufen. Morgens nach dem »Reinschiff« (die Schüler müssen natürlich die Unterkünfte, Nassräume usw. die sie benutzen auch selbst reinigen, wie es sich für anständige Soldaten gehört), treten sie vor der Taucherübungshalle an. Zum Aufwärmen gibts Liegestütz und Rumpfdrehbeugen. Danach geht es in zügigem Tempo aus der Kaserne in Richtung Steilküste. Abseits der Straße wird mit den Einlagen begonnen. Nicht selten wirft nach zwei Kilometern der Erste die »Packung aus dem Gesicht«. Mehrere Sprints bergauf, Verwundetenschleppen und Schwimmen in der »erfrischenden« Ostsee mit anschließendem Umpflügen des Strandes in tiefster Gangart gehören ebenso zum Programm wie die »Lebende Brücke«, bei der sich ein Mann brettartig von zwei Läufern transportieren lässt, indem er sich mit gestreckten Armen und mit den Fußgelenken an deren Schultern einhakt. Ein weiter Höhepunkt ist das Erklimmen der Steilküste, die die meisten an den Rand des Kapitulierens bringt. Einer der Ausbilder kämpft sich als Erster die etwa 10 m hoch. Die Arme erschlaffen und die Oberschenkel sind

»Klein Vietnam« wird durchpflügt.

stahlhart. Die Lunge pfeift und der innere Schweinehund kläfft nach Aufgabe. Die Ausbilder wissen das. Sie peitschen die Jungs mitleidslos immer wieder die nie endende Steilwand hinauf. Der Erste, der oben ankommt, darf Pause machen. Diese nutzt er natürlich bis der letzte Kamerad oben ist mit Liegestützen und Rumpfdrehbeugen. Nach dieser Folter ist der anschließende Dauerlauf die reinste Erholung. Doch die »Ruhephase« dau-

Zur Erfrischung ging es eben in die Ostsee.

ert nicht lange. Nahkampf steht an: Fallübungen, Sprünge und Würfe. Danach gehts zur Erfrischung in die Ostsee. Es ist mörderisch, doch irgendwie fühlt man nichts mehr. Oder besteht der Körper nur noch aus schmerzenden Gliedern? Keine Zeit zum Nachdenken. Das Schlammloch wartet schon und nach weiteren Einlagen »Klein-Vietnam«. Das dschungelartige Sumpfgebiet an der Ostsee lädt mit brackigen Wasserlöchern zum Bade. Gnadenlos geht es weiter, manchmal bis Karlsminde. Nach etwa 9 km dürfen die Schüler, stinkend und verdreckt von den Sümpfen, vom Strand in die Ostsee robben. Die Ausbilder, nicht minder entstellt, kriechen voran bis die Wellen alle überspülen und die Ersten schwimmen. 16 Grad, gerade angenehm und erfrischend nach den vorausgegangenen Strapazen. Der Rückweg beginnt. Für kurze Zeit gibt das Bad den Männern wieder Kraft. Seltsamerweise liegt am Strand immer ein Baumstamm. 5 m lang, 40 cm Durchmesser, vielleicht eine halbe Tonne schwer. Es ist nie derselbe. Manchmal findet sich noch größeres Treibgut am Strand. Der Größe nach treten die

»Über sieben Brücken musst du gehn…« Ausbilder Pit »Moskito« Abt (hinten) und Willi Probst nahmen dies in »Klein Vietnam« wörtlich. Gut gegen Rückenschmerzen, gibt es aber nicht auf Krankenkasse.

Jungs neben dem Baumstamm an. »Männer! Bei drei wird euer neuer Freund getragen – eins, zwo, drei!« Ächzend und stöhnend wuchten die Jungs den Stamm auf die rechte Schulter. Im Trab und Gleichschritt folgen sie den Ausbildern. Unter der Last brechen sie fast zusammen. Manchmal lässt einer, der Erschöpfung nahe, den Stamm los. Einer der Ausbilder übernimmt. »Los, Herr X , kommen Sie nach – oder haben sie keine Lust mehr? Wenn Sie nicht mehr wollen, können Sie jederzeit gehen!« Dem Umfallen nahe schleppt sich der Letzte hinterher. Doch er muss ran. »Soll ich sie vielleicht tragen, Herr X? Kommen sie ran. Bevor sie nicht hier sind, dürfen ihre Kameraden ihren Freund nicht ablegen!« Das wirkt. Da die Jungs mit ihrer Last immer tiefer in die Knie gehen und die Schritte im Sand immer kürzer und schwerer werden, kommt der Letzte langsam näher. »Los, weiter!«, brüllt ein Schleifer. Genau zum richtigen Zeitpunkt. Mit Röhrenblick, fast wie im Rausch stolpert X weiter. »Los X, übernehmen sie ihre alte Position wieder!«, peitscht ein Befehl. Wieder in

der Reihe, gehts hinter den verhassten Schleifern in die kalte Ostsee. Aber nur bis das Wasser bis zum Hals steht. »Oberbootsmann Probst ist verletzt Männer«, ertönt eine Kommandostimme. »Los, aufsitzen lassen!« Der Ausbilder schwimmt zum Baumstamm und sitzt auf. Es geht wieder an Land. »Bei drei wechselt ihr den Stamm auf die andere Schulter. Aber ohne den Verletzten fallen zu lassen!« Mit unmenschlicher Anstrengung werden Baumstamm und Oberbootsmann auf die andere Schulter gehievt.

Nach 300 m kommt der Befehl: »Achtung! Vorsichtig absetzen!« Der Ausbilder springt ab, bevor die Schüler den Stamm langsam und gleichmäßig absetzen. »Merkt euch die Stelle gut. Nächsten Freitag bringen wir unseren neuen Freund wieder zurück!« Einige werden von ihm träumen. Noch rund 7 km, geht einigen durch den Kopf. Wenn der kürzeste Weg genommen wird. Alle »riechen« nun den Stall. Eigentlich läuft alles nur noch automatisch ab. Der Körper ist irgendwie tot und der Kopf leer. Die Ausbilder wissen das und treiben

**Traben mit dem Stamm auf den Schultern.**

die Männer weiter an. »Alles halt!«, befiehlt der Ausbildungsleiter vor einem Steinhaufen. Einige werden blass. »Los, Männer: Jeder sucht sich einen Freund. Ihr dürft ihm auch einen Namen geben. Ich will von jedem laut und deutlich hören wie der Freund heißt!« Psychoterror. Kalle W. schnappt sich einen 20-kg-Brocken und tauft ihn Wilhelm. Jeder weiß, wer gemeint ist. Aber Kalle hatte schon immer den Schalk im Nacken. Wut, Hass, Schmerzen, bei einigen etwas Blut im Mund vom auf die Zunge beißen. Nach 300 m dürfen die »Freunde« wieder abgelegt werden. »Volle Deckung!«, ruft einer. »Fliegeralarm!« In tiefster Gangart geht es quer über den Strand in die Ostsee. Sie schwimmen 100 m und krabbeln am Campingplatz von Gut Hemmelmark unter den staunenden Augen der Urlauber wieder an Land um in Richtung Kaserne zu eilen. Der Ausbilder an der Spitze befiehlt Gleichtrab: »Links, links, links, zwooo drei, vier. Links, links, links, zwooo drei vier!« Am Zaun werfen sich die Ausbilder einen kurzen Blick zu: Die Jungs waren gut, also kein

Umweg. Dreieinhalb Stunden sind für heute genug.

Es geht wieder ins Wasser, um den Zaun und den Steinwall herum schwimmend in die Kaserne. Dann brüllen sie mit letzter Kraft, im Gleichschritt und im Wechsel mit den Ausbildern laut und deutlich das »Kampfschwimmergedicht«:

Was wollt ihr werden, Männer?
Kampfschwimmer, Herr Obermaat!
Was sind Kampfschwimmer?
Diamanten, Herr Obermaat!
Was macht man mit Diamanten?
Schleifen, Herr Obermaat!
Seid ihr damit einverstanden, Männer?
Jawohl Herr Obermaat!

Auf dem Rückweg zur TÜH wird an der Kompanie Halt gemacht. Aufstellen in Linie zu einem Glied. Umfallen, Ausgangstellung Liegestütz. An den Fenstern des Kompaniegebäudes haben sich mittlerweile alle anwesenden Kampfschwimmer versammelt und beurteilen das »Pumpen« der »Knechte«. »Von links der Erste – zehn Stück, los!« Mit letzter Konzentration – Kraft ist nämlich nicht mehr viel da – zählt der Erste: »0, 1, 2, 3, 4, 5, 6, 7, 8, 9, 10!« Der Zweite folgt, der Dritte usw. Beim letzten kommt der Befehl: »Und Sie zählen 10 extra für den Chef, Herr X, weil Sie den Baumstamm nicht die ganze Zeit geschleppt haben!« Den Tränen nahe pumpt X seine Strafe ab.

»Alles auf!«, ruft der Schleifer. Die Jungs halten mittlerweile fast nur noch die Blicke der Aktiven auf den Beinen.

Jens Hilbert mit dem Stein, den er nie vergisst. Der amtierende Weltrekordhalter (2001) im Streckentauchen mit handelsüblichem Pressluftgerät (60,5 km in 24 Stunden) hatte es als Kampfschwimmerschüler nicht immer leicht. Ein Ausbilder: »Jens Hilbert hat einmal beim Nachttauchen die Übungsbombe vergessen. Ich habe ihn dieses 20-kg-Paket daraufhin eine Woche lang zu jedem Dienst und jeder Tätigkeit tragen lassen. Ablegen durfte er die `Bombe´ nur zum Schlafen und Essen. Er hat danach nie wieder etwas vergessen und für den Rest des Kampfschwimmerlehrganges seine große Klappe gehalten. Vom Körperlichen her gesehen war es eine sagenhaft gute Leistung von ihm.«

Nach dem »Kampfschwimmergedicht« geht es zur TÜH zur Grobreinigung. Alle, einschließlich die Ausbilder, sind von Kopf bis Fuß verdreckt und stinken wie die Schweine. Ein Ausbilder spritzt die Jungs mit dem Wasserschlauch ab. Es interessiert keinen mehr, dass das Wasser kalt ist. Im Gegenteil, man fühlt sich wie neu geboren. Nach einigen sparsam-lobenden Worten werden die Jungs in die Unterkunft geschickt. Duschen, Körperpflege und Ausrüstung verladen steht nach dem Stubenreinschiff noch auf dem Dienstplan. Und am Montag beginnt die Hölle von Neuem.

Warum lassen sich junge Männer so schinden und schleifen, werden sich viele Leser fragen. Nun, es gibt eine Antwort: Sie wollen ihre Grenzen kennen lernen, wissen, wozu sie fähig sind und ob sie die Nerven und den Mut besitzen etwas zu schaffen, was in ganz Deutschland vor ihnen, im Zeitraum von rund 40 Jahren nur 260 Mann geschafft haben. Eine andere Antwort könnte sein: Wenn schon Bund, dann etwas Außergewöhnliches. Und das Außergewöhnlichste bieten nun einmal die Kampfschwimmer.

\*

Um 13:00 Uhr sind die Männer vor dem Dienstzimmer und erhalten den Befehl sich im Laufschritt zum Taucherschulboot LANGEOOG zu begeben, das an der Pier festgemacht hat. Unter den prüfenden Augen eines Ausbilders wird die nötige Ausrüstung verstaut. Um 15:30 Uhr ist alles verladen. Die Besatzung des Taucherschulbootes macht Feierabend. Schönes Wochenende rufen einige der Besatzung den Jungs am Achterdeck zu. In den Ohren der Schüler klingt es irgendwie ironisch. Sie warten auf einen Ausbilder der sie ins Wochenende schickt. Ein Telefon klingelt. Oberbootsmann Serke nimmt den Anruf entgegen. Er lächelt und lässt die Männer auf der Pier antreten. Sie haben ein mulmiges Gefühl. »Habt ihr Mist gebaut oder was ist los?«, fragt er, ohne eine Miene zu verziehen. »Der Kompaniechef will mit euch sprechen.« Einige beginnen zu schwitzen. Der Chef persönlich… das kann nichts Gutes bedeuten. Das Wochenende ist sicher futsch... Wird einer abgelöst? Sch...... Hass flammt wieder auf.

Da naht der Kompaniechef der KS, die Ausbilder Adolf, Probst, Grabo und Schiller im Gefolge.

Der Strand wird in tiefster Gangart und mit den Händen auf dem Rücken durchpflügt. Da sich der Sand dabei an den nassen Uniformen festsetzt wie Paniermehl an einem Schnitzel, wird diese sportliche Tätigkeit im KS-Jargon »Panieren« genannt.

Der Chef winkt ab, als ihm der Oberbootsmann Meldung machen will, und sagt mit seinem ewigen Grinsen: »Tag Männer. Oberbootsmann Probst hat mir vom Nachtlauf und dem heutigen Freitagslauf erzählt.« Denen, die geschwächelt haben, rutscht das Herz in die Hose. Nach einer – sehr wohl beabsichtigten – Pause fährt der Kaleu fort: »Ich möchte die Gelegenheit nutzen, da die Ausbildungsfahrt bevor steht und dann die Hälfte der Freiwasserausbildung um ist, ihnen etwas Mut zu machen. Sie haben sich bis jetzt gut gehalten und sich durchgebissen. Sie haben uns das gezeigt, was wir sehen wollen. Die nächsten Wochen werden zwar nicht leichter, doch machen sie so weiter. Vielleicht sehen wir uns dann nach dem Abschluss-Schwimmen an der Ostmole wieder. Aber denken sie daran: Weder die Steine noch die Baumstämme oder die Rucksäcke werden leichter!« Die Angesprochenen werden rot, aber sie

lächeln. »Schönes Wochenende, Männer.« Die Jungs kucken ungläubig aus der Wäsche und brüllen: »Danke, Herr Kaleu!«

Ein Zwischenspurt.

# Ausbildungsfahrt

Es ist wieder mal viel zu kalt für Mitte August. Beim Auslaufen um 09:00 Uhr fällt leichter Nieselregen und es herrscht schlechte Sicht. Die Männer können sich auf »ihrem« Deck einrichten. 15 Quadratmeter für elf Mann. Ein Deck höher zwei Duschen und zwei Toiletten. Die Spinde gerade mal so groß wie ein Schließfach auf dem Bahnhof. Muss reichen für die wenigen Zivilklamotten und den Rest der persönlichen Ausrüstung. Sie müssen sich daran gewöhnen, auf engstem Raum zusammen zu leben. Kein Luxusliner, der allen Service bietet, und kein Stewart, der einem die Wünsche von den Augen abliest. Bei der Einweisung wird alles erklärt, so die Arbeit auf dem Achterdeck, wo sich im Grunde der Dienst abspult, und natürlich wird auf die Sicherheitsbestimmungen hingewiesen. Für jene, die vorher noch nie zur See gefahren sind, ist alles neu. Auch für die beiden GSG-9-Männer, die diesen Ausbildungsabschnitt mitmachen. Doch nach zwei bis drei Tagen ist alles eingefahren. Die ersten Einsatzrotten, der Schlauchbootfahrer und der Sicherheitstaucher werden eingeteilt. Alle helfen bei den täglichen Vorbereitungen. Die Ausbilder verfolgen alles mit wachsamen Augen. Hier kann man verborgene Talente und auch schon mal einen »Verpisser« entdecken. Außerdem werden die Jungs auf mögliche Führungsaufgaben vorbereitet. Doch das ergibt sich manchmal auch aus der Lage heraus. Die LANGEOOG nimmt Kurs in Richtung Flensburg. Den Hafen kennen die Jungs noch nicht und die GSG-9-er können dort gut in die Mannschaft eingebaut werden. Hoffentlich wird das Wetter besser. Für diese Fahrt sind Ziele eingeplant, an denen man normalerweise seinen Urlaub verbringt: Flensburg, Kopenhagen, Bornholm, das Skagerrak, Sylt und Wilhelmshaven. Doch die Männer werden diese Fahrt sicherlich anders als ein Urlauber in Erinnerung behalten. Irgendwo zwischen Olpenitz und Flensburg wird geankert, 18 m Wasser unter dem Kiel. Auf dem Dienstplan steht: Tauchen ohne Gerät. Ein Grundtau, an dessen Ende ein 50-kg-Gewicht befestigt, senkt sich in die Tiefe. Bei 10 m und bei 18 m wartet je ein Ausbilder als Sicherheitstaucher mit einem Pressluftgerät. Ein Schüler nach dem anderen müssen runter, Neopren, Flossen und Gewichtsgürtel angelegt. Bei jedem Sicherheitstaucher verharren sie kurz und geben das Klarzeichen. Die ersten 10 m sind geschenkt. Danach wird es schwieriger. Der Druck wird stärker, es wird kälter und da war doch noch was. Ach ja, die Atemnot. Und bloß das Seil

Alte Männer braucht die Kompanie... Hauptbootsmann Wolfram Giebel und Oberbootsmann Willi Probst nach einem ziemlich »erfrischenden« Tauchgang vor der dänischen Küste.

nicht loslassen. Die Sicht ist auch nicht mehr so toll. Die Strömung treibt einen weg, wenn man loslässt. Endlich unten. Ralle sitzt unten am Grund und grinst recht dreckig bei jedem der ihm das Klarzeichen direkt vor die Brille hält. So, nun wieder hoch. Bloß nicht zu schnell. Die Lunge wurde beim Abtauchen zusammengepresst. Jetzt beim Auftauchen dehnt sie sich wieder aus. Damit kein Unfall passiert, muss auf dem Weg nach oben konzentriert gearbeitet werden. Und hier liegt das Problem. Atemnot und trotzdem ruhig bleiben. Verrückt, aber lebensnotwendig. Dabei auch noch »langsam machen«, wie die Ausbilder sagen. Panik ist nach den zahllosen Horrortrips in der Halle längst zum Fremdwort geworden. Auch die Kameraden der GSG-9, die sozusagen außer Konkurrenz mittauchen, haben schon zwei Wochen Halle hinter sich. Die Übung dient einfach dazu, den Jungs noch mehr Sicherheit und Selbstvertrauen zu geben. Wenn in der Tiefe ein Gerät versagt, darf keine Panik aufkommen. Der »Buddy«, der Rottenkamerad, ist als zweiter Mann zwar immer dabei, doch es könnte bei einem Zwischenfall auch sein Leben in Gefahr stehen. Der zweite Mann ist die Lebensversicherung des ersten und umgekehrt. Fällt das Gerät des einen aus, atmen beide aus dem Gerät des anderen gemeinsam weiter. Auch diese Art des Taktischen Tauchens ist den Schülern längst in Fleisch und Blut übergegangen. Es gab und wird öfter Einsätze geben bei denen sicher ist, dass der Sauerstoff nicht ausreicht, trotzdem wird das Ding durchgezogen. Wie? Kampfschwimmertaktik! Verständlich, dass das Ass im Ärmel bleibt.

Nach dem Tauchen ohne Gerät wird das Deck aufgeklart (d.h. aufgeräumt und sauber gemacht). Die »Nachttauche« in Flensburg wird vorbereitet. Gerätepflege ist zwar lästig, doch notwendig. Wenn die Ausrüstung nicht funktioniert, klappt kein Einsatz.

Am Spätnachmittag läuft die LANGEOOG in Flensburg ein. Der Ausbildungsleiter holt alle Ausbilder zusammen. Bei einer Tasse Kaffee wird der spätere Ablauf besprochen. Auch Sanitätsmeister »Kuddl« Triphan, Kampfschwimmer h.c., muss dabei sein. Der »Medizinmann« kennt die KS und ihre Wehwehchen seit ewigen Zeiten. Gegen 21:00 Uhr übernimmt nach der Einsatzbesprechung jeder seine zugewiesene Aufgabe. Ein Schlauch-boot bringt die Männer an den Absetzpunkt. Der Flensburger Hafen wird sozusagen zum Warmmachen genutzt. Die Jungs erfüllen ihre Aufgabe zur Zufriedenheit und sind nach eineinhalb Stunden fertig. Am nächsten Morgen gegen 08:30 Uhr läuft die LANGEOOG Richtung Bornholm aus. Die Fahrzeit wird für Unterrichte und Gerätepflege genutzt. Die Schüler erhalten Mal die Gelegenheit, etwas länger zu schlafen und die Ausbilder vertreiben sich die Zeit mit »Eisenbiegen« – d.h. Kraftsport – auf dem Achterdeck. Morgen ist wieder Seeschwimmen angesagt. Die Schüler tun dies erstmals auf offener See. Fünf Stunden sind dafür eingeplant, wenn das Wetter mitspielt. Als einzigen Orientierungspunkt haben sie diesmal das Schiff. Sie dürfen einzeln schwimmen. Ohne Verbindungsleine sind sie schneller und es kommt der Wettkampfgeist dazu. Die Ausbilder sind dazu verurteilt, mit dem Schlauchboot die Verbindung zu den Schwimmern zu halten und auf ihre Sicherheit zu achten. Die Schüler übertreffen sich, begünstigt durch das mittlerweile gute Wetter, selbst. Es kommen sagenhafte Zeiten heraus. Keiner benötigt für die 10 km mehr als viereinhalb Stunden. Nach dem Duschen und der Gerätepflege ist Mittagessen, danach bricht der wohlverdiente Feierabend an. Am nächsten Morgen um 10.00 Uhr geht es wieder zu Wasser. Die Schüler haben diesmal die nicht leichte Aufgabe, vom 3 km entfernten Absetzpunkt unter zweimaligem Kurswechsel das Schiff anzutauchen und »Bomben« anzubringen. Die Ladung auf dem Rücken bremst und sie müssen alle bisher erlernten Taktiken anwenden, um Kurs, Tiefe sowie Zeit einzuhalten. Die Konzentration darf keinen Augenblick nachlassen. In offener See kann es passieren, dass man unter einem schwimmenden Objekt durchtaucht. Oder man kommt ganz woanders, in diesem Fall im Nirgendwo, mitten in der See hoch. Einige vergessen die wenigen aber wichtigen Orientierungsmöglichkeiten, die sie haben. Ein Fehler bedeutet »Gummi« – also Flossenschwimmen in Richtung Schiff, sofern man es sieht.

Fünf Rotten sind im Wasser; drei kommen an. Die anderen fischt irgendwann das Schlauchboot auf. Die beiden Posten auf der Brücke haben sie nach einiger Zeit entdeckt. Mit Absicht ankert die LANGEOOG weitab von Schifffahrtslinien, doch dies hat natürlich für die Sportschifffahrt nichts zu

Ausbildungsboot LANGEOOG im Sturm, von einem Zodiac-Einsatzboot aus aufgenommen.

sagen. Es sind zwar immer die üblichen Tauchersignale gesetzt, doch die Freizeitsportler achten selten auf die Wimpel. Wenn die Männer zur Nullzeit auftauchen und ein Boot »trifft« sie, ist es aus.

Bei der Übungsbesprechung werden abenteuerlichste Geschichten diskutiert. Doch es ist sehr lehrreich für die Männer. Alle dachten, sie wären fit. Und nun dieses. Für einige ein Rückschlag, für andere ein Sieg. Aber beim nächsten Mal können die Karten wieder ganz anders verteilt sein.

Nach einem Kurzaufenthalt in Bornholm, wo ein 15-km-Lauf und einige Tieftauchgänge auf dem Dienstplan standen, geht es nach Kopenhagen, um dort das Wochenende zu verbringen.

Kattegatt und Skagerrak, der Zugang der Ostsee zur Nordsee. Hier zwischen Dänemark, Schweden und Norwegen »fetzt« es immer. Kurze harte Wellen und ein meist schneidender, kalter Wind sorgen für eine raue See und manchmal Sturm. Nach Auslaufen Kopenhagen werden alle Ausrüstungsgegenstände und die Schlauchboote verzurrt und immer wieder kontrolliert. Da die Wettervorhersage auch nicht so erfreulich ist, machen sich Besatzung und Taucher auf eine harte Nacht

gefasst. Kuddl bietet allen Tabletten gegen Seekrankheit an. Sie lehnen ab. Doch wenn es jemanden erwischt, ist es die Hölle. Der Verfasser hat es einige Male in der Karibik und im Mittelmeer bei Kameraden erlebt: Diese wären am liebsten außenbords gesprungen. Ein Freund gab den hilfreichen Tipp: »Du musst immer Flüssigkeit im Magen haben. Zum Ausgleich sozusagen. Wie bei `ner Wasserwaage. Bloß nichts essen. Es wird mit Sicherheit Fischfutter.«

»Gut«, sagte sich der Oberbootsmann Probst, »bevor ich die reine Galle außenbords schmeiße, kotz ich halt Kaffee oder Wasser. Oder vielleicht ein Bier. Ist eh egal.« Als Bayer hat er sich natürlich fürs Bier entschieden – und ist nicht seekrank geworden. Seitdem trinkt er immer, wenn Sturm gemeldet wird, ein Bier. Es klappt. Ehrlich. Kein Seemannsgarn.

Die Schüler haben Verbot, das Oberdeck zu betreten. Natürlich können sie sich jederzeit auf den Bock legen. Diese Nacht geht – oder besser wankt – öfter einer durchs Schiff. Einige mit einer seltsamen Gesichtsfarbe. Richtig schlafen kann keiner. Der Kahn schaukelt, trotz seiner Größe, wie ein

Ruderboot. Mancher wundert sich, dass der Dampfer nicht kentert.

Irgendwann, es wird gerade hell, scheint die See ruhiger zu werden. Heute ist Presslufttauchen angesagt. Irgendwo vor den Nordfriesischen Inseln fällt der Anker, Tauchersignale werden gesetzt und das Grundtau zu Wasser gelassen. Alle gehen am Grundtau nach unten und ziehen ihre Flasche leer. 30-m-Pflichtübung, weiter nichts. Ist sowieso totlangweilig. Doch jeder braucht die lästigen Pflichttauchstunden. Deshalb ist es nicht ganz ungefährlich; im geschilderten Falle auf Grund der starken Strömung. Das Grundtau hängt in einem ca. 25 Gradwinkel nach unten. Wenn einer aus irgendeinem Grund loslässt und nach einigen Metern auftaucht, muss der Sicherheitstaucher mit dem Schlauchboot los und den Kameraden auffischen.

Nach Ende des Tauchgangs werden Tau und Boot eingeholt. Der Einsatzleiter meldet dem „Alten": Tauchen beendet. Er lässt den Anker auf- und die Signale einholen und nimmt Kurs auf Sylt. Am nächsten Morgen geht es weiter nach Wilhelmshaven. Dort, in der 4. Einfahrt – so nennt die Marine den Stützpunkt – sollen die »Knechte« ihr Gesellenstück abliefern. Es kommt wieder etwas Neues dazu: Strömungstauchen. Und es ist mit ein- oder auslaufenden Zerstörern zu rechnen. Die Nordsee hat Tiedenhub, Gezeitenströmung, drei bis fünf Meter Hochwasser. Die Strömung ist so stark wie in einem Fluss. Manchmal, von See her kommend, könnte man meinen, es sei kein Schiff mehr im Hafen. Der Wasserspiegel ist so tief, dass man keinen Schiffsrumpf mehr erkennen kann. Die zeitliche Abstimmung, das »Timing«, muss beim Angriff auf einen Gezeiten-Hafen absolut stimmen. Der Taucher bemerkt die Strömung nicht, zumal bei einer Sicht so gut wie null. Das wichtigste ist also der Zeitpunkt des Angriffs.

## Ein Übungs-Angriff

Den Jungs geht die Muffe. Das ist wieder mal was Neues, womit sie nicht gerechnet haben. Mit der Zeit sind sie aber auch kaltschnäuzig geworden. Es wird schon klappen. Die Einsatzbesprechung dauert diesmal ungewöhnlich lange. Fünf Schiffe – zwei Zerstörer und drei Fregatten – sollen angegriffen werden. Bestimmte Abläufe müssen von den Schülern wiederholt werden, denn diesmal

könnte sich ein Fehler verhängnisvoll auswirken. Jeder muss das Ziel und den Weg dorthin genauestens kennen. Alternativlösungen müssen abrufbar sein. Der Rückweg bleibt ihnen selbst überlassen. Sie müssen lernen selbstständig zu arbeiten. Für den Zeitraster dieses Angriffs wird die ganze Nacht eingeplant. Auf den Schiffen im Hafen herrscht Kampfschwimmeralarm. Der ganze Stützpunkt ist in Bereitschaft. Posten werden verstärkt und Patrouillenboote werden ihre Runden drehen. Schwimmtaucher werden versuchen »ihre« Schiffe von unten zu sichern. Die Zerstörer lassen ihre Scheinwerfer leuchten. Irgendwie faszinierend: Rund 1000 Mann versuchen zehn Männer zu entdecken, gefangen zu nehmen und zu verhören. Die Jungs bekommen die Situation im Hafen natürlich mit und sind sich im Klaren darüber, dass die Besatzungen, sollte einer erwischt werden, nicht gerade zimperlich mit ihnen umgehen.

**Kampfschwimmer mit »Übungsbombe« auf dem Rücken.**

Doch die Angst ist verflogen, alle sind ganz »heiß« auf die Nacht. Sie wollen es sich und den Ausbildern beweisen. Kein Wunder, dass auch die Ausbilder etwas angespannt sind. Ihre Schüler operieren das erste Mal unter gefechtsnahen Bedingungen.

Es herrscht ideale Witterung für einen Angriff: Der Himmel ist bewölkt und die See etwas aufgeraut. Nach Einbruch der Dunkelheit und nochmaligem Überprüfen der Ausrüstung werden die Angreifer zum Absetzpunkt gebracht. »Männer, ihr schafft das!«, ermutigen die Ausbilder. »Sind alle klar? Gut dann Uhrzeitvergleich. In 15 Sekunden 22:00 Uhr. Jetzt!« »O.k.« Zischen sie leise, um dann gespenstisch lautlos in der Nordsee zu verschwinden, so als hätte es sie nie gegeben. Eine seltsame Spannung liegt über dem Hafen. Doch vor Mitternacht wird sich nichts abspielen. Die Männer benötigen zwei Stunden, um ungesehen an die Pötte zu kommen. Irgendwo an der Hafeneinfahrt geht eine Leuchtrakete hoch. Da hat garantiert einer einen Geist gesehen. Oder gehört. Es bleibt alles ganz ruhig. Falscher Alarm. Die Ausbilder haben bereits sieben Patrouillenboote gezählt, die kreuz und quer durch den Hafen fahren. Gegenüber der LANGEOOG gehen auf der Fregatte RHEINLAND-PFALZ Schwimmtaucher zu Wasser. Sie sollen das Schiff nach Ladungen absuchen und gegen Kampfschwimmer sichern. Gegen Mitternacht kommt etwas Bewegung in die Besatzungen. Sie rechnen offensichtlich mit einem unmittelbaren Angriff. Die Hektik dauert ein paar Minuten, dann wird es wieder ruhig. Die Horchposten in den Schiffen haben ihre Positionen eingenommen. Ab jetzt läuft die heiße Phase. Die Verweilzeit der Kampfschwimmer an den Objekten kann unterschiedlich lang sein, da unvorhergesehene Dinge die Ausführung des Auftrags verzögern können. Die Ladungen müssen an ganz bestimmten Stellen angebracht werden, was nicht immer einfach ist. Und die Taucher müssen mit ihrem Sauerstoff »haushalten«, um sicher wieder zurückzukommen. Geht der Sauerstoff zur Neige, müssen sie auf eine Alternativlösung zurückgreifen. Und dann wird es ein Problem geben, da die Jungs ja noch nicht fertig ausgebildet sind.

Vereinzelt werden Rufe laut. Irgendjemand will einen Kampfschwimmer entdeckt haben. Doch als die Scheinwerfer die betreffende Stelle abstreifen ist nichts zu sehen. Sicher wird kein Kampfschwimmer so dumm sein, im Licht und unter den Augen vieler Leute aufzutauchen!

01:00 Uhr. Die »Bomben« müssten inzwischen alle sitzen. Unter Nutzung aller baulichen Maßnahmen und aller Tricks, doch sehr auf Sicherheit und Perfektion bedacht, haben sie die KS-Schüler »angeklebt«. Wären die Dinger scharf, hätte dieser Flottenverband sicher ein Riesenproblem. Mehrere Wochen würde es dauern, bis seine Einheiten wieder einsatzklar wären.

0.3:00 Uhr. Die Taucher befinden sich auf dem Rückweg. Jene, die den längsten Weg in den Hafen hatten, haben auch den längsten Rückweg. Sie müssen auch noch an den Schiffen, an denen die Kameraden ihre Arbeit verrichtet haben, vorbei. Sie entscheiden sich für den längeren aber dafür auch sicheren Weg. Doch sie müssen dieses Mal hoch. Zur Orientierung. Unter einer Schwimmpier tauchen sie ganz vorsichtig auf. Kurz unter der Wasseroberfläche peilt der Rottenchef die Lage. Lautlos durchsticht er die Wasseroberfläche. Zwei Ratten, die an der Pier ihr Unwesen getrieben hatten, flüchten panisch vor dem schwarzen, undefinierbaren Ding. Es ist eine sehr ungastliche Stelle, doch für die Männer im Augenblick sehr günstig. Der zweite Kampfschwimmer wird vom ersten an der Verbindungsleine hochgezogen. Sie unterhalten sich leise. Ein Blick auf die Uhr zeigt, dass sie nicht mehr viel Zeit haben. Sie müssen weiter. Der Sauerstoff wird gecheckt. Ob er noch reicht? Egal, sie werden zurückkommen. Sie sind logischerweise etwas erschöpft und das macht sich im Verbrauch bemerkbar. Noch eine halbe Stunde und sie sind wieder im sicheren Bereich. Bei der Hafeneinfahrt heißt es noch Mal aufgepasst: Dort befinden sich sicher mehrere Posten. Sie müssen an den Molenkopf. Im Schlagschatten der Mole geht der Rottenchef so weit hoch, bis er die Posten erkennen kann. Er befindet sich noch etwa zwei Meter unter der Wasseroberfläche, doch das reicht für eine Lagepeilung. Wenn die da oben wüssten… Die Posten können die Kampfschwimmer nicht sehen. Ohne Weiteres könnten sie die Wachen mit ihrer Unterwasserpistole P11 abschießen. Doch dies gehört nicht zum Auftrag. Diesmal nicht. In sicherer Tiefe umtauchen sie den Molenkopf und erreichen schließlich wieder stockdunkles Gewässer. Der Sauerstoff ist zu Ende. Der Rottenchef taucht auf und orientiert sich. Alles klar. Nun holt er per Zeichen seinen *Buddy* hoch. Für den Rest der Strecke ist nun Seeschwimmen angesagt. Auch dabei verrät kein Geräusch, keine noch so kleine Welle die Einzelkämpfer zur See. Die Dunkelheit und eine kabbelige See sind ihre Verbündeten. Auf der Mole ist nichts zu sehen. Die Posten richten ihre Aufmerksamkeit in den Hafen und nicht nach draußen.

Plötzlich bricht im Hafen die Hölle los: Es knallt und kracht wie bei einem Silvesterfeuerwerk. Leuchtraketen sausen in den nächtlichen Himmel und Stimmen werden laut. Hoffentlich haben die keinen der Kameraden erwischt, denken die beiden. Doch das darf die Männer auf dem Rückweg nicht weiter belasten. Sie müssen in der Nullzeit am V–Mann (Verbindungsmann) sein.

04:00 Uhr. Da liegt das Zodiac-Schlauchboot. Vorsichtig ran. Auch hier könnten noch Überraschungen lauern. Aus sicherer Entfernung wird das Boot eine Weile beobachtet. Dann vorsichtig von unten ran. Der Rottenchef flüstert das Kennwort, als er den Bootssteuerer erkennt. Nach einigen Sekunden die richtige Antwort. Die Anspannung löst sich langsam. Die Männer klettern leise ins Boot und legen ihre Tauchgeräte und Flossen ab. Das zweite Boot liegt etwas weiter hinten. Eine Rotte ist schon da, drei fehlen noch. Um 05:00 Uhr ist Nullzeit. 35 Minuten noch, dann müssen alle zurück sein. Hoffentlich war das Theater vorhin falscher Alarm. Noch 20 Minuten. Angespannt blicken alle aufs Wasser. Es wird langsam hell. Gott sei Dank ist schlechtes Wetter. Da! Am Bug des ersten Bootes taucht einer auf. Und hier am Außenborder zischt auch einer das Kennwort. Sie sind alle zurück. Sie klettern in die Boote und legen erschöpft ihre Ausrüstung ab. Die Männer grinsen sich an – sie haben es alle geschafft. Doch es fällt kein Wort. Disziplin ist angesagt.

Die Übung ist beendet. Die Taucher begeben sich an Land, um ihre Boote auf einen bereitstehenden Lkw zu verladen. Erst als sie mit dieser Arbeit fertig sind, auf der Ladefläche sitzen und der Motor anspringt beglückwünschen sie sich und beginnen ihre Erlebnisse zu erzählen. Auf der LANGEOOG, unter der Dusche, gibt es ein von den Ausbildern genehmigtes Bier. Als alle in ihrem Deck sind, schaut ein Ausbilder vorbei: »Sehr gut, Männer. 12:00 Uhr wecken.« Sie sind glücklich. Es ist 07:00 Uhr morgens. Auch die Ausbilder sind zufrieden. Sie suchen das Büro des Hafenkapitäns auf, um sich persönlich abzumelden. Als die Herren mit dem Sägefisch auf dem Kampfanzug sein Dienstzimmer betreten, wird es still im Raum. Doch an den letzten Worten haben sie mitbekommen, worüber sich der Kapitän und sein Stab unterhalten haben. Sie grüßen mit dem an der Küste allgemein üblichen »Moin, Moin.« Für das Streng-Formale hat die Marine sowieso wenig übrig und die Kampfschwimmern schon gar nicht. In diesem Augenblick öffnet sich eine Tür und der Hafenkapitän tritt ein. »Kommt rein Männer,« bittet er die KS-ler freundlich in sein Büro auf eine Tasse Kaffee. Man kennt sich vom Sehen. Also sind Stimmung und Umgangston sehr locker. Erich, der Kampfschwimmer-»Häuptling«, kommt gleich auf den Punkt: »Herr Kapitän, wir möchten sie nicht lange aufhalten und uns nur abmelden.« »Schon gut«, meint er. »Aber sagt mal ehrlich: Ihr wart doch heute Nacht gar nicht im Wasser, oder?« KS-Adolf grinst: »Nö, wir nicht, aber unsere Schüler.« »Aber wir hätten doch wenigstens einen von den Jungs sehen müssen. Ihr habt die ganze Hafenbesatzung um ein Erfolgserlebnis gebracht.« »Sie werden verstehen, dass uns eigene Erfolgserlebnis lieber sind,« erwidert KS-Erich. Der Hafenkapitän lässt nicht locker: »Wenn ihr wirklich da wart, müsst ihr doch wieder raus gekommen sein, oder?«

»Logisch… « erwidert Oberbootsmann Probst. »Als die Jungs zurück waren, haben die euch noch ein bisschen beobachtet, wie ihr Silvester gespielt habt.« Er glaubt wohl, die KS-ler spinnen Seemannsgarn. »Gibt es eigentlich einen Hafen, vor dem ihr kapituliert?«, meint er augenzwinkernd und nimmt einen Schluck Kaffee aus der Tasse. »Bis jetzt noch nicht,« meint KS-Adolf. »Welche wirksamen Abwehrmittel gibt es überhaupt gegen Kampfschwimmer?«, fragt der Hafenmeister etwas scheinheilig. »Wissen wir auch nicht«, schmunzelt KS-Gerd und wechselt das Thema: »Können Sie veranlassen, dass Taucher unsere ´Bomben´ an den Schiffen wieder abmontieren und uns auf die LANGEOOG bringen? Daran können sie sehen dass Kampfschwimmer bei der Arbeit waren. Wir wollen in einer Stunde auslaufen und die Dinger mitnehmen. Im nächsten Hafen brauchen wir die Knaller wieder.« »Na klar Männer, veranlasse ich sofort.«

In der Gewissheit, letzte Nacht für Aufregung gesorgt zu haben, verlassen die KS-ler das Gebäude. Das Ansehen und der gute Ruf der Kompanie haben durch diesen Übungseinsatz wieder Pluspunkte bekommen.

Zurück auf dem Schiff kontrollieren die Ausbilder die Ausrüstung. Nachdem die Schwimmtaucher der Schiffe die »Bomben« wieder an Bord gebracht haben, läuft die LANGEOOG Richtung Nord-Ostsee-Kanal aus. Sie fährt nach Olpenitz, dem Marinestützpunkt mit dem längsten Hafen der deutschen Ostseeküste, jedenfalls was die Tauchstrecken angeht. Hier kommt auf die KS-Schüler eine weitere überraschende Prüfung zu, bei der absolute Perfektion unter wie über Wasser gefragt ist.

## Tauchen in Olpenitz

Die Schüler brauchen diesmal überraschenderweise keine »Bomben« mitzunehmen. Dies ist Absicht, denn die Ausbilder wollen testen, ob »getrickst« wird. Sie werden die Schüler möglichst unauffällig überwachen, was sie diesen natürlich nicht auf die Nase binden. Sollte einer bei der Abschlussbesprechung ein Märchen erzählen, könnte das schwer wiegende Konsequenzen für ihn haben. Nach der Rotteneinteilung bekommt jedes Taucherpaar seinen Auftrag, wobei jede Rotte selbst einen Angriffsplan entwerfen und diesen dann im Einzelnen vortragen muss. Die Ausbilder überwachen nur und lassen den Schülern völlig freie Hand. Fantasie ist ebenso gefragt wie die taktisch richtige Durchführung von Erkundung und Aufklärung. »Auf Sicherheit arbeiten!«, hämmern ihnen die Ausbilder immer wieder ein.

Der Weg »rein« und wieder »raus« einschließlich des obligatorischen Besuches beim V–Mann wird etwa vier Kilometer betragen. Vier Kilometer reine Tauchstrecke, dazu die Arbeit an den Objekten. Die Männer werden vier bis fünf Stunden unterwegs sein – wenn alles klappt. Sie bekommen Meldepunkte und -zeiten, an denen sie sich mit Kennwort zu erkennen geben müssen. Das kostet Zeit *und* Sauerstoff.

Während der Planungsphase kommen Fragen ohne Ende. Doch die Ausbilder halten sich bedeckt. Die Köpfe der Schüler qualmen. Aber sie müssen Planung und Organisation lernen. Einige von ihnen

werden später als Einsatzleiter, Zugführer oder Ausbilder eingesetzt werden. Olpenitz wird im nächsten Ausbildungsabschnitt – der Kampfschwimmertaktik – wieder im Spiel sein. Jetzt können sie sich Grundkenntnisse aneignen. Diesmal müssen sie »nur« tauchen. Nachher sind kombinierte Einsätze gefragt. Sie werden wieder einmal an ihre Leistungsgrenzen kommen. Vielleicht begeht der eine oder andere wieder einen Fehler. In Wilhelmshaven gab es Zuckerbrot, in Olpenitz folgt die Peitsche. Doch nach dem Einlaufen in Olpenitz sind erst einmal Mittagessen und zwei Stunden Verdauungspause angesagt, dann steht ein Stundenlauf an. Oberbootsmann Ralf Schiller (»Ralle«) hat sich vorgenommen, mal wieder richtig Gas zu geben. Ausruhen konnten sich die Jungs nun genug. 15 km sollten es schon sein. Sie müssen kaputt sein, wenn sie zurück kommen. Müssen richtig gefordert werden, da morgen der Freitagslauf ausfällt. Doch das wissen sie noch nicht. Nach dem Laufen ist außer den Vorbereitungen für die Nachtübung nichts geplant. Sie werden während und nach dem Run innerlich fluchen und der eine oder andere wird sich wieder Gedanken über das Aufgeben machen. Als Einlage ist auch der »Fliegerlauf« mit drin, d.h. immer der Letzte in der Reihe muss alle überholen und nach vorne laufen. Ein schöner Hügel wartet auch schon. Und Ralle rennt wie ein Araberhengst.

Als sie zurückkommen sehen sie trotz ihrer gebräunten Gesichter »käseweiß« aus. Sie scheinen gar nicht mehr zu schwitzen, so fertig sind sie. »Duschen!«, ertönt es peitschend. Sie schleichen davon, als hätten sie Prügel bekommen. »Sie haben versucht, das Tempo zu drosseln« meint Ralle zu seinen Ausbilderkollegen, »da hab ich einfach ein paar Einlagen gebracht: Kameraden schleppen, `Lebende Brücke´ und so. Der *Vater des Steines* [ein Schüler, der seinen Stein `Herbert´ bis zur Kaserne schleppte] fing an zu heulen. Vielleicht kommt er gleich und bittet um Erlösung. Diesmal wollte er bescheißen.«

Unter der Dusche »danken« die Jungs auf ihre Art und Weise dem »Vater des Steins« für die Einlagen, sie mussten schon öfter wegen ihm »bluten«. Er passt nicht in ihren verschworenen Haufen. Es will keiner mehr mit ihm tauchen. Den Ausbildern war er bis auf wenige Kleinigkeiten nicht besonders aufgefallen. Er wirft das Handtuch.

20:00 Uhr. Nach der Einsatzbesprechung bringen die Zodiac-Schlauchboote die Rotten zu den Absetzpunkten, zeitversetzt um fünf Minuten. Diesmal haben die Jungs einen Riesennachteil mit ins Kalkül zu ziehen: Es ist »Ententeich«, absolute Flaute. Die spiegelglatte Wasseroberfläche erleichtert den Posten und Schiffsbesatzungen im Hafen ihre Überwachungsaufgaben ungemein. Auch die Ausbilder haben leichteres Spiel. An mehreren Meldepunkten müssen sich die Männer zu erkennen geben. Orientieren, Kurse im Kopf behalten, Kurswechsel unter Wasser, die Tiefe halten, mit den Flossen »Gummi geben«, da ihnen der Zeitdruck im Nacken sitzt. Schweißtreibende Knochen- und Kopfarbeit. An jedem Meldepunkt schnauzen die Ausbilder: »Los, Männer, Gummi! Was ist los mit euch? Man hört euch im ganzen Hafen. Habt ihr alles verlernt?« So geht es die ganze Nacht. »Und da soll man auch noch das Angriffsobjekt treffen. Und dieses blöde, stupide tauchen ohne Bombe. Hin – nichts machen – und

wieder weg. Alle sollen an ein Schiff und sich nicht melden. Psychoterror. Die haben wieder irgendeine Schweinerei vor,« murren die Eleven innerlich.

Rechtzeitig bevor die ersten Schüler am Objekt sind, gleiten die beiden Ausbilder in das rabenschwarze Wasser. Sie müssen auch eine kurze Strecke schwimmen. Langsam, vorsichtig und konzentriert. Auch sie wollen von niemandem entdeckt werden. Sie bewegen sich mehr gleitend als schwimmend auf die schmale, immer enger werdende Lücke zwischen Schwimmpier und der hoch aufragenden Bordwand des ersten Schiffes zu. Plötzlich sind sie in dem schwarzen Loch verschwunden. Vorsichtig, sich durch den Schlick des Hafens und sonstigen übel riechenden Dreck arbeitend, gelangen sie an die schmalste Stelle. Es ist so eng, dass sie hintereinander schwimmen müssen. Für die beiden Profis Routine. Zwei Fender sorgen dafür, dass das Schiff nicht an der Pier scheuert und die Männer nicht zerquetscht werden. Den Blick

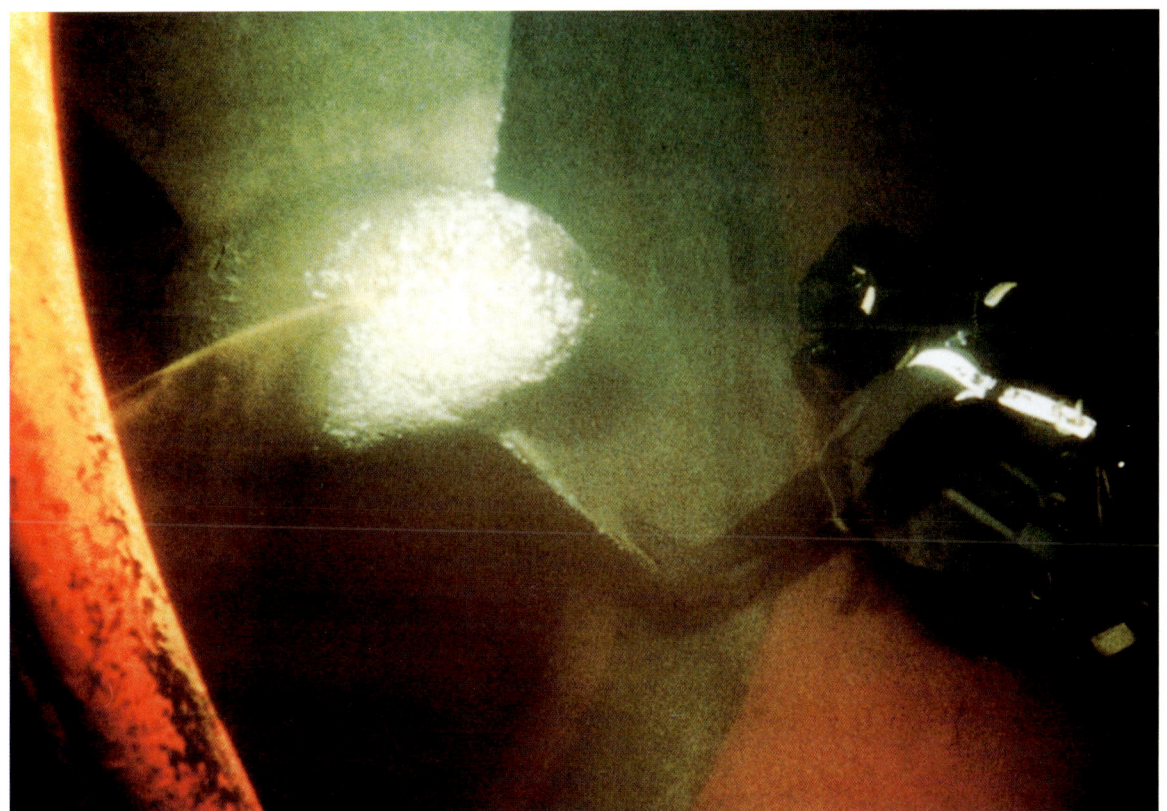

**Kampfschwimmer an der Schraube eines UBootes.**
Foto: Michael Leibfritz

nach oben gerichtet, es ist kuhnacht, schmelzen Pier und Schiff zusammen. Nachdem sie unter den ersten beiden Fendern durchgeschwommen sind, verharren sie kurz, legen unter dem dritten Fender einen Orientierungshalt ein und gehen auf Geräteatmung. Dies spielt sich absolut geräuschlos ab. Die Stille der Nacht stört nur das Plätschern eines Auslasses, der die zerhackten Reste der Toilette in den Hafen befördert. Für viele würde es viel Überwindung kosten, sich hier aufzuhalten oder gar wohl zu fühlen. Doch an diesem finsteren Ort können sich die Kampfschwimmer absolut sicher sein, unentdeckt zu bleiben.

Die Profis lassen sich langsam absacken. Nichts bewegt sich. Keine noch so kleine Welle verrät ihren Standort. Unter Wasser müssen sie Verbindung zum Objekt halten. Man kann allenfalls hell und dunkel unterscheiden. Sie müssen zum Heck. Mit der Erfahrung von mehr als 500 Einsätzen arbeiten sie sich auf ihr Ziel zu. Die Geräusche des Elektrodiesels und andere für das Aufrechterhalten der Einsatzbereitschaft nötigen Geräusche dringen an die Ohren der Unterwasserkämpfer. Auch das Gefühl spielt bei so einer Aktion eine Rolle. Man muss die vom Schiff ausgehenden Gefahrenstellen für Kampfschwimmer kennen. Die Beschaffenheit des Unterwasserschiffes muss jedem bekannt sein. Zu leicht könnte man bei diesen schlechten Sichtverhältnissen in eine falsche Richtung tauchen. Eine Lampe? Logisch haben sie die mit. Aber nur für den absoluten Notfall! Dieses für einen Kampfschwimmer lästige Utensil ist überflüssig. Bei einem Angriff unter Wasser eine Lampe einzuschalten, wäre Dummheit und tödlich. Direkter ausgedrückt: Selbstmord.

Am Heck setzen sich die beiden auf eine Schiffswelle und warten erst mal. Von der Pier schimmert etwas Licht nach unten. Von ihrer Position, in absoluter Finsternis, können sie sehr gut erkennen, wenn jemand sich an die gewaltigen Schiffsschrauben heranarbeitet. Die riesigen »Gurkenschneider« mit ihren drei Metern Durchmesser bringen das Schiff auf eine Höchstgeschwindigkeit von rund 50 Stundenkilometern.

Falls die Schüler gut gearbeitet haben, müssten sie alle vom Heck und von der Steuerbordseite her ans Schiff kommen. Sollten sie zufällig die Ausbilderrotte sehen, würden sie diese sicher ahnungslos für Kameraden halten. Kurz und gut: In-nerhalb einer halben Stunde gelingt es allen Rotten, unbemerkt an das Objekt zu kommen.

Nun beginnt der Rückweg. Die Aufgabe der Ausbilder am Schiff ist somit erledigt. Aber sie tauchen nicht auf. Mal sehen, ob sie Posten entdecken, oder vielleicht ein Späßchen machen können. Außerdem ist jede Minute Training. Und wenn man so unbeschwert wie jetzt was probieren kann, warum nicht? Die Wassertemperatur lässt sich aushalten und sie brauchen sich nicht anstrengen. Und Frechheit siegt. Meistens. Im Schutze eines Fenders tauchen sie auf, um sich zu orientieren. Es ist dunkel genug: An der Oberfläche schwimmend wollen sie versuchen, einen Abschnitt des Hafens zu durchqueren. Sollte sie ein Scheinwerferpegel oder irgendetwas anderes erfassen, werden sie sich blitzschnell und lautlos in die Tiefe verabschieden. Einige Posten kämpfen gegen die Müdigkeit und verrichten nichts ahnend ihren Dienst. Unentdeckt erreichen die beiden die LANGEOOG. Eines hat sich wieder einmal bestätigt: Einen Kampfschwimmer unter diesen Lichtverhältnissen im Wasser zu entdecken, ist verdammt schwierig. Er wäre mehr Zufall als alles Andere. Für heute sind sie lang genug im Wasser. Das Bier nach der Dusche wird schmecken. Außerdem müssen die Jungs auch bald zurück sein. Sie sollen nicht erfahren das sie überprüft wurden.

*

Nachdem sich alle wieder vom Schiff entfernt haben, müssen sie sich auf den Rückweg konzentrieren. Jetzt bloß keinen Fehler machen. Die Schleifer warten nur darauf. Beim nächsten Meldepunkt wieder vorsichtig auftauchen. Bloß kein Geräusch. Und keine noch so kleine Blase ablassen. Die »Wächter« sehen alles. Da, man kann das Zodiac von unten sehen. Taktisch auftauchen und melden. »Maat X, ich melde mich …«. »Womit sollen sie sich melden?«, zischt der Ausbilder. Und sie sollen von unten und im Schlagschatten auftauchen. Man hat sie kommen sehen. Ein echter Gegner hätte sie jetzt abgeknallt. Kennwort und Taktik wollen die Ausbilder hören und sehen. »Dieses Schwein!«, denken die Jungs beim Abtauchen. Nur 15 Minuten hat man ihnen bis zum nächsten Punkt gelassen. Die Ausbilder wissen, dass dies unmöglich zu schaffen ist, aber sie stellen die

Männer unter Strom, damit sie trotzdem so gut wie möglich arbeiten. Im Vorhafen von Olpenitz ist »Schluss mit lustig«. Irgendwo im Hafenbecken tauchen sie auf. Sie müssen hoch. Der Sauerstoff ist zu Ende. Doch sie haben Fortschritte gemacht. Sie handeln leise und geräuschlos. Nichts verrät ihre Anwesenheit. Selbst die Ausbilder können sie nicht ausmachen. Und jetzt? Schwimmen natürlich. So wie sie es schon in der TÜH eingetrichtert bekamen und sie es im Eckernförder Hafen bis zur Vergasung immer und immer wieder übten. Nur so weit wie gerade nötig ragt der Kopf aus dem Wasser. Die Flossen dürfen die Wasseroberfläche nicht durchbrechen, denn ihr Geräusch wäre fatal. Auch die Wasseroberfläche darf sich kaum bewegen. Verdammt schwer bei diesem Ententeich. Und wenn ein Boot kommt, blitzschnell und geräuschlos absacken lassen. Und dann wieder taktisch hoch. Gar nicht mehr so einfach, ohne Sauerstoff. Da kommt ein Boot. Sehen kann man es noch nicht, doch der Außenborder ist zu hören. Die Rotte ist klar zum abtauchen. Die Jungs sind in der Hafeneinfahrt, im Schatten der Pier. Doch erst mal ruhig halten. Das sind keine Ausbilder. Das Boot mit zwei Mann Besatzung fährt keine zwei Meter an ihnen vorbei. In ihrer natürlichen Deckung bleiben sie unsichtbar. Glück oder Können? Dieses Mal bestimmt beides. Nachher bei der Übungsbesprechung stellt sich heraus, dass alle ähnliche Erlebnisse hatten. Nun wieder wie in Wilhelmshaven. Immer im Schlagschatten rum um die Pier und in sicherer Entfernung weiter raus in die Ostsee Richtung V-Mann. Irgendwo an einer Boje muss wieder ein Zodiac liegen. Noch ist nichts zu sehen. Die Strecke zieht sich in die Länge. Die Männer sind langsam am Ende. Sie müssen »beißen«. Die Strapazen der letzten Tage machen sich bemerkbar. Bloß bald ins Boot und dann was zu trinken und auf den Bock. Schlafen – das ist der einzige Gedanke, der aufkommen will. Konzentration ist gefragt. Noch vor drei Monaten hätten sie nicht im Traum daran gedacht, diese Leistungen vollbringen zu können. Eigentlich registriert man gar nicht, was man so drauf hat.

03:00 Uhr. Die Letzten kommen an. Das Boot bringt sie wieder zur LANGEOOG. Sie klettern mit ihrer schweren Ausrüstung die Taucherleiter hoch. Oben werden sie mit dem Schlauch abgeduscht. Der Einsatzleiter verliert nicht viel Worte: »Gleich hier an Deck werden die Klamotten ausgezogen und zum Trocknen aufgehängt. Dann duschen und ab in die Koje. 04:00 Uhr. Wecken 09:00 Uhr. Dann Einlaufen in Eckernförde. Dann wird das Schiff abgeladen. Je schneller ihr fertig seid, desto schneller kommen wir zum Freitagslauf und danach ins Wochenende.« Ihnen ist alles egal. Hauptsache erst mal schlafen. Dass ihnen der Psycholauf diesmal geschenkt wird, erfahren sie noch früh genug. Auf dieser Fahrt haben sie viel gelernt. Noch vier Wochen »Durchhalten«, dann sind sie reif für das traditionelle Abschluss-Schwimmen. 30 km schwimmen und schwitzen, Schmerzen ertragen und Trostlosigkeit über sich ergehen lassen. Aber jetzt wissen sie, dass sie es schaffen können. Und dann werden sie sich auch zu den »Haien der Ostsee« zählen dürfen.

## Durchhalten

Der letzte Abschnitt der Freiwasserausbildung konzentriert sich auf das sportliche Ausdauertraining, das Seeschwimmen und die Perfektion im Tauchen. Es werden nun nur noch Dreieckskurse über lange Distanzen getaucht. Das Seeschwimmen erstreckt sich nur noch über Entfernungen, die nicht kürzer als zehn Kilometer sind. Die nächtlichen Tauchgänge werden »verfeinert und ausgeschliffen«. Die Schüler müssen die Einsätze zum Teil selbst ausarbeiten und unter der Aufsicht der Ausbilder durchführen. Beim Laufen und Krafttraining sowie beim Nahkampf, der sich auf die beim Einzelkämpferlehrgang des Heeres verlangten Techniken stützt, lässt sich eine enorme Leistungssteigerungen feststellen. Nur der Freitagslauf ist und bleibt der Schrecken schlechthin, denn die Fantasie der Ausbilder ist schier grenzenlos. Die Einlagen wiederholen sich zwar, doch da sich die Laufstrecken immer wieder ändern, können sich sie Schüler auf nichts einstellen. Die Schleifer bleiben so gnadenlos wie eh und je, ja sie nehmen die »Knechte« eher noch härter ran. Auch die Ostsee kühlt langsam ab. Vor zwei Monaten hatten sie große Probleme sich selbst durch den Sand zu schleppen. Jetzt rennen sie mit bis zu 40 kg schweren und 1,5 m langen Baumstämmen am Strand entlang. Weder Sumpf und Schlammlöcher noch Ratten oder Stechmücken können sie schrecken. Jede noch so fiese Einlage wird gemeistert. Sie warten schon, bis ein Ausbilder das Gedicht anstimmt. Sie brüllen es hinaus. Jetzt empfinden sie es nicht mehr als Schikane. Sie sind Stolz darauf, Kampfschwimmer zu werden und diese Ausbildung durchzumachen. Sie wissen jetzt: Es wird auch in Zukunft nicht viele geben, die sich diese Schleifmühle zutrauen und auch schaffen werden. Anfangs wollten manche liegen bleiben und einfach sterben. Doch inzwischen huldigen sie dem Grundsatz: Alles was nicht unweigerlich zum Tod führt, härtet ab! Nun ist die letzte Ausbildungswoche nicht mehr fern. Sie wissen was auf sie zukommt. *Das Seeschwimmen ist unmenschlich*, hat einmal eine Illustrierte geschlagzeilt. Tatsächlich ist es gegen die menschliche Natur, immer nur rückwärts zu schwimmen, monoton und zermürbend. Egal bei welchen Wetter, sie müssen Schwimmen. In den letzten 23 Jahren haben die Kampfschwimmer ihr 30-km-Schwimmen in der letzten Septemberwoche nur zwei Mal verschoben – nach einer Sturmwarnung, die einen Orkan brachte. Egal ob es in Strömen regnet oder die Ostsee kurz vorm Zufrieren ist. Sie *müssen* die dreißig Kilometer von Olpenitz nach Eckernförde in zwei Etappen schaffen. Manche glauben erst, wenn sie angekommen sind, dass sie es tatsächlich geschafft haben.

Damp 2000. Vielen bekannt als Urlaubsort. Für Kampfschwimmer ein gespenstischer Begriff. Sie wissen nicht mehr, wie oft sie beim 10-km-Schwimmen hier vorbei geschwommen sind. Und da war es schon stupide. Aber diesmal: Man sieht sie immer. Die Hochhäuser. Morgens, mittags, nachmittags und abends immer noch. Es ist zum verrückt werden. Man denkt, man kommt keinen Meter weiter. Die »Aktiven«, mit denen die Schüler schon mal im »Navy Pups« sitzen, erzählen öfter mal davon. Als sie selbst schwimmen mussten. Wie sie es erlebt haben. Dass sich sogar hier, kurz vor Ende der Schinderei, noch einer ablösen ließ. Einige wollten nach dem ersten Tag, abends, als sie aus dem Wasser sollten, am Strand liegen bleiben, weil sie vor Schmerzen nicht mehr aufstehen konnten. Die anderen mussten, obwohl selbst am Ende, den Kameraden hoch helfen und ihre Ausrüstung ins Versteck tragen. Und wieder kamen die provokativen Sprüche der Ausbilder, wieder dieser Psychoterror. Immer zum richtigen Zeitpunkt.

Die Schüler werden es bald am eigenen Leibe und an der eigenen Psyche erfahren. Bevor sie losschwimmen und unterwegs – gerade in den Momenten, in denen sie das Handtuch schmeißen wollen, fragt einer: »Habt ihr noch Lust, Männer?«

In der Regel findet das 30-km-Schwimmen in der letzten Septemberwoche statt. Alle Schüler sehen diesem Ereignis zu Recht mit gemischten Gefühlen entgegen. Nochmals »beißen« – die Stunde der Wahrheit naht. Da kann man nichts mehr ausbügeln. Eine zweite Chance gibt es nicht. Nur durchhalten. Einfacher gesagt als getan. Bloß nicht daran denken, was schon alles darüber geschrieben wurde. Einfach den Schalter umlegen.

Montag morgen. Wie immer. Antreten vor dem Ausbilderbüro.

Hauptbootsmann Adolf begrüßt die Männer. Irgendwie ist er ihnen zum ruhenden Pol geworden. Nicht nur, weil er ein väterlicher Typ ist. Er strahlt einfach eine wohl tuende Ruhe aus. Der Puls bei ihnen ist nicht so hoch, wenn er direkt bei der Ausbildung zugegen ist. Bei den anderen Ausbildern stehen die Schüler schon beim bloßen Anblick unter Strom. Guter Bulle, böser Bulle. Muss so sein! Ab und zu bremst Erich Adolf den Ehrgeiz seiner Ausbilder. So auch jetzt: »Männer, ihr lauft jetzt ins Taucherlager und packt eure Ausrüstung für das Abschluss-Schwimmen. Wenn ihr fertig seid, könnt ihr noch andere Sachen erledigen.

Danach ist für heute Dienstschluss. Ruht euch aus. Ihr wisst, was auf euch zukommt. 22:00 Uhr ist Bettruhe. Wir werden das kontrollieren. Noch Fragen? Nein! In Ordnung, dann gutes Gelingen.« Auch die Ausbilder treffen die nötigen Vorbereitungen. Sie werden wieder für die Sicherheitsmaßnahmen sorgen und draußen mit den Männern biwakieren.

Dienstag früh. Alle Ausbilder stehen vor dem Büro und warten auf die Eleven. Die Jungs kommen angelaufen und sind wieder irritiert. Das war noch nie der Fall. Aber es ist nicht so, wie sie denken. Die Schleifer wünschen ihnen nur alles Gute. Aber sie grinsen doch etwas. »Los, runter auf das TF–Boot.« (Torpedofangboot). Zwei Ausbilder gehen in die Halle. Seit Anfang September sind wieder Neue da. Und die sollen auch wissen was es heißt: LERNE LEIDEN OHNE ZU KLAGEN!

# Abschluss-Schwimmen

Wie meistens Ende September ist es ungemütlich, kalt und windig an der Ostsee. Die Wettervorhersage ist nicht sehr ermutigend. Als das TF–Boot die Eckernförder Mole rundet, schlagen schon die kurzen harten Ostseewellen gegen die Bordwand. Die Jungs werden schon zu Beginn ordentlich durchgeschüttelt. Auf der Fahrt nach Olpenitz wird nochmals die Ausrüstung gescheckt. Etwas Verpflegung und Wasser können sie mitnehmen. Nur leicht Verdauliches. Wenn sie zu viel in sich reinstopfen, rebelliert der Magen. Wegen so etwas aufgeben zu müssen wäre in diesem Stadium deprimierend. Nach zwei Stunden Fahrt kommt der Befehl zum Fertigmachen. »Kontrolliert euch!«, wie immer, und dann: »Aufstellung an der Reling!«. Der Seegang hat sich auf anderthalb Meter hochgeschaukelt und es schüttet in Strömen. Doch dies ist nun vollends egal. Achtung: Auf Kommando wird gesprungen. »Augenblick noch«, meint Oberbootsmann Probst. »Jetzt ist noch Gelegenheit, Männer. Wer keine Lust mehr hat, kann aufhören.« Ein Blick in die Gesichter verrät, das diese Frage ihre Nerven nicht mehr belasten kann. »Habt ihr noch Lust, Männer?« »Jawoll, Herr Oberbootsmann!« »Gut , dann ab!« Die letzte Leidensphase nimmt ihren Anfang. Mit ihren wasserdichten Rucksäcken springen sie in die raue Ostsee. Wenn das Wetter bloß nicht schlechter wird, raunen die Ausbilder untereinander. Sie »bewaffnen« sich mit Ferngläsern, um ihre Sicherungsaufgaben wahrzunehmen. Wird nicht einfach sein, sie immer im Auge zu behalten. Nach einiger Zeit wird immer einer im Schlauchboot die Rotten nach und nach abfahren. Wie lange werden sie schwimmen? Die besten sind in vierzehneinhalb Stunden durchgekeult. Das längste Drama dauerte 30 Stunden. Kommt sehr auf das Wetter an. Und es darf keiner »einbrechen«, was auch schon mal vorkommt. Sie sind zwar alle topfit und inzwischen auch brutal zu sich selbst, aber wenn der Körper seinen Tribut zu fordern beginnt, gibt es kein Kraut, das dagegen gewachsen ist. Das Abschluss-Schwimmen hat seine eigenen Gesetze. Die Ausbilder haben es mitgemacht und wissen es genau.

Für manche Schüler ist der zweite Tag nichts Anderes als reines »Beißen«. Eigentlich können sie nicht mehr. Die Schwimmbewegungen werden noch monotoner. Noch sprechen sie sich gegenseitig Mut zu. Manchmal »zieht« einer den anderen. Dann streiten sie sich wieder. Manche übergeben sich, nachdem sie literweise Seewasser genommen haben, weil die Wellen unermüdlich über ihre Köpfe schlagen. Es wird unmöglich, einen geraden Kurs zu halten. Sooft sie sich umsehen… nichts. Kein Orientierungspunkt. Der Kompass hilft bei dem Seegang auch nicht viel. Sie schwimmen Zick-Zack, ob sie wollen oder nicht. Und das bedeutet wiederum, eine längere Strecke zu schwimmen. Am Morgen, als sie das Neopren angezogen haben, rutschte es noch glatt über die mit Vaseline eingeriebenen wunden Körperstellen. Bedingt durch Schwimmbewegungen und Körperdrehungen hat sich die Vaseline allmählich mit dem Schorf an den offenen Stellen in Kniekehlen und Leisten zu einem feinen Schleifmittel vermischt . Manche kriegen durch das Neopren und den Schweiß, der sich nach den zahlreichen Seeschwimmstunden nicht mehr auswaschen lässt, Scheuerstellen unter den Armen. Das Salzwasser tut das Seinige. Je länger sie schwimmen, desto häufiger kommen die Gedanken ans Aufgeben wieder. Ein paar Hundert Meter nur, nach links an den Strand… nur aus dem Wasser steigen und die Quälerei ist vorüber… Doch keiner gibt auf. Durch! Man muss durch! Ist es der Kamerad, mit dem man durch die Leine verbunden ist, vor dem man sich keine Blöße geben will? Oder ist es einfach der unbeugsame Wille, es schaffen und sich beweisen zu wollen? »Lerne Leiden ohne zu klagen«, dieser Sch... Wahlspruch der KS, der ihnen mittlerweile in Fleisch und Blut übergegangen ist. »Sie sind freiwillig hier. Sie wollten es so«, hat ein Schleifer bei einem Seeschwimmen gesagt. Der Hass auf den einen oder anderen Ausbilder erreicht jetzt bisher ungeahnte Ausmaße… Noch nie steckten sie so gewaltig in der braunen Brühe wie jetzt. Und kein Ende in Sicht. Was nutzt es jetzt, bei den Freitagsläufen ein halbwegs guter Renner gewesen zu sein? Die guten Schwimmer haben körperlich zwar einen kleinen Vorteil, doch das entscheidende Moment ist der Wille, den inneren Schweinehund zu besiegen. Ankommen, nichts Anderes zählt mehr. Jetzt nicht mehr aufgeben. In zwei Tagen gehören sie zu den Besten… Wenn sie ankommen, stehen die Profis der Kompanie an der Pier. Die Aussicht, in Bälde einer von ihnen zu sein, einem handverlesenen elitären Kreis angehören zu dürfen...

Irgendwann erscheinen schemenhaft die Hochhäuser von Damp 2000. Auf der anderen Seite, Richtung Kiel, tauchen die beiden Ölbohrinseln auf, die der Kompanie auch als Angriffs- und Trainingsobjekt dienen. »Wenn wir da erst mal vorbei sind«, denken sie alle. Die Rotten haben sich aus den Augen verloren. Außerdem macht der Seegang jede Orientierung zu einem Hasardspiel. Zum Glück gibts die Küste, doch diese ist auch nicht immer zu sehen. Booknis Eck, eine alte Marinestation, ist das Ziel des ersten Tages. Wenn sie da um die Felsen schwimmen, haben sie es für heute geschafft: Die Hälfte des Höllentrips. Die Ausbilder sind fast pausenlos mit dem Zodiac unterwegs, um die Rotten nicht aus den Augen zu verlieren. Wenn mal eine zu weit ins Fahrwasser des Butterdampfers von Eckernförde nach Sonderburg gerät, bleibt das Boot neben den Jungs, bis sie wieder in der sicheren Zone sind. Kommen die Ausbilder in die Nähe, verstummen sie. Es kommt höchstens mal die Frage »Wie weit ist es noch?« Die Antwort fällt immer gleich aus: »Ihr müsst zehn Stunden schwimmen. Wie lange seid ihr jetzt im Wasser?« Ein Blick auf die Uhr gibt ihnen die deprimierende Antwort: Gerade mal drei Stunden. Drei Stunden, die ihnen wie eine Ewigkeit vorkommen.

Langsam kann man Damp deutlicher erkennen. Doch die Hafeneinfahrt ist immer noch nicht in Sicht. Dort müssen sie vorbei. Bei diesem Wetter kein ungefährliches Unterfangen, denn für den Butterdampfer oder andere Wasserfahrzeuge sind sie so gut wie unsichtbar. Und bei diesem Seegang rechnet sowieso kein Sailor mit Schwimmern. Schon gar nicht vor der Hafeneinfahrt. Die Ausbilder sind zwar mit dem Boot da, aber einen Butterdampfer kann man nicht so einfach anhalten. Also verlassen sie sich lieber auf sich selbst. Ist sowieso besser. Sie nähern sich nun langsam der Gefahrenstelle. Alle blicken nach links zu den Hochhäusern. Jetzt, da sie eben daran vorbeischwimmen, kommt etwas Erleichterung auf. Doch sie werden es noch lange sehen, dieses Ferienzentrum. Erst kamen sie nicht ran und jetzt kommen sie nicht weg. Und die beiden Bohrinseln rechts verschwinden auch nicht. Wie ein Mahnmal

ragen sie aus den Fluten. Das Schlauchboot fährt die ganze Zeit auf und ab, um Freizeitkapitäne zu warnen. Doch glücklicherweise ist heute nicht viel los, bis auf ein paar Fischkutter. Die Hafeneinfahrt haben nun alle passiert. Es ist schon spät Nachmittags. Einige sind schon an Booknis Eck vorbei. Das Feld hat sich auf drei bis vier Kilometer gezogen. Nach zehn Stunden müssen die Ausbilder die Schüler aus dem Wasser holen. Vorschrift. Wenn es einige bis nach Ludwigsburg schaffen ist das super. Jene können am nächsten Morgen von dort aus weiter schwimmen. Die anderen werden zu den Stellen zurückgefahren, wo sie aufgepickt wurden.

Der Ludwigsburger Strand ist Teil eines kleinen Standortübungsplatzes, den auch die Kampfschwimmerkompanie nutzt. Die Ausbilder haben in einem kleinen Wäldchen das Biwak vorbereitet. Die Männer müssen vom Strand aus noch rund 250 m durch knöcheltiefen Sand stapfen um ans Lagerfeuer zu gelangen. Mit den 30 kg Gepäck auf dem »Ast« die letzte Schinderei an diesem Tag, von der »Umkleideorgie« einmal abgesehen. Zwei Rotten haben es bis nach Ludwigsburg geschafft, eine selten gute Leistung. Sie sind mehr als zwei Drittel der Strecke in elf Stunden geschwommen (auf eigenen Wunsch und natürlich mit Einverständnis des Arztes, der auch zur Begleitmannschaft gehört). Dies hat noch keine Rotte vor ihnen geschafft und wird so schnell wohl nicht wieder »getoppt« werden. Die Ausbilder haben es mehrmals auf der Seekarte »nachgeplottet«: 22 Kilometer ohne Umwege. Mit voller Ausrüstung und unter den herrschenden Witterungs- und Seebedingungen eine Glanzleistung.

Haben die Schwimmer wieder festen Boden unter den Füßen, fallen sie erst einmal um. Die Fußgelenke spielen nicht mehr mit. Sie sind einfach steif. Über zehn Stunden nur gestreckt und auch nicht mehr so durchblutet, müssen die Füße erst mal wieder ans Stehen und vor allem ans Gehen gewöhnt werden. Zehn Minuten vergehen, bis man die Gelenke wieder spürt und die Schmerzen in den Beinen einigermaßen unter Kontrolle hat.

Ab und an bleibt auch einer mal alleine zurück, um sich – die Kälte verachtend – im Wasser zu erleichtern. Unterwegs gab es ja keine Gelegenheit, diesem Bedürfnis nachzukommen. Ab und zu fährt ein Fischer vorbei. Da dieser die Hintergründe ja nicht kennt, hält er den Jungen einfach für bekloppt. Einer der alle Sinne beisammen hat, zieht sich bei der Kälte nicht mitten in der Ostsee aus.

Wer es nicht selbst gerochen hat kann sich kaum vorstellen wie Neopren stinkt. Außer Sand und Seewasser gibt es nichts zum Auswaschen. Und am nächsten Morgen geht es wieder rein in dieselben Klamotten. Doch auch das ist im wahrsten Sinne des Wortes Scheißegal!

Es herrscht schon Dunkelheit, als die letzten »Helden« ankommen. Sie schleppen sich mit ihrer Ausrüstung zum Biwak und machen es sich dann so bequem wie möglich. Die Ausbilder haben inzwischen Steaks und Grillfleisch besorgt. Auch Müsli und andere Köstlichkeiten sind vorhanden. Wer will, kann sich daran gütlich tun. Im Dunkeln spannen sie ihre Ponchos auf und rollen die Schlafsäcke aus. Alle verschwinden in der Röhre. Alle? Nein, einer muss Feuerwache halten. Alle zwei Stunden ist Wechsel. Die Einteilung ist ihre Sache.

## Der zweite Tag

Sie haben gut geschlafen, aber viel zu wenig. Jede Bewegung ist mühsam und die Männer raffen sich nur mit Überwindung auf. Die Ausbilder müssen sie antreiben. Alleine schon das Überziehen des eng anliegenden, feuchten und stinkenden Neoprenanzugs bereitet Schmerzen. Man kann machen was man will, ein bisschen Sand bleibt immer drin. So fühlt sich der Nasstauchanzug innen wie Schmirgelpapier an. Einige reißen beim Überstreifen wieder alte Wunden auf, die zu bluten beginnen. In Kniekehlen und Leisten werden sicher Narben zurückbleiben. Dann passt die Ausrüstung irgendwie nicht mehr in den wasserdichten Rucksack. Aber sie muss rein. Alles!

Wieder geht es durch diesen knöcheltiefen Sand zum Wasser. Irgendwie sind sie froh, als sie wieder in die Ostsee gleiten. Sie müssen den Anzug entlüften, wobei Wasser einströmt, das kurzfristig für Kühlung und Linderung sorgt. Nur in diesem Zustand lässt sich das Neopren »zurecht ziehen« und lassen sich neue Scheuerstellen verhindern. Doch dieses erholsame Gefühl währt nicht lange.

Neidvoll blicken die Jungs, die nach Booknis zurückgefahren werden, auf jene, die unmittelbar ins Wasser steigen dürfen. Denn es wird ein paar Stunden dauern, bis sie hier wieder vorbeikommen werden. Die Rotte, die von Ludwigsburg

**Am Ende der Marterstrecke wartet ein Gläschen Sekt, überreicht vom Kompaniechef und den Ausbildern. Mit von der Partie: KS-Medizinmann »Kuddel« Triphan (4. von rechts mit Pudelmütze).**

Die Erschöpfung lässt wenig Raum zu ausgelassener Freude. Auch Oberbootsmann Probst (als Strandkellner) und »Kuddel« Triphan scheinen die Dienstmiene zu bevorzugen.

losschwimmt, wird dann schon halb in Eckernförde sein. Sieben Kilometer sind es von hier noch. In gerade Mal vier Stunden können die Ersten an der Ostmole »anlegen« – wenn nichts dazwischen kommt. Das Wetter ist besser geworden. Kein Regen mehr und nur noch schwacher Seegang. Die ersten Schwimmbewegungen sind hölzern. Gestern haben die Knochen beim »An-Land-Gehen« wehgetan, jetzt schmerzen sie beim Schwimmen. Egal, was man tut und wie man sich bewegt. Es ist nur noch eine Quälerei. Die Ausbilder kommen wieder vorbei und zitieren den Leitspruch. Aber alles Klagen würde nichts nützen, weil es keiner hören will. Und leiden? Gibt es eigentlich noch etwas Anderes? Die letzten vier Monate haben sie gelernt, damit zu leben. Wenn sie heute Abend ankommen, werden sie irgendwie immun gegen physische und psychische Belastungen geworden sein. Aber noch haben sie es nicht geschafft. Heute ist der »Längste Tag«; für die meisten jedenfalls. Es dauert eine Weile, bis sie wieder richtig

»Gummi geben« können. Die Kraft in den Beinen hat nachgelassen. Vielleicht wäre es besser gewesen, wenn sie gestern Abend weiter geschwommen wären, denken einige. Doch sie durften ja nicht. Zugegebenermaßen waren alle froh, als sie den Strand erreichten. Nun würden sie spätestens ab dem Karlsminder Campingplatz die Ostmole des Hafens erkennen. Wie haben sie diesen Hafen schon gehasst – beim Nachttauchen und erst Recht beim Seeschwimmen. Keine Ecke, die sie nicht kennen. Sie konnten die Pier schon nicht mehr sehen und jetzt können sie nicht schnell genug dort sein. Es ist einfach verrückt. Bloß nicht zu weit zur Mitte der Bucht schwimmen. Jeden Meter zu weit draußen muss zurückgeschwommen werden. Jeder dreht sich nun öfter um zum Orientieren. Doch die verdammte Mole will einfach nicht näher kommen. Gegen 11:00 Uhr können sie die Ersten erkennen – nein, besser vermuten. Ein dunkler Strich hebt sich am Horizont ab. Mensch, das ist das Ende der Quälerei, sagen sich die ersten

Den Jungs steht die Anstrengung der 30 km deutlich ins Gesicht geschrieben.

beiden, grinsen und versuchen das Letzte aus sich raus zu holen. Doch es bleibt beim Versuch. Schon nach kurzer Zeit müssen sie feststellen, dass die »Schläuche« leer sind. Sie sind zwar noch fähig, die Beine zu bewegen, aber das ist auch schon alles. Bloß weiter, immer nur weiter. Auf Höhe der Hemmelmarker Steilküste besucht das Schlauchboot die Spitzenrotte: »Jungs, achtet auf eure Richtung. Schwimmt in einer Linie auf die Molenecke zu. Jeder Meter zu weit draußen ist ein Umweg.« Während die Ersten nur noch 2000 Meter vor sich haben, liegen die Letzten noch gute drei Kilometer zurück. Doch auch sie sind über die Schmerzgrenze hinweggekommen. Jetzt tut nichts mehr weh. »Klagt nicht, kämpft!« – wieder so ein schlauer Spruch. Soll sie das Motto des Ersten Zuges motivieren oder provozieren? Oder beides? Egal. Man müsste sie wohl eher bewusstlos aus dem Wasser ziehen als dass sie noch aufgeben würden. Wenn einer ausfiele, würde ihn der andere mitziehen. Und wenn es noch so lange

dauern würde. Den Kameraden würde keiner hängen lassen. Vorher würde die Hölle einfrieren.

Sie schwimmen, bis sie mit dem »Poller« an die Mole stoßen. Härter kann es nicht mehr kommen. Sie haben alles überwunden. Wo andere aufgeben, machen sie weiter. Das steckt jetzt »drin« und das wird auch so bleiben. Aufgeben gibt es jetzt und in der Zukunft nicht mehr. Sie haben sich eine Grundlage an Belastungsfähigkeit geschaffen, von der sie künftig zehren können. Im nächsten Ausbildungsabschnitt, der Kampfschwimmertaktik, werden sie es unter Beweis stellen.

Ein Ausbilder hat den Kompaniechef informiert, dass die Ersten ankommen. Alle aktiven Kampfschwimmer, die derzeit in der Kompanie sind, werden die Jungs an der Mole begrüßen. Der Chef wird ihnen ein Glas Sekt überreichen und ihnen gratulieren. Es wird kein Spalier oder Ähnliches geben. So etwas passt nicht zu Kampfschwimmern. Nein, locker werden sie da stehen. Kein besonderer Anzug wird befohlen sein.

Kampfschwimmer-üblich werden wieder ein paar herbe Sprüche fallen, wie das so ist, in dem wilden Haufen. Keine große feierliche Zeremonie. Ein paar Leuchtraketen steigen in den Himmel. Das ist aber auch schon alles. Kampfschwimmer zeichnen sich durch ihren kameradschaftlich-unmilitärischen Stil aber militärische Professionalität aus. Der Nachwuchs soll das von der ersten Stunde an spüren. Jetzt sind die Ersten von der Mole aus zu sehen. Ihre orangefarbenen Mützen, die sie beim Schwimmen aus Sicherheitsgründen tragen, leuchten aus dem grauen Wasser. 500 Meter noch, dann hat die Schinderei ein Ende. Kurz hinter der ersten Rotte ist auch schon die zweite sichtbar. Es sieht fast so aus, als wollten sie die Ersten noch einholen. Ein kurzes, letztes Aufbäumen, noch einmal »Gummi« geben, ein Versuch, die Zeit zu verbessern. Erste können sie nicht mehr werden. Noch 200 Meter, dann ist die vordere Rotte da. Die zweite hat etwas aufgeholt. Die Ersten schwimmen an der alten, nach dem Krieg gesprengten Pier vorbei und schlagen an der Spundwand an. 15 Stunden. Nur eine Rotte war in all den Jahren vor ihnen schneller. Die Männer schwimmen die letzten paar Meter ins Flache und versuchen im brusttiefen Wasser erst einmal zu stehen. Die Schmerzen in den Fußgelenken werden ignoriert. Sie sind Nebensache, wie überhaupt alles jetzt Nebensache ist. Einer der Aktiven feuert wieder eine Leuchtrakete ab. Bevor sie vollends aus dem Wasser können müssen sie warten, bis die Beine ganz mitspielen. Der Geist ist willig, nur der Körper noch nicht. Aber sie grinsen. Die ersten Frotzeleien dringen an die Ohren. Bei dem manchmal sehr offenen, herben Ton ist ein dickes Fell vonnöten. Der Chef geht auf sie zu und gratuliert ihnen: »Den schwersten und härtesten Abschnitt habt ihr geschafft, Männer. Aber es ist noch nicht vorbei. Doch ihr seid auf dem besten Wege«. Ein Ausbilder reicht die Sektgläser. Der »Alte« prostet ihnen zu. Alle trinken ihre Gläser leer. Gerade kommt die zweite Rotte an. Die gleiche Prozedur und die gleichen Worte. Die Jungs legen ihre Klamotten ab und beglückwünschen sich gegenseitig. Es werden einige Flaschen geleert und es wird geschnackt. Wie immer, wenn es was zu feiern gibt. Der »Alte« gibt für den Rest des Tages dienstfrei und so ist die Stimmung eh schon gelockert. Auch die Letzten sind nun sichtbar. Alle werden auf sie warten. Ehrensache. Der Sekt geht zur Neige. Einer holt Nachschub. Es wird natürlich nur KS–Sekt – mit dem goldenen Kampfschwimmer-Etikett – getrunken. Im Unterschied zu früher, als es nur Bier gab. Nachdem alle »eingelaufen« sind, bekommen sie noch einige Instruktionen für den nächsten Tag. Jetzt wo alle nebeneinander stehen, macht noch jemand ein Foto und der Ausbildungsleiter meint: »Spitzenmäßige Leistung, Männer. Wer zuerst angekommen ist, ist nicht entscheidend. Sicher, die Zeit war hervorragend und wird in die Annalen der Kompanie eingehen. Doch jeder von euch hat heute und in den letzten vier Monaten Überragendes geleistet. Ihr könnt sicher sein, dass dies von allen respektiert wird«. Lächelnd fügt er hinzu: »An euren Gesichtern sieht man, welche Strapazen hinter euch liegen. Jetzt ist kein *Babyface* mehr unter euch«. Die Jungs grinsen. »So Männer, nun genug der Reden. Ab unter die Dusche, umziehen und dann Feierabend. Falls ihr heute Abend noch feiert; denkt daran: Alkohol könnt ihr die nächsten Stunden bestimmt nicht viel vertragen. Bis morgen früh in alter Frische«. Einer der Jungs tritt heran und sagt: »Herr Oberbootsmann: Wir wissen jetzt, wo die Eisernen Kreuze wachsen«. Lächelnd nimmt dieser den letzten Schluck aus dem Glas.

# Kampfschwimmertaktik

Dieser Ausbildungsabschnitt hat zum Ziel die KS-Schüler speziell für kombinierte Land–Wasser–Taktiken zur Durchführung von Kommandounternehmen zu schulen. Sie lernen den Einsatz des Zweier-Kajaks ebenso wie das Fahren und Navigieren mit Schlauch- und so genannten *Speed*booten; schnellen Motorbooten, die speziell auf die taktischen Bedürfnisse der Kampfschwimmer zugeschnitten sind. Das gefechtsmäßige Schießen mit Handfeuerwaffen aller Art nimmt einen weiteren wichtigen Teil der Ausbildung in Anspruch und gehört zu den beliebtesten Tätigkeiten der Schüler. Er führt die Männer sehr wirklichkeitsnah an alle denkbaren Situationen, mit denen sie im Einsatz rechnen müssen, heran – natürlich unter Einhaltung der Sicherheitsbestimmungen. Es wird nur scharf geschossen. In bestimmten Situationen aus vollem Rohr zu feuern gehört ebenso zum Programm wie das Präzisionsschießen mit Kurz- und Langwaffen. Es gibt Schützen in der Kompanie, die wenn es die Zeit erlauben würde, jedem sportlichen Vergleich standhalten könnten. Auch im Präzisionsgewehrschießen können die Männer aus Eckernförde international jederzeit mithalten. Einen hohen Leistungsstand zu erreichen und zu halten, erfordert natürlich einen sehr hohen Übungsaufwand. Bei befreundeten Einheiten im In- und Ausland absolvieren die deutschen Kampfschwimmer ein außerordentlich effektives Training, das seinesgleichen sucht. Vor allem das Vorgehen unter scharfem Schuss muss immer wieder und so lange geübt werden, bis es in Fleisch und Blut übergeht. Im Nahgefecht oder als Scharfschütze auf Distanzen jenseits der 1000 Meter – der Kampfschwimmer ist in allen Bereichen Profi.

Einen weiteren Schwerpunkt bildet die Ausbildung mit dem Hubschrauber. Der Drehflügler spielt bei Erkundung, Aufklärung, Sicherung eine ebenso wichtige Rolle wie als Verbringungsmittel;

beispielsweise, um sich auf fahrende Schiffe, auf Gebäude oder ins Wasser abzuseilen.

Auch das Entern und das Verteidigen von Schiffen gegen Angriffe auf See oder in Häfen muss jeder Sägefischträger beherrschen. Planung und Organisation von Kampfschwimmereinsätzen nicht zu vergessen.

Da dieser Ausbildungsabschnitt in aller Regel in die Winterszeit fällt, werden die Männer wieder einmal mit den Unbilden der Witterung konfrontiert. Der Umgang mit bzw. das Anpassen an die Natur ist überlebenswichtig. Wer das raue Ostseeklima kennt kann sich vielleicht vorstellen was auf die Jungs zukommt, wenn sie sich durch zugefrorene Seen und die eiskalte See kämpfen müssen.

Bootsmann Böker übte bei den SEALs u.a. das Sturmschießen mit dem MG M-60 E3 (7,62 mm x 51). Der vordere Pistolengriffs ermöglicht die Abgabe von Feuerstößen im Schulteranschlag und erleichtert das Schießen aus der Bewegung.
Foto: Michael Leibfritz

Feuern aus allen Rohren: Oberbootsmann Rafael Hatzenbühler beim Sturmschießen mit dem IMG H&K 508 (G 8 mit Gurtzuführung).

Kampfschwimmer und Streckentauch-Weltmeister Jens Hilbert beim Steilwandklettern in Portugal.
Foto: Jochen Kröper

**Auch die Verfeinerung der Kletterkünste steht auf dem Ausbildungsprogramm.**
Foto: Jochen Kröper

Und dann steht noch das Ausschleusen aus dem Torpedorohr eines U-Bootes auf dem Dienstplan. Dieses Verfahren verdeutlicht mit am besten, dass der Kampfschwimmer buchstäblich als Waffe zu sehen ist. Keine James-Bond-Fiktion, sondern Einsatz-Wirklichkeit, bei der starke Nerven gefragt sind. Vielen stehen bereits bei der Vorstellung, in einer engen dunklen Röhre ausharren zu müssen, die sich langsam mit Wasser füllt, die Haare zu Berge. Neben Nervenstärke darf auch ein gewisses Vertrauen in die Technik und selbstredend das intensive Training nicht fehlen. In der Halle wurden bestimmte Situationen ja bis zum Erbrechen geübt. Jedenfalls wissen alle, wie sie sich im Notfall zu verhalten haben. Die antrainierte Fähigkeit, die Luft anzuhalten und in einem engen, dunklen Raum die Nerven nicht zu verlieren, hat dem Schreiber dieser Zeilen einmal das Leben gerettet. Und seinem Rottenkameraden ebenso. Sie lagen 20 Minuten lang Kopf an Kopf in der Röhre und atmeten wechselweise aus einem Gerät, bis das Torpedorohr geflutet wurde und sie den ungastlichen Ort verlassen konnten.

## Ein- und Ausschleusen aus dem Torpedorohr

Dabei gibt es ein Dilemma: Der Kampfschwimmer ist darauf trainiert, sich auf sich selbst zu verlassen. Im Torpedorohr ist er aber auf Gedeih und Verderb vom Können der UBoot-Besatzung und dem Funktionieren der abhängig. Gut, wenn irgendetwas im UBoot oder mit der Stahlröhre nicht funktionieren sollte, geht er auf Geräteatmung, was über kurz oder lang sowieso eintritt, da das Rohr geflutet wird und das Wasser unaufhaltsam steigt. Doch bei 52 Zentimetern Durchmesser und manchmal nur ein paar Grad über null gehört der Aufenthalt in der »Dunkelkammer« nicht eben zu den angenehmsten Dingen des Lebens. Schon das Einsteigen in die Aalröhre hat seine Tücken. Die Kameraden und der Einsatzleiter müssen helfen. Manchmal ist es drinnen auch ölig. Dann »flutscht« es ein bisschen besser. Vier Mann müssen rein in das Ding. Immer zwei Mann Kopf an Kopf, denn bei Geräteausfall müssen beide abwechseln aus einem Gerät atmen können. Sonst würde der Kumpel mit Ausfall jämmerlich ersaufen. Bei dem dabei entstehenden Todeskampf könnte er seinem Gegenüber auch schwere Probleme bereiten. Es besteht zwar die Möglichkeit, durch Klopfzeichen den Einsatzleiter zu alarmieren. Doch bei einer Notöffnung bei vollständig gefluteten Rohr würden rund 1000 Liter Seewasser ins Boot schießen. Und dann wäre es mit einem Wischlappen nicht getan. Zum Glück musste dieses Verfahren noch nie angewendet werden. Eines sollte im Interesse des Lesers noch klargestellt werden: Die Kampfschwimmer werden nicht wie Torpedos nach draußen geschossen, sondern schlängeln sich mit eigener Kraft aus der Röhre.

Alles andere ist Humbug oder Effekthascherei, wie sie bei James Bond oder vergleichbaren Streifen praktiziert wird. Da lassen Regisseure, wie der Verfasser aus eigener Erfahrung weiß, schon Mal gestandene Kampfschwimmer in die Rolle berufsmäßiger Gefahrendarsteller, so genannter *Stuntmen*, schlüpfen.

Das Eintauchen von außen ist viel einfacher als

von innen, weil das Rohr schon geflutet ist. Die totale Finsternis bleibt sich aber gleich. Sämtliche Tätigkeiten geschehen durch Tasten und Klopfzeichen. Das Ein- und Ausschleusen aus Torpedorohren gehört zwar zu den schwierigsten und aufwändigsten, aber auch zu den sichersten Einsatzverfahren. Nacht und Unsichtbarkeit sind dem Kampfschwimmer die verlässlichsten Partner. Unter dem Strich betrachtet stellt die »Rohrpost« für UBoot und Besatzung einen ziemlichen Aufwand dar, doch Kampfschwimmer sollen ja auch große Erfolge erzielen. Dass sie im Torpedorohr auch ihr Leben aufs Spiel setzen sei hier vor allem deshalb betont, weil sie immer wieder darauf angesprochen werden. Es ist jedem bekannt, worauf er sich

einlässt. Bedingt durch das ständige physische und psychische Training stellt es für den Kampfschwimmer allerdings auch nichts Außergewöhnliches mehr dar, sich auf diese Art und Weise »nach draußen« zu begeben. Es gehört zu den üblichen Einsatzverfahren.

Ende Oktober, nach wohlverdientem Urlaub, melden sich die Schüler wieder zum Dienst. Die Einzelkämpfer-Vorausbildung (EKV) und die KS-Taktik verlangen einiges an Vorbereitung und einen erheblichen Materialaufwand. Die Rucksäcke müssen mit der richtigen und speziellen Ausrüstung gepackt werden. Das müssen die Mannen auch im Dunkeln beherrschen, da die Nacht nach wie vor zu ihren engsten Verbündeten gehört.

**Das UBoot gehört zu den wichtigsten Verbringungsmitteln von Kampfschwimmern im Wasser.**
Foto: Jochen Kröper

Verschiedene Unterrichte mit Karte und Kompass, Überlebenstraining und das Planen und Durchführen von taktischen Konzepten stehen bevor. Gepäckläufe, diesmal jedoch mit Kampfstiefeln, 20-kg-Sturmgepäck und das Gewehr auf dem Rücken finden in flachem und hügeligem Terrain statt. Orientierungsmärsche werden nach einer Eingewöhnungsphase so angelegt, dass sie innerhalb der geforderten Zeit nur noch im Laufschritt bewältigt werden können.

Das Überwinden von Hindernissen üben die Kampfschwimmer u. a. auf der Waldkampfbahn einer idyllisch gelegenen Marinekaserne in Schleswig-Holstein. Für die Zwecke der Kampfschwimmer eignet sich diese Bahn im Unterschied zu den üblichen Kampf- und Hindernisbahnen der Bundeswehr besonders, da sie Trainingselemente für den Maritimen Fünfkampf bietet. Sozusagen zum Ausgleich bauen die Ausbilder in der Taucherübungshalle noch einen Wasser-Hindernisparcours auf, um die Männer optimal auf den Einzelkämpferlehrgang vorzubereiten.

Nahtlos geht es von der EKV wieder zur KS-Taktik über. Die Schüler empfangen im Materiallager Kajaks nebst komplettem Zubehör. Sie lernen, wie ein Boot für den kombinierten Einsatz (d.h. Absetzen von Tauchern) gepackt wird, wie sie sicher in dem »Ding« sitzen und sich (fort)bewegen können. Kentern lässt sich anfangs nicht vermeiden und sorgt bei den nicht unmittelbar Beteiligten für herzhafte Lacherfolge. Ein bestimmter Schüler mit ausgeprägtem Unterhautfettgewebe, der sich und seinen Ausbilder ins 5° kalte Wasser kippte, wird sich bestimmt heute noch an diesen Badespaß erinnern. Allein schon deshalb, weil er noch Tage danach unendlich viele Liegestützen abpumpen musste, sobald er in den Gesichtskreis des besagten Oberbootsmanns trat.

Auf alle Fälle müssen die Kajaks mit der kompletten Land- und Wasserausrüstung, einschließlich »Bombe«, Waffen und Verpflegung beladen werden. 150 kg plus das Gewicht von zwei Mann kommen pro Boot zusammen. Sollte das Kajak kentern, geht die Ausrüstung nicht verloren, da sie im oder am Boot befestigt wurde. Eingearbeitete Luftschläuche verhindern ein Sinken. Nach ein paar Tagen sind die Gespanne eingespielt und erreichen den »Schnitt« von fünf Kilometern in der Stunde problemlos. Bei täglichen Ausfahrten in der Bucht läppert sich ein mehrstündiges Ruderprogramm zusammen. Es liegen ja in Zukunft schon mal 30 km »Gewaltmarsch« mit anschließendem Tauchgang an. Hier kommen den Männern die vielen Stunden Kraftraum zu gute. Doch Kraft ist nicht alles. Ebenso wichtig für das Überleben auf See ist die richtige Ausrüstung und Bekleidung! Nässe und beißend kalter Wind sind keinesfalls zu unterschätzen. Schweißabsorbierende Unterwäsche und *Gore-Tex*-Oberbekleidung sorgen dafür, dass die Ruderer nicht auskühlen.

Im Unterricht wird immer mehr Wert auf perfekte Planung und Organisation gelegt. Schon eine einzige vergessene Kleinigkeit kann zum Scheitern eines Einsatzes führen. Ist beispielsweise ein Wasserangriff – sprich: Taucheinsatz – geplant, wäre es für die Ruderer unbequem und unvorteilhaft, während der oft langen Fahrt zum Absetzpunkt Neopren oder den Trockentauchanzug zu tragen. Irgendwo auf See ziehen sich die Männer um, was Anfängern noch recht schwer fällt. Nach einer gewissen Zeit bekommt man auch darin Übung. Das Umziehen muss auch- oder gerade – nachts und ohne Licht funktionieren. Die Art und Weise, wie dies in der KS durchgeführt wird, hat sich bewährt. Einer sichert, der andere arbeitet. Jeder Handgriff sitzt und jede Bewegung ist einstudiert. Erst der Oberkörper, dann die Beine. Es geht alles leise und in fließenden Bewegungen, denn Kentern wäre in der Umzugsphase verhängnisvoll. Die Männer gehen auch nie zugleich, sondern hübsch nacheinander zu Wasser. Einer sichert und hält das Gleichgewicht. Von hier aus geht es dann zum Objekt. Still, leise, entschlossen und unsichtbar. Als 100%ige Waffe. Treffsicher finden die Marinekämpfer ihr Ziel und erledigen ihren Auftrag. Des weiteren wird der Einsatz mit Zodiacs und *Speed*booten trainiert. Sie müssen jedes Transportmittel beherr-

Links: Aufnahme und Absetzen müssen nicht zwangsläufig aus dem Torpedorohr geschehen. Diese Gruppe bereitet sich auf ein Absetzen vom Deck vor. Man beachte die aufblasbaren wasserdichten Rucksäcke für den geschützten Transport von Waffen und Ausrüstungsteilen. Auch der Tauchersicherungskragen (TSKK, genau: *Tauchersicherungskragen-Kampfschwimmer*) für die Selbstrettung unter Wasser und das Seeschwimmen ist deutlich zu erkennen. Der TSKK ermöglicht auch ein manuelles Austarieren unter Wasser.
Foto: Jochen Kröper

**Die Kampfschwimmer nach dem Absetzen vom UBoot - jetzt heißt es schwimmen.**
Foto: Jochen Kröper

**Kampfschwimmerrotte beim Eistauchen im Kranzfelder Hafen in Eckernförde.**
Foto: Wolfram Giebel

**Überwinden der Hindernisbahn – in diesem Fall bei den SEALs in Coronado, Kalifornien.**
Fotos: Michael Leibfritz

**Abseilen lässt sich auch in der Kaserne üben.**
Foto: Olaf Gierke

schen. Bei kombinierten Einsätzen spielt die zeitliche Abstimmung, das »Timing«, eine große Rolle. Der Übergang vom Wasser zum Land bzw. Boot und umgekehrt. Wie lange kann ich mich im Schutze der Nacht bewegen? Wenn es hell wird müssen alle verschwunden sein. Wenn der Rückweg in der Dunkelheit nicht mehr in den sicheren Bereich führt, muss ein vorher erkundetes Versteck aufgesucht, Boote und Ausrüstung getarnt und versteckt werden. Zufälle darf es nicht geben. Bei der Planung eines Einsatzes hat jeder seine Aufgabe. Es werden Karten organisiert, Skizzen angefertigt, Fotos ausgewertet, Waffen, Ausrüstung, Verbringungs- und Transportmittel überprüft, Besatzungen eingewiesen. Transportmittel können Hubschrauber, Flugzeuge, UBoote, Schnellboote, Zerstörer oder Fregatten sein. Wind und Wetter

werden eingeholt und die Strömung berechnet. Bestimmte Abläufe werden nochmals geübt und Unvorhergesehenes durchgespielt, etwa der Ausfall eines Kameraden oder wichtigen Materials. Einsatz- und Unterstützungskräfte gehen zig–Mal jede Kleinigkeit durch, bis es jeder wie aus dem Effeff beherrscht. Hier brillieren die Ausbilder. Ihre Erfahrung erweist sich wieder Mal als unentbehrlich. Sie bauen die Schüler geschickt in jede noch so problematische Situation ein. Deshalb hört die körperliche Schleiferei zur Vorbereitung auf den Einzelkämpferlehrgang nicht auf. Nächtliche Orientierungsmärsche, Geländeläufe im Kampfanzug und mit Gepäck und Gewehr stehen weiterhin auf dem Programm wie im Kraftraum das »Eisenbiegen«. Einzig und allein auf den Schnee können Ausbilder ihre Schäfchen nicht vorbereiten. Da der

Zwei Einsatztrupps mit Flecktarn-Zodiacs unterwegs in der winterlichen Ostsee. Deutlich sind die Antennen der Funkgeräte zu erkennen.

# Raus aus'm Boot, rein ins Boot

Das schnelle Absetzen und Aufnehmen durch Wasserfahrzeuge gehört zum kleinen Einmaleins von Kampfschwimmern; will aber nichtsdestoweniger geübt sein. Nachfolgend eine Beschreibung der Verfahren.

## Schnelles Absetzen

Die Kampfschwimmer steigen von einem mit hoher Fahrt laufenden S-Boot auf ein seitlich befestigtes Schlauchboot (Zodiac) und positionieren sich, Kopf in Fahrtrichtung, auf der Außenwulst. Auf ein Ab-

**Aufnehmen eines Kampfschwimmers. Man beachte die Fangschlinge und den Griff innen am Wulst des Schlauchboots.**
Foto: Jochen Kröper

klatschen des so genannten **Fängers** im Zodiac rollt sich der erste Schwimmer einfach mit dem Rücken aufs Wasser, wobei er das Kinn auf die Brust drückt. Beide Hände sichern die Ausrüstung (Tauchermaske, Kompassbrett, Gerät usw.). Sicher im Wasser, treffen sich zwei Mann zu einer Rotte und beginnen mit der Ausführung ihres Auftrags.

Die Absetzgeschwindigkeit kann bis zu 20 kn (etwa 37 km/h) betragen.

## Schnelles Aufnehmen

Auch dieser Vorgang spielt sich in Sekundenschnelle ab und wird deshalb »Zeitlupe« wiedergegeben. Die Kampfschwimmer ordnen sich im Wasser mit einem Abstand von rund 50 bis 80 m in Reihe hintereinander an. Das Schnellboot mit Zodiac (ohne Außenborder) nähert sich mit entsprechender Geschwindigkeit. Der zum *Fänger* ausgebildete Kampfschwimmer hält eine Schlinge aus einem gummiummantelten Seil bereit. Im richtigen Augenblick wirft er sie wie einen Ring über den schräg nach oben gestreckten Arm des im Wasser »stehenden« Schwimmers. Verspürt dieser den Druck der Fangschlinge unter der Achsel, drückt er den Arm fest zum Körper und fasst mit dem anderen die Schlinge, um durch den entstehenden starken Ruck nicht herauszurutschen. In diesem Augenblick reißt der *Fänger* den Kampfschwimmer ruckartig nach oben. Durch die Geschwindigkeit des Bootes wird er auf die Wulst des Zodiac gehievt. Ein an der Innenwulst befindlicher Griff dient ihm dazu, sich vollends ins Boot zu ziehen, wobei ein Helfer im Zodiac Unterstützung leistet.

Diese Art des Aufnehmens erfordert vom Kampfschwimmer viel Übung und auch Mut. Das S-Boot prescht mit rund zwölf bis 15 kn (ca. 27 km/h) auf den Soldaten zu, ohne das Tempo zu verringern. Der psychologische Effekt unter das Boot oder in die Schraube des S-Bootes zu kommen, spielt zumindest bei den ersten Malen eine nicht unerhebliche Rolle.

Eine wichtige Rolle spielt auch die Positionierung des Zodiac am S-Boot. Es muss genau in der seitlich ablaufenden Bugwelle des S-Bootes befestigt werden, damit die Kampfschwimmer beim Erreichen des Zodiac »aufschwimmen«.

Diese Art des Rückholens haben die deutschen Kampfschwimmer einst von den Franzosen übernommen. Heute wird diese Taktik auch mit den schnellen Einsatzbooten ohne S-Boot durchgeführt.

EK-Lehrgang im winterlichen Bayern stattfindet, erwartet die Nordlichter meist tiefer Schnee. Doch diese haben sich mit unzähligen Kilometern durch Sand und knietiefes Wasser auf die weiße Pracht vorbereitet. Kein Wunder, dass sie in Schongau oder Hammelburg des Öfteren als »Konditions-

wunder« bezeichnet wurden und werden. Sie geben einfach nie auf. Und sie greifen oft Kameraden unter die Arme, die nicht so fit sind, indem sie beispielsweise deren Rucksäcke kilometerweit schleppen. Den eigenen hinten und den des Kameraden vorne.

Einzelkämpferlehrgang in Altenstadt/Oberbayern, 60er-Jahre. Erich Adolf beim Abseilen. Interessant: Der umgehängte sowjetische Mosin-Nagant Karabiner M 44.

# Schießausbildung

»Fünf Schuss Einzelfeuer: Feuer frei. Sichern. Der Nächste!« Schießen kann ganz schön langweilig sein. Nicht bei den Kampfschwimmern. Ihr Schießtraining erfordert Konzentration, Ausdauer und immer wieder Übung. Doch vor allen Dingen müssen sie niemand zum Schießen motivieren. Also keine lustlosen Rekruten oder verhinderte Wehrdienstverweigerer, die keiner Pappscheibe wehtun wollten, wie in früheren Zeiten. Wer sich zum Schießen zwingen muss, ist bei der KS fehl am Platze, und wenn er die 30 km an einem Tag schwämme. Theoretisch.

Bei den Kampfschwimmern sind – im Unterschied zu sonstigen Bundeswehreinheiten – alle Voraussetzungen gegeben, damit Schießen bei allem nötigen Ernst der Sache auch Spaß machen kann und die Männer gut motiviert und mit Ehrgeiz zum Training antreten. Vor allem genügend Munition. Unmengen von Patronen. Bei der Erprobung und der Einführung spezieller Waffen,

die man auch bei besonderen Einsätzen und bei Vorführungen nutzt, verrechnet der Munitionswart schon mal 5000 bis 7000 Schuss pro zwei bis drei Mann im Monat. Es gilt eben einen sehr hohen Leistungsstand zu erreichen und dann zu halten, um dem Auftrag gerecht zu werden. Durch die vielen Trainingsmöglichkeiten, intern und extern, ist es ein Leichtes, sich immer wieder zu motivieren. Es besteht auch ein riesiger Unterschied, ob man mit Kurz- oder Langwaffen arbeitet. Das Schießen mit Kurzwaffen im Nahkampf erfordert eine andere Konzentration als das Langwaffenschießen (Präzision) über große Distanzen. Es gibt Talente, die in beidem Spitze sind. Grundsätzlich werden alle Kampfschwimmer an allen zur Verfügung stehenden Waffen geschult und die Schüler langsam auf alle Arten des Schießens hingeführt. Auf alle Fälle wird »gemütlich« geschossen. Alles, was an Kleidung und Ausrüstung nicht nur lästig erscheint, sondern auch lästig ist, wird gar nicht erst angelegt oder mitgenommen. Im Winter oder bei schlechtem Wetter müssen sich die Schüt-

**Schießen mit der halbautomatischen Schrotflinte HK 502 bei der GSG-9.**

Das Vorgehen im scharfen Schuss unter gegenseitiger Sicherung üben diese vier Kampfschwimmer hier mit G 3 und MP 5.
Foto: Jochen Kröper

zen warm und trocken halten, so gut es geht. Helme gibt es nicht. Die unverzichtbaren Pudelmützen erfüllen auch hier ihren guten Zweck. Handschuhe hoher Qualität, oft dezentral beschafft, werden nur unmittelbar vor dem Schießen ausgezogen. Jeder trägt und handhabt seine Waffe so, wie er sich dabei am wohlsten fühlt. Da fast nur Sonderübungen geschossen werden erfordert dies, zumindest anfangs, viel Gefühl und auch die volle Konzentration der Ausbilder. Sie steuern die Abläufe und achten auf die Einhaltung der Sicherheitsbestimmungen. Irgendwelche schwachsinnigen Kommiss-Schikanen sind verpönt. Welcher Zweck wird erreicht, wenn Schützen bei stundenlanger Warterei frieren oder nass werden oder auf irgendeine stumpfsinnige Art »beschäftigt« werden?

Auch nach der vorangegangenen harten Ausbildung gibt es noch KS-Schüler, die erst noch die Angst vor der Waffe verlieren bzw. ihren »Rhythmus« finden müssen. Diese Gewöhnungsphase nimmt, bei täglichem Training, etwa eine Woche in Anspruch. Dann geht es ins Eingemachte. Da von Anfang an mit einer ganzen Anzahl verschiedener Kurz- und Langwaffen trainiert wird, kommen die Jungs zunächst ganz schön ins Schwitzen. Um mit allen Waffen »warm« zu werden, reicht natürlich eine rund zweiwöchige Schießausbildung längst nicht aus.

Großen Anklang findet das so genannte Combat-Schießen, also der gefechtsmäßige Gebrauch der Kurz- und Langwaffe (vor allem Selbstladepistole und MP), oft im ungezielten Deutschuss auf bewegliche und unbewegliche Ziele sowie aus der Bewegung heraus. Sobald die ersten brauchbaren Ergebnisse zu sehen sind, ist bei den Schülern der Groschen gefallen. Dann müssen die Ausbilder den Eifer der Jungs immer wieder bremsen. Doch die Feinheiten kommen erst später, etwa im Zuge der externen Fortbildung bei der GSG-9.

Auch beim Waffenreinigen erinnert die Schüler der Leitspruchs der KS stets an das »Lerne leiden ohne zu klagen«. Er stammt von Lothar Dindas; das Wappen entwarf Helmut Reindl.

Der Verfasser beim Anti-Terrortraining bei der GSG-9 mit Schutzweste, Kevlar-Helm, Splitterschutzbrille und Schrotflinte kurz vor Stürmung eines Raumes.

Die bekannte Eliteeinheit des Bundesgrenzschutzes vertieft die Kenntnisse und Fertigkeiten der KS im Kurz- und Langwaffenschießen. Die zur Verfügung gestellten Einrichtungen ermöglichen es den Männern, innerhalb kürzester Zeit einen sehr hohen Leistungsstand zu erreichen. Für die Ausbilder bietet sich so immer wieder die hervorragende Möglichkeit, die eigenen »Künste« zu pflegen und zu verbessern. Des Weiteren bieten verschiedene Austauschprogramme mit ausländischen Sondereinheiten der Kompanie zahlreiche Möglichkeiten, ein international hohes Niveau zu halten.

Zu Beginn der 80er-Jahre, als der Austausch mit den US Navy SEALs und der GSG-9 erste Früchte zeitigte und zu einer gewaltigen Leistungssteigerung führte, wollte die Kompanie ihr »Sonderschießen« natürlich auch in Eigenregie auf Truppenübungsplätzen fortführen. Der Bundeswehr-Amtsschimmel streute diesem Ansinnen zunächst

Schießtraining beim *Commando Hubert*, den französischen Kampfschwimmern. Zum Vertrauensbeweis stellen sich Kameraden zwischen die Scheiben. Beim nächsten Durchgang wird gewechselt.
Foto: Jochen Kröper

einige Äpfel in den Weg. Die sehr unkonventionelle Organisation in der Einheit wurde von den streng nach Vorschrift arbeitenden Stellen anfangs nicht verstanden. Doch nach einigen Besprechungen, Einweisungen und Vorführungen, die alle vorschriftsmäßig unter Beachtung der Sicherheitsbestimmungen abliefen, wandelte sich der störrische Schimmel zu einem einsichtigen Zugpferd, das den bösen Buben aus Eckernförde den Umgang mit ihren Lieblingsspielzeugen nicht nur erlaubte, sondern auch förderte. Nun konnten sie mit ihren – zumindest nach Verständnis der Hardthöhe – oft reichlich exotischen »Knallern« nach Herzenslust üben und auf Truppenübungsplätzen – selbstverständlich unter Einhaltung der Sicherheitsbestimmungen – die Schießleistung steigern. Heute regt sich kein Mensch mehr auf, wenn die KS etwas Neues ausprobiert oder die Schießübungen mit speziellen Lagen verfeinert, deren Beherrschung im Ernstfall sehr nützlich sein kann.

Auf dem »Mist« der Kompanie ist beispielsweise gewachsen, dass die Panzerabwehrlenkwaffe MILAN*, einst als »Panzerschreck« konzipiert, zur Bekämpfung von Seezielen »zweckentfremdet« wurde. Auch für die schweren Scharfschützengewehre, Kaliber .50 (12,7 mm x 99), der US-Firma MacMillan entdeckten die Kampfschwimmer für sich einige neue Einsatzmöglichkeiten.
Einige Sonderwaffen bleiben allerdings für die Schüler noch solange tabu, bis ihnen der Sägefisch an der Brust prangt. Auch die Waffen der befreundeten ausländischen Einheiten bekommen sie erst

---

\* MILAN klingt gut und erinnert an den gleichnamigen Greifvogel, der in zwei Unterarten als Schwarzer oder Roter Milan das Auge des Vogelfreundes ergötzt. Tatsächlich ist MILAN aber die Abkürzung für *Missile d'Infanterie Léger ANti-char*, was so viel heißt wie *Leichter Panzerabwehrflugkörper für die Infanterie*. Mehr über den bis auf 2000 m einsetzbaren Panzerknacker, der bis zu einem Meter Stahl höchster Güte durchschmilzt, berichtet Ian Hogg in *Waffen und Gerät Band 4: Infanterie-Unterstützungswaffen*, erschienen beim Motorbuch Verlag, Stuttgart 1997.

Begegnung in der Fremde: Beim *Commando Hubert* lernten die Kampfschwimmer aus Eckerförde die deutsche Walther-Maschinenpistole MPL näher kennen. Bis zur Beschaffung der MP 5 mussten sie mit der launischen und unpräzisen Uzi Vorlieb nehmen.
Foto: Jochen Kröper

als vollwertige Mitglieder der Einsatzzüge in die Hände, bzw. wenn Auslandsreisen anstehen. Die folgende Aufzählung gibt einen Überblick über das Spektrum an Kurz- und Langwaffen und lässt unschwer erkennen, dass das Üben mit allen Mustern viel Zeit und Aufwand sowie eine umfangreiche Organisation und Logistik erfordert.

Auch die Armbrust ist nicht unbekannt und für manche Aktionen hervorragend geeignet. Außer dem Schießen mit den weitreichenden Unterstützungswaffen wie MILAN erfordert das Unterwasserschießen mit der Rohrbündelpistole P 11 einen größeren Aufwand. Nur so viel sei gesagt: Grundsätzlich ist es für den Schützen nicht einfach, unter Wasser bei beschränkter Sicht ein Ziel zutreffen, zumal er ja nicht auf dem Grund steht sondern frei im Wasser schwebt.

Rechts: Schießen mit verschiedenen Langwaffen, darunter französische FAMAS-Sturmgewehre, ein Scharfschützengewehr FR F1 sowie ein schweizer SIG 541.

## Interne Waffen

| | | |
|---|---|---|
| Selbstladepistole | SIG Sauer, verschiedene Modelle, darunter P 226, P 228 | Kaliber 9 mm x 19 |
| Selbstladepistole | Glock, verschiedene Modelle, darunter Glock 17 | Kaliber 9 mm x 19 |
| Selbstladepistole | Heckler & Koch P7 M8, P7 M 13 | Kaliber 9 mm x 19 |
| Selbstladepistole | Heckler & Koch P 9 S | Kaliber 9 mm x 19 |
| Selbstladepistole | Heckler & Koch P 8 (USP) | Kaliber 9 mm x 19 |
| Rohrbündelpistole | Heckler & Koch P 11 | keine Angaben |
| Maschinenpistole | Heckler & Koch MP 5, verschiedene Modelle, darunter schallgedämpfte MP 5 SD und ZF-bestückte Versionen | Kaliber 9 mm x 19 |
| Sturmgewehr | Kalaschnikow, verschiedene Modelle, darunter AK(S) 47, AKM(S) 47, AK(S) 74 | Kaliber 7,62 mm x 39 Kaliber 5,45 mm x 39 |
| Sturmgewehr | Heckler & Koch G 3, verschiedene Ausführungen | Kaliber 7,62 mm x 51 |
| Sturmgewehr | Heckler & Koch G 36 | Kaliber 5,56 mm x 45 |
| Leichtes Maschinengewehr | Heckler & Koch G 8 | Kaliber 7,62 mm x 51 |
| Präzisions-Selbstladegewehr | Heckler & Koch PSG 1/ MSG 90 | Kaliber 7,62 mm x 51 |
| Scharfschützengewehr | G 22 (Accuracy Systems AWM-F) | Kaliber 7,62 mm x 67 (.300 Win.Mag.) |
| Scharfschützengewehr McMillan M-93 | | Kaliber 12,7 mm x 99 (.50 Browning) |
| Repetierschrotflinte | Remington 870 | Kaliber 12 |
| Selbstladeflinte | Heckler & Koch HK 502 | Kaliber 12 |
| Granatpistole | Heckler & Koch MZP-1 | Kaliber 40 mm x 53 |
| Panzerfaust | Panzerfaust 3 | Kaliber 110 mm |
| Panzerabwehrlenkrakete | MILAN | Kaliber 130 mm |

## Externe Waffen

| | | |
|---|---|---|
| Revolver | Smith & Wesson M 19 | Kaliber .357 Magnum |
| Revolver | Smith & Wesson M 10 »Bodyguard« | Kaliber .38 Spezial |
| Sturmgewehr | FAMAS | Kaliber 5,56 mm x 45 |
| Sturmgewehr | SIG 541 | Kaliber 5,56 mm x 45 |
| Sturmgewehr | CAR 15/Colt Commando | Kaliber 5,56 mm x 45 |
| Maschinengewehr | M 60 E3 | Kaliber 7,62 mm x 51 |
| Präzisionsgewehr | Mauser 66 SP | Kaliber 7,62 mm x 51 |
| Präzisionsgewehr | Walther WA 2000 | Kaliber 5,56 mm x 45 |
| Präzisionsgewehr | FR-F1 | Kaliber 7,5 mm x 54 |
| Bockdoppelflinte | verschiedene Modelle (fürs Tontaubenschießen) | Kaliber .12 |
| Leichte Panzerfaust | M-72 LAW | Kaliber 66 mm |
| Fliegerfaust | Red Eye / Stinger | Kaliber 70 mm |

Aus dem Hause Heckler & Koch: MP 5 Kurz, MP 5 SD mit ZF und Schalldämpfer, P 9.

Das neue Gewehr G 36 mit Zweibein.

Kampfschwimmer-Einsatztrupp mit verschiedenen Waffen. Von links: G 8 mit Zielfernrohr, MP 5 mit einschiebbarer Schulterstütze, MP 5 SD mit Zielfernrohr und Schalldämpfer, 40-mm-Granatpistole MZP, Repetierschrotflinte Remington 870. Der Knieende führt ein Präzisionsgewehr PSG 1.

# Abschlussübung

Der Ausbildungsabschnitt Kampfschwimmertaktik endet mit einer Übung, in der die Schüler das Gelernte unter möglichst wirklichkeitsnahen Bedingungen umsetzen sollen. Dabei achten die Ausbilder darauf, dass möglichst viele Lernelemente der letzten sechs Monate zum Tragen kommen. Als Hauptfeind tritt – abgesehen von Nässe und Kälte – wieder der Innere Schweinehund in Erscheinung. Nicht wenige Schüler wollen dabei – sozusagen im Fortgeschrittenenstadium – das Handtuch schmeißen. Zunächst schickt man sie für

einige Tage in die Kälte zum Überlebenstraining. Irgendwo an der Ostsee errichten sie ein getarntes Biwak, das ihnen als Versteck dient. Lässt die Schneelage es zu, werden Iglus gebaut und Schutzdächer aus Zweigen errichtet. Die Männer lernen die verschiedenen Arten von Lager-, Koch- und Wärmefeuern kennen, Feuer ohne Streichhölzer oder Feuerzeug zu machen und feldmäßig Nahrung zuzubereiten. Gerade das Kochen – genauer gesagt, die Warterei, bis die Verpflegung endlich gar ist – stellt die Geduld mitunter auf ei-

Kampfschwimmer im Sommerbiwak.

Eine Kampfschwimmerrotte nähert sich im Klepper-Kajak der Küste. Der Nahsicherer oder *Pointman* sichert mit seinem G 3. Das Kajak ist innen auf beiden Seiten mit Luftschläuchen ausgestattet, die ihm eine bessere Stabilität und Tragfähigkeit verleihen. Die Kampfschwimmer sitzen nicht auf dem Boden sondern in der Regel auf dem wasserdichten Rucksack und der Iso-Matte.

ne harte Probe. Sich hier mit knurrendem Magen zu beherrschen und das Gelehrte geschickt anzuwenden gehört ebenso zur Ausbildung wie die Überwindung vor unbegründetem Ekel. Wenn aus taktischen Gründen kein Feuer gemacht werden kann, bleibt die »Küche« kalt. Mangelt es an Trinkwasser, müssen Schnee und Pfützen aushelfen. Tag und Nacht schwärmen die Männer sternförmig aus um Nahrung zu suchen bzw. die Umgegend zu erkunden. Bewacht muss das Lager natürlich auch werden, und zwar rund um die Uhr. Die Lage gab »eine nicht freundlich gesonnene Bevölkerung« vor. Auch Hinterhalt, Handstreich und Überfall stehen auf dem Programm. Die Arbeit mit Karte und Kompass wird vertieft. Gepäckmärsche, die es in sich haben, Überwinden von Hindernissen wie das Durchschwimmen von Gewässern mit dem kunstvoll gepackten Zelt-

bahnpaket stehen an. Jeden Tag wird ein anderer Schüler zum Gruppenführer eingeteilt, der die Männer motivieren und für Disziplin sorgt. Allerdings müssen die Kameraden vor allem sich selbst besiegen. Schlafen können sie nicht viel, da sie rund um die Uhr unterwegs sind. Hunger, Durst, Kälte, Nässe, Müdigkeit und die Demoralisierungstaktiken der Ausbilder zerren am Körper und Nervenkostüm. Hier draußen werden sie irgendwie immer unmenschlicher. Nach ein paar Tagen haben die Männer zwei bis drei Kilo abgenommen. Doch die Ausbilder wissen genau, wo sie die Jungs haben wollen. Der Hass so mancher Schüler auf den einen oder anderen Schleifer wächst. Doch sie müssen sich im Zaum halten. Sie wissen, dass die Ausbilder nur darauf warten bis einer die Nerven verliert. Wieder kommt die Ungewissheit dazu: Wie lange wollen die uns hier im

Versteck festhalten? Unter sich sprechen sie über die zurückliegenden Monate und spekulieren über die nähere Zukunft: Ob sie uns am Freitag nach Hause lassen? Oder liegen wir irgendwo in der Kälte? Es ist Mitte Dezember und alle Welt bereitet sich auf Weihnachten vor, manche sitzen vielleicht vor dem Kamin und genießen einen knusprigen Gänsebraten. Und wir? Sitzen auf nassen Zweigen und nagen an halb garen Hühnern.

Aber sie müssen durch. Es kann nicht ewig dauern. 16:00 Uhr. Dämmerung setzt ein. Im Versteck unter den Büschen ist es schon fast dunkel. Die Ausbilder haben einiges mit den Männern vor. Es wird die »Nacht der langen Leiden«. Den ganzen Tag über hat es geschneit. Schlecht für die Schüler. Wenn die Jungs irgendwo rumschleichen, sehen die Schleifer ihre Spuren. Kaum ist die Dunkelheit hereingebrochen, erscheinen die Ausbilder: »Los, Klamotten aufnehmen!« Da immer alles alarmmäßig gepackt ist, müssen sie nicht lange fummeln. Als dann noch der Lkw um die Ecke biegt, ahnen sie , was auf sie zukommt: Wassereinsatz. Für jede Rotte liegt ein Kajak auf der Ladefläche. Wieder einmal hüllen sich die Ausbilder in Schweigen. Keiner weiß, wo es hin gehen soll. Bestimmt nicht nur erkunden. Tauchen? Aber wo? Umziehen im Freien. Was sagen sie immer: *Alles was nicht unweigerlich zum Tod führt härtet ab.«*

Am besten nicht lang überlegen und alles erst mal auf sich zukommen lassen. Die Fahrt dauert eine halbe Stunde. Der Laster hält an. Einer der Ausbilder geht nach hinten und flüstert: »Absteigen und alles ausladen! Beeilung. Zeit 10 Minuten.« Beim Abladen wird ihnen warm. Die Ausbilder verschwinden mit dem Lkw. Keine Info, nichts. Die sind einfach weg. Getarnt liegen die Männer im Unterholz unmittelbar am Strand. Vom Wasser her dröhnen Motorengeräusche – ein Zodiac-Schlauchboot naht. Den oder die Insassen können sie noch nicht erkennen. Ist es ein V–Mann oder ein fieser Trick? Plötzlich ein grünes Lichtzeichen. Das ist abgesprochen. Ein V–Mann, aber trotzdem Vorsicht. Alle sichern. Das Boot kommt ran. Verbindungsaufnahme, wie gelernt: Blinkzeichen zurück als Bestätigung. Das Boot kommt an den Strand. Der V–Mann übergibt dem so genannten *Nahsicherer* (Spitzenmann, Späher, im englischen Sprachgebrauch als »*Pointman*« bezeichnet) einen Briefumschlag und verschwindet ohne einen Ton zu sagen. Im Versteck öffnet der Gruppenführer das Papier. Zu lesen sind nur eine Koordinate und eine Uhrzeit. Wieder werden sie unter Druck gesetzt. Der Gruppenführer holt seinen Stellvertreter und den Nahsicherer ran. Sie legen sich platt um die am Boden ausgebreitete Karte, die bei Rotlicht studiert wird, um nicht entdeckt zu

Nahsicherer

werden. Sie sind sich sicher, dass sie von den Ausbildern beobachtet werden. Die Gruppe befindet sich auf der Südseite der Bucht. Die Koordinate weist sie zur Nordseite. Die Kajaks werden fast lautlos zu Wasser gebracht. In der so oft eingeübten Formation paddeln sie los. Der Gruppenführer braucht nichts zu befehlen; alle sind eingespielt. Für einen Einsatz passt das Wetter diesmal. Eine leichte Brise schaukelt die Ostsee auf und einsetzender Schneefall schützt vor Feindsicht. Zügig gleiten die Boote durch die winterliche Ostsee. Alles ist einkalkuliert. Jederzeit kann ein Schiff auftauchen oder sie könnten, auch hier auf See, in einen Hinterhalt geraten. Die Verbindung vom ersten zum letzten Kajak darf nicht abreißen. Alle haben die Waffen einsatzbereit vor sich liegen und mit genügend Spielraum festgebunden. In knapp drei Stunden müssen sie am Ziel sein. Das Überqueren des Fahrwassers klappt problemlos. Jetzt, kurz vor dem Anlanden, ist wieder erhöhte Vorsicht angesagt. Auf ein Zeichen des ersten Bootes ändert sich die Formation. Die Kameraden vorne müssen gesichert werden. Die Letzten sichern nach hinten. Da, ganz schwach das grüne Zeichen. Bestätigung und los. Natürlich nur ein Boot! Die anderen warten in sicherer Entfernung und vom Strand aus unsichtbar, die Waffen im Anschlag. Nach einigen Minuten wieder das grüne Licht. Scheint alles in Ordnung zu sein. Sie nähern sich dem Strand. Der hintere Mann paddelt vorsichtig, während der vordere mit der Waffe im Anschlag sichert. Am Strand nimmt einer Verbindung auf, der andere überwacht. Erst danach wird der restliche Trupp nachgeholt. Im Nahbereich wird wieder in alle Richtungen gesichert. Der V-Mann räumt zwar eine gewisse Sicherheit ein, doch das könnte sich jederzeit ändern. Die Kajaks liegen so im Wasser, dass sie jederzeit wieder ablegen können. Der V–Mann zeigt ihnen ein Versteck für sich und die Boote. Während einige die Boote tarnen besprechen Gruppenführer und V–Mann alles Weitere. Mittwoch Nacht sollen sie einen bestimmten Hafen angreifen, wobei jeder Rotte ein Ziel zugewiesen wird. »Laut Informationen der Aufklärung ist der Hafen normal gesichert. Alles Dickschiffe, also ein kleiner Flottenverband. Richten sie so viel wie möglich Schaden an. Sie bekommen jetzt alle erkundeten Infos, die sie benötigen. Wir hoffen, Sie nach erfolgreichem Einsatz bei Koordinate XY zu sehen. Dort werden sie wieder einen V–Mann treffen. Kennwort ist das Datum des Tages als ganze Zahl, also Übermorgen. Der V-Mann wartet bis morgens 06:00 Uhr. Nicht länger. Viel Glück.« Der V-Mann verschwindet in der Dunkelheit. Die Jungs haben inzwischen alles eingetarnt und die verräterischen Spuren am Strand verwischt. Der Gruppenführer informiert seine Kameraden. Gemeinsam arbeiten sie einen Angriffsplan aus. Der anhaltende Schneefall verhilft zu einer perfekten Tarnung. Sie müssen den ganzen Tag hier verbringen. Die Wache wechselt stündlich. Nachts können sie sich etwas im Versteck bewegen. Tagsüber müssen sie sich flach hinlegen und diszipliniert verhalten. Sie können nicht vor Einbruch der Dunkelheit los. Eine Zeitverzögerung können sie sich aber andererseits auch nicht erlauben. Das Zielobjekt liegt 20 km entfernt. Sie müssen spätestens um 17:00 Uhr ins Wasser, um an die vier Stunden zu paddeln um dann in sicherer Entfernung vom Objekt an einer Boje festzumachen oder zu ankern. Vier Rotten werden angreifen. Eine Rotte bleibt zur Sicherung bei den Booten. Wer zurückbleibt, wird morgen ausgelost. Nur mit dem Nötigsten ausgestattet (Isomatte, Schlafsack, Poncho), den Waffen und einer Kleinigkeit zu essen, liegen sie im Versteck. Der Rest der Ausrüstung befindet sich griffbereit in den Kajaks. Der folgende Tag wird zum Ausschlafen und für Vorbereitungen genutzt. Die Ausrüstung wird überprüft. Die eingeteilte Wache sucht mit dem Fernglas immer wieder die Gegend ab. Weit und breit ist niemand zu sehen. Das Versteck ist von außen nicht einsehbar. Jene, die während des Einsatz als Sicherer am Versteck zurückbleiben, werden ausgelost. Die beiden sind nicht gerade erfreut. Stundenlang auf die Kameraden warten und sich sonst was abfrieren ist nicht gerade das, was sie sich vorgestellt haben. Doch es geht nicht anders. Sie haben jetzt nur noch ein Problem: Falls die Schiffe nicht an einer Pier liegen sondern im Hafenbecken ankern, müssen sie erst einmal gesucht werden. Das kostet Zeit. Der Gruppenführer, sein Stellvertreter und der Nahsicherer »brüten« über einer angefertigten Skizze und der Karte, um die beste Annäherungstaktik herauszufinden. Sie können nicht die kürzeste Strecke wählen. Der längere Weg ist zwar zeitaufwändiger, aber sicherer. Vor allem

Die *Unterwasser-Haftladung* – im Bild eine scharfe »Bombe« - wiegt etwa 30 kg. Sie wird von den Kampfschwimmern auf dem Rücken zum Objekt transportiert und an den empfindlichen Stellen eines Schiffes oder eines anderen Objekts angebracht – mit »durchschlagender Wirkung«.

paddeln: Wenn sie ins Schwitzen kommen, lässt sich nachher das Neopren nur schlecht überziehen. Ab und zu stoppen sie auf. Sie sind gut in der Zeit und können sich schon mal ein Päuschen leisten. Auch die langsam einschlafenden Beine kann man dabei etwas bewegen. Der Führer sucht mit einem Nachtsichtgerät den Horizont und die Küste ab. Gegen 21:00 Uhr taucht nordwestlich vor ihnen die Pier des Zielobjektes auf. Vom Gruppenführer kommt das Zeichen zum Stoppen. Er erkundet einen Platz zum Festmachen oder Ankern. Dann legt der Kampftrupp die Kajaks nebeneinander ins »Päckchen«. Die beiden Sicherer helfen den Kameraden so gut es geht beim Umziehen, indem sie das Gleichgewicht halten. Es ist eine Kunst, sich im Kajak umzuziehen und auf einen Taucheinsatz vorzubereiten. Alles läuft lautlos und zügig ab. Nach einer halben Stunde sind die Taucher fertig und gleiten geräuschlos ins eiskalte Wasser. Nun entlüften sie den Anzug, um sich auszutarieren. Dabei dringt Wasser zwischen Neopren und Haut – ein Gefühl, als ob Eiszapfen eingeschoben werden. Ignorieren ist das einzige Gegenmittel. Erst im Wasser können sie unter gegenseitiger Hilfeleistung die schweren Unterwassersprengladungen, die »Bomben«, anlegen. Letztmals wird die Uhrzeit verglichen, dann gibt der Gruppenführer das Klarzeichen. Die Schwimmer bestätigen und tauchen lautlos ab. Unter Wasser überprüfen sich die einzelnen Rotten nochmals. Dann verschwinden sie, ihrem Kompasskurs folgend, in den Tiefen der Ostsee.

21:50 Uhr. Vier bis fünf Stunden werden die Kampftrupps nun unterwegs sein. Die Sicherer haben nun vor allem mit der Langeweile und der Kälte zu kämpfen. Doch die Aufmerksamkeit darf nie nachlassen. Sie wären jetzt lieber mit den Kameraden im Wasser als sich hier den Hintern abzufrieren. Eines ist sicher: Sie werden sich beim nächsten Einsatz rechtzeitig freiwillig melden. Bloß nicht wieder warten müssen.

Die Rotten sind im Schlagschatten der Mole angekommen. Sie sind wieder gut in der Zeit. Vorsichtig tauchen sie um den Molenkopf herum. Sie sind nicht sehr tief. Zwischen der Wasseroberfläche und der vorkragenden Piermauer sind gut 50 cm Platz. Dort taucht der Rottenchef auf, um sich zu orientieren. Es ist so finster, dass sie an der rauen, welligen Oberfläche schwimmen könnten.

können sie auf dem Hinweg vor Ort Aufklärung betreiben. Sie haben sozusagen den ganzen Hafen vor sich und können sich auf eine eventuelle Umdisponierung einstellen. Der Gruppenführer spricht alles mit den Männern durch und teilt die Rotten ein. Nun hauen sich die Jungs erst einmal aufs Ohr. Der Posten wird sie rechtzeitig wecken.

Zur befohlenen Zeit geht es an die Boote. Da der Strand steinig ist, müssen sie die Kajaks tragen. Gar nicht so einfach bei dem Gewicht; alleine die »Bomben« und die Kreislaufgeräte wiegen 60 kg pro Boot. Es ist immer wieder erstaunlich, was im Bauch der Kajak alles Platz findet. Als alle klar sind, gibt der Anführer das Startkommando. Langsam rudern sie los. Sie dürfen nicht zu schnell

Fünf Meter weiter Richtung Hafenmitte lässt sich schon nichts mehr erkennen. Nun weiter zum nächsten Punkt. Sie müssen diagonal durch den Vorhafen. Mit etwas Glück können sie von dort ihre Ziele erkennen. Vorsicht ist geboten: Falls Schraubengeräusche ertönen, müssen sie so tief als nur möglich runter. Doch nichts tut sich. Totenstille. Am nächsten Punkt angekommen, taucht der Rottenchef wieder im Schlagschatten einer Pier auf, völlig unsichtbar für mögliche Posten. Er macht mehrere Schiffe aus, darunter zwei Fregatten. Doch wo sind die andern? Zwei Zerstörer müssen auch noch irgendwo liegen. Aus diesem Winkel kann man nichts mehr erkennen. Also wieder runter und weiter vorarbeiten. Das ist hier an der Pier einfach. Doch jetzt kommt das Gefühl ins Spiel. Nach kurzer Zeit geht es wieder hoch, um die Lage neu zu peilen. Immer noch nichts. Immer im Schlagschatten bleibend, arbeitet sich die Rotte vorsichtig weiter und verharrt plötzlich. Das da vorne sind doch Kameraden? Schwimmtaucher können es wohl nicht sein. Die hätten sie hören

müssen. Ihre Lungenautomaten verraten sie immer. Außerdem, auf dieser Seite des Hafens ist mit keinem Gegner zu rechnen. Die Jungs da vorne tauchen auch auf, d.h. einer der beiden. An den Kreislaufgeräten und den Bomben erkennen sie die Rotte. Beide Rottenführer halten Ausschau. Passt! Genau gegenüber liegen alle Zielobjekte. Die Rottenchefs blicken auf die Uhr: Genügend Zeit. Sie werden nun quer durch den Hafen »ihre« Ziele antauchen und die Ladungen anbringen. Nun, da sie die Objekte greifbar vor sich haben, sind alle »heiß« auf den Einsatz. Jetzt bloß keine Unvorsichtigkeit! Posten drehen ihre Runden auf den Schiffen und auf der Pier. Es ist vor Mitternacht und die Wachen vermutlich noch recht aufmerksam. Die Rotten gehen auf sichere Tiefe und schwimmen zügig an die Pier neben den Objekten. Die Schiffe lassen sich anhand ihrer Nummern am Bug unterscheiden. So ist gewährleistet, dass jedes Schiff seine Ladung bekommt. Das Durchtauchen bis zum Heck ist geschenkt. Nun werden die »Bomben« an günstigen Stellen angebracht

**Schattenmänner: Ein Aufklärungstrupp (nicht getarnt) beobachtet aus der Deckung heraus.**

und gesichert. Erleichtert von ihren Lasten können die Taucher nun den Rückweg antreten; ganz ruhig, um Sauerstoff zu sparen. Bis jetzt war alles spielend einfach. Für den Rückweg wählen sie eine kürzere Route. Länger als unbedingt nötig möchte niemand im »feindlichen« Hafen bleiben. Die Stille in nächtlichen Häfen erstaunt immer wieder. Kein Boot und kein Schiff bewegt sich, als ob alle schliefen. Vielleicht erwarten sie den Angriff erst später? Oder sie ahnen überhaupt nichts. Egal. Hauptsache, alle Kampfschwimmer kommen ungesehen zu den Kajaks zurück. Außerhalb des Hafens, in sicherer Entfernung tauchen die Männer auf, um sich neu zu orientieren. Die vielen Navigationsübungen zeitigen nun ihre Früchte: Die Rotten finden sicher und punktgenau zu den Kajaks zurück. Die Kameraden sitzen, Statuen gleich, wie festgefroren in den Booten. Sie hören die Rotten erst, als einer das Kennwort flüstert. Das Einsteigen in die Kajaks vollzieht sich mit den gleichen Techniken wie das Zuwassergehen. Die Taucher behalten allerdings das Neopren an, denn

der nächste Treffpunkt mit einem Agenten ist nur einige Kilometer entfernt. Sie werden früher als geplant dort sein und genügend Zeit haben, sich in Ruhe umzuziehen.

02:00 Uhr früh. Der Himmel ist immer noch bedeckt und gibt den Trupps gute Deckung. Sie sind gerade dabei, sich warm zu paddeln als hinter ihnen im Hafen Geräusche ertönen und Lichter aufflackern. Verzerrte Stimmen dringen aus Lautsprechern. Wasser überträgt nachts den Schall sehr deutlich. Lautlos und unbeeindruckt verschwinden sie in der Dunkelheit. Die gewohnte Sucharbeit mit dem Restlichtverstärker beginnt: Es gilt eine geeignete Stelle zum Anlanden zu finden.

03:00 Uhr. Noch sind einige Stunden Zeit. Wieder lässt der Gruppenführer die Trupps halten und sichern. Langsam rudert die erste Rotte ans Ufer. Während der Nahsicherer zum Erkunden aussteigt und ein Versteck sucht, sichert der Führer. Kein geeigneter Platz. Er schleicht die kurze Steilküste hinan. Vielleicht eignet sich das Hinterland

**Ein Kampfschwimmer sichert das Vorgehen seiner Kameraden aus dem Wasser mit MP 5.**

besser zum Verstecken? Ein paar Hütten, einige Bäume und ein paar eingewinterte Ruderboote sind zu erkennen. Der Nahsicherer meldet seine Beobachtung und der Gruppenführer holt die Rotten heran. Sie liegen so nah beieinander, dass jeder die geflüsterten Befehle hören kann: »Die Gruppe geht wie gewohnt in Deckung. Ich gehe mit dem Nahsicherer los. Wenn ich in 20 Minuten nicht zurück bin, übernimmt der Stellvertreter. Uhrzeitvergleich. Kennwort bleibt.« Langsam wird es für die Jungs im Neopren frisch. Nach einiger Zeit blinkt das grüne Licht auf. Der Gruppenführer kommt zurück: »Wir haben ein Versteck gefunden. Kajaks aufnehmen und folgen. Es sind rund 200 m.« Der Kampftrupp schultert die schweren Kajaks und folgt in den Neoprenfüßlingen mühsam der ersten Rotte über den steinigen Strand. Nach 50 m erreichen sie schweißgebadet einen Feldweg, der an einer kleinen Hütte vorbeiführt. Dahinter verläuft ein schmaler Kanal; gerade so breit, dass ein Kajak hineinpasst. Ein ausgezeichnetes Versteck. Die Kajaks findet hier niemand. Und in dem flachen Buschgelände können sich die Männer selbst gut verstecken. »Eintarnen und Umziehen!«, befiehlt der Gruppenführer. »Wir warten hier auf den Agenten. Der Treffpunkt ist laut Koordinatenangaben nur einige Meter von hier.« Todmüde ziehen sich die Männer ins Versteck zurück, zwei übernehmen die erste Wache. Kurz nachdem sie Stellung bezogen haben, hören sie Geräusche: Der Agent, ein Jäger oder Fischer? Im schlimmsten Fall ein Suchtrupp! Erst mal ruhig abwarten. Es ist 05:30 Uhr. Es kann eigentlich nur der Agent sein. Leise wird der Gruppenführer geweckt. »In Ordnung, ich gehe mit dem Nahsicherer zum Treffpunkt. Sollten wir in 15 Minuten nicht zurück sein, schlagt ihr euch zur Einheit durch.« Die beiden schleichen auf einem Umweg zum Treffpunkt. Während der Gruppenführer Verbindung aufzunehmen versucht, bleibt der Nahsicherer in sicherer Entfernung und überwacht das Geschehen mit der Maschinenpistole im Anschlag. Der Agent gibt sich mit dem Kennwort zu erkennen. Absolut unsichtbar im Schatten eines aufgebockten Bootes liegt er, keine zwei Meter vom Gruppenführer entfernt. Nach einem kurzen Bericht über den Ablauf der letzten Nacht erzählt der Agent, dass der Hafen um 01:50 Uhr telefonisch über einen mögli-

chen Angriff in Kenntnis gesetzt wurde. Weiter wird nichts besprochen. Der V–Mann übergibt einen Zettel und verschwindet. Darauf finden sich eine Koordinate und der Auftrag, Boote und Kreislaufgeräte vor Ort zurückzulassen. Laut Karte ist der nächste Punkt 6 km entfernt. Das Problem ist ein Gewässer, das überwunden werden muss. In eineinhalb Stunden können sie am Gewässer sein. Dann würde es auch wieder hell werden. Sie müssten dort wieder ein Versteck beziehen und die Nacht abwarten. Es bringt nichts, lange zu überlegen. Sie müssen los. Es ist taktisch sicher besser, vor Ort einen Übergang zu suchen. Eigentlich sind sie alle todmüde, doch beim Marschieren schläft man nicht ein. Im nächsten Versteck können sie ja wieder in die »Röhre« kriechen. Sie benutzen abgelegene Wege und springen in Deckung, sobald in der Ferne ein Autoscheinwerfer aufblitzt. Dann geht es querbeet durchs Gelände. Sie kommen gut voran, da die Felder gefroren sind. Nach eineinhalb Stunden sind sie vor Ort, zum optimalen Zeitpunkt: Sie können aus einem sicheren Versteck heraus den besten Platz für ein Durchqueren auskundschaften. Der Weg zum Wasser – etwa 100 m – wird festgelegt. Im Versteck überprüfen die Männer Ausrüstung und Waffen und genehmigen sich ihre Einsatzverpflegung. EPA schmeckt – allen Unkenrufen zum Trotz – übrigens köstlich, sofern man sie zuzubereiten weiß.

Um 20:00 Uhr sollen sie drüben, auf der anderen Seite wieder einen Agenten treffen. Für den rund 100 m breiten Kanal benötigen sie mit Ausrüstung und unter Einhaltung der Sicherheitsabstände etwa 30 Minuten. Plus 30 Minuten fürs Umziehen. Drüben wieder sichern und die gleiche Prozedur ebenfalls 30 Minuten. Kurz nach 18:00 Uhr müssen sie los, kalkuliert der Chef. Doch nun haben die Männer erst einmal Zeit für eine Mütze voll Schlaf – mit Ausnahme der Wache natürlich. Als sie wieder geweckt werden, kommt es ihnen vor, erst vor wenigen Minuten eingeschlafen zu sein. Da es finster ist, können sie sich nun aufrecht bewegen. Der Nahsicherer überprüft nochmals den Weg zum Wasser. Nach fünf Minuten folgt der Rest. Am Ufer hat sich Eis gebildet. Gut das es dunkel ist. Am Tage gäbe es eine verräterische Spur. Sie rutschen mit der ganzen Ausrüstung auf dem Bauch bis zum Wasser. Irgendwann brechen sie ein. Den wasserdichten Rucksack schieben sie

als Deckung vor sich her. Nur noch der Kopf, die Hände und die MP auf dem Rucksack sind zu sehen. Hintereinander, immer unter gegenseitiger Sicherung und in gebührenden Abstand, schwimmen sie zum gegenüberliegenden Ufer. Der Letzte hat es am schwierigsten, da er auf dem Rücken, mit Blick zurück schwimmen muss, um die Gruppe nach hinten abzusichern. Der Nahsicherer ist inzwischen am anderen Ufer, d. h. an der Eisgrenze angekommen. Da er das Ufer ohne Verursachung von Geräuschen nicht erklimmen kann, wartet er auf den Gruppenführer. »Ich tauche unter das Eis und versuche, es nach oben zu durchbrechen«, flüstert er diesem zu. Der Nahsicherer lässt sich absacken und fühlt sofort Boden unter den Füßen. Er könnte stehen, wenn das Eis über ihm nicht wäre. Die beißende Kälte schmerzt im Gesicht. Doch dies registriert er nur wenige Sekunden. Es ist keine Zeit für »Einzelschicksale«. Er presst die Füße gegen den Grund und die Schultern gegen das Eis. Langsam drückt er sich nach oben und bricht leise krachend durch. Er war nur 30 oder 40 Sekunden unter Wasser und ist außer

Durch das Eis, den wasserdichten Rucksack als Deckung vor sich her schiebend…

Atem. Kälte und Anstrengung kosten eben Sauerstoff. Zweimal noch spielt er den Eisbrecher, dann schlüpfen alle problem- und geräuschlos an Land. Wieder beginnt die übliche Suche nach einem Versteck zum Umziehen. Wie vorhin vom Gruppenführer errechnet, sind sie zu gegebener Zeit fertig und tarnen sich wieder ein. Auf die Sekunde genau, um 20:00 Uhr steht plötzlich – wie aus dem Nichts kommend – der Agent an einem Baum in der Nähe. Wieder hat er sich getarnt und die Männer beobachtet. Der nächste Auftrag erfolgt mündlich: »Etwa 2 km von hier, Richtung Süd–West, liegen zwei bewachte Schlauchboote am Ufer. Schalten sie lautlos die Posten aus und fahren sie mit den Booten bis Koordinate X. Dort ist der nächste Agent. Die Posten nehmen sie mit . Lebend! Vergessen sie nicht: Sie befinden sich mitten in feindbesetztem Gebiet. Man darf die Posten auf keinen Fall finden. Der Agent ist nur bis morgen Früh 06:00 Uhr an der Stelle. Teilen sie jetzt einen neuen Gruppenführer und einen neuen Nahsicherer ein.«

Gesagt, getan. Die Gruppe marschiert los, durchgefroren und hungrig. 2 km ist nicht weit. Sie müssen trotzdem taktisch richtig vorgehen. Der Nahsicherer ist gefordert. Kartenlesen. Umgang mit dem Kompass. Horchhalte. Kurze Erkundungen. Gefühl und Instinkt ist gefordert. Nicht jeder hat das Zeug zum Nahsicherer. Dieser Späher-Typ kristallisiert sich meist erst im Laufe der Zeit heraus. Jederzeit könnten sie in einen Hinterhalt geraten. Konzentration ist angesagt. Den auf der Karte eingezeichneten kleinen See umgehen sie und bewegen sich weiter in der Nähe des Flusses Richtung Süd–West, jede Deckung nutzend. Nach eineinhalb Kilometer lässt der Gruppenführer halten und ein so genanntes Nahversteck beziehen. Hier wird, sollte ein Handstreich oder Überfall notwendig sein, jedes überflüssige Gepäck abgelegt und versteckt. Je nach Mannstärke und Art des Einsatzes kann man eine Wache zurücklassen oder auch nicht. Die beiden Sicherer vom Hafenangriff melden sofort ihre »Ansprüche« an, die auch berücksichtigt werden. Der Nahsicherer und sein Chef brechen erst mal zu einer Erkundung auf. Der Rest sichert. Bevor sie losziehen, wird ein neues Kennwort bestimmt. Sie müssen vorsichtig sein. Es könnten Posten in der Gegend umherschleichen. Unter Nutzung jeder Deckung arbeiten sie sich vor. Nach etwa 20 Minuten erkennen sie den Bug eines Bootes. Der Rest steckt unter tief hängenden Ästen im Schilf. Sie müssen noch näher ran. Noch ist kein Posten sichtbar. Ein Trampelpfad geht einen Meter neben dem Wasser in Richtung Boote. 20 Meter noch. Erst mal anhalten. Sie gehen in einer günstigen Position, einer links der andere rechts vom Weg in Deckung. Die Posten sind jetzt sichtbar. Beide sitzen nebeneinander in einem Schlauchboot und unterhalten sich. Die Männer haben gelernt, Posten zu überwältigen. Lautlos und endgültig. Doch diese beiden sollen sie ja lebend mitnehmen. Das ist umständlicher. Aber aus der Situation erkennen sie, dass höchstens vier Mann den Handstreich durchführen können. Es ist einfach zu eng. Nach einigen Minuten der Beobachtung schleichen sie zurück. Jeweils zwei Mann werden einen Posten übernehmen. Im Nahversteck informieren sie die Gruppe. Die beiden Freiwilligen, der Nahsicherer und der Gruppenführer werden die Posten überwältigen. Auf einer Skizze zeichnet der TF die Lage. Alle werden zu bestimmten Aufgaben eingeteilt. Alles muss schnell und professionell ablaufen; in höchstens zwei Minuten. Dann wollen sie mit den Booten im Fahrwasser und außer Sichtweite sein. Der Rest der Gruppe muss die Ausrüstung der vier Nahkämpfer mit übernehmen und »Tuchfühlung« halten, um schnell vor Ort zu sein. Das Sichern nach hinten nicht zu vergessen, der unliebsamen Überraschungen wegen. Und dann dieser schmale Pfad... Ein In-die-Büsche-Schlagen würde sie verraten. Jeder wiederholt seinen Part. Je ein Mann macht die Boote klar, vier schaffen die Gefangenen in die Boote. Zwei stoßen die Boote ab und zwei sichern die beiden Zugänge.

Dann geht es los. Das Überfallkommando vorneweg, Plastikhandfesseln griffbereit und die MP auf dem Rücken. Die Taschentücher zum Knebeln präpariert und bereitgesteckt. Es könnte sein, dass die Posten ihren Standort gewechselt haben. Man wird sehen. Und tatsächlich – die Wachen stehen woanders – und günstiger. Ein kurzes gegenseitiges Zunicken reicht. Sie werden es mit den Tüchern machen. Angeblich ein alter Partisanentrick. Oder bei *Kali Yug* oder Edgar Wallace (»Das Indische Halstuch«) abgeckuckt. Aber sehr wirksam und bei einem »endgültigen« Auftrag

**Schleppen von Zodiac-Schlauchbooten kann zur Schwerstarbeit ausarten.**

absolut tödlich: Die Angreifer nähern sich den Ahnungslosen von hinten, schlingen ihnen die Tücher um die Hälse, drehen sich selbst blitzschnell um und heben die Posten mittels eines Schulterwurfs aus. Die Opfer werden gewürgt und sind geschockt. Absolut unfähig zur Gegenwehr. Leisteten sie Widerstand, bräuchte man nur ruckartig an beiden Tuchenden reißen und die Jungs wären mit eingedrücktem Kehlkopf »Geschichte«. Die Greifer übernehmen das Fesseln und Knebeln. Der Rest der Gruppe schnappt sich die Boote. Alles läuft wie geschmiert. Nach zwei Minuten rudern sie im Fahrwasser Richtung Süd–West. Die Fahrer haben beim Handstreich die Spritkanister gecheckt und überprüfen jetzt die Benzinleitung. Viel Sprit werden sie sowieso nicht brauchen. Sie müssen höchstens 15 km fahren. Aber in Schleichfahrt. Auch in den Booten muss unbedingt Disziplin herrschen. Alle außer den Fahrern liegen, gegen Sicht gedeckt, flach im Rumpf. Beim Durchsuchen der Posten fanden sie auch noch etwas Verpflegung. Sie werden es nachher teilen. Aber der spätere Anlan-

Das Schilf bietet hervorragende Deckung, doch der morastige Boden macht mit dem schweren Boot jeden Schritt zur Qual.

depunkt wird nicht leicht zu finden sein. Sie fahren langsam am südwestlichen Ufer entlang. An einer kleinen Landzunge, ungefähr einen Kilometer vor dem Punkt, lässt der Gruppenführer anlegen und sichern. Er und der Nahsicherer gehen wieder einmal auf Erkundung los. Denn das ist im Ernstfall die Lebensversicherung. Jeden Knick und jeden Strauch nutzen sie aus, um ungesehen den Treffpunkt zu erreichen. Es ist gerade mal halb drei Uhr morgens. Also noch genügend Zeit. Doch wer weiß, was noch alles auf sie wartet.

Zurück bei der Gruppe geht die Suche nach einem geeigneten Versteck los. Diesmal kein leichtes Unterfangen, mit den beiden Booten und den Gefangenen. Das Wasser ist knietief und ringsum ein Meer von Schilf. 50 m ostwärts Landestelle finden sie einen Tümpel mit einem kleinen Zulauf zum Fluss. Hier ist die einzige Möglichkeit, um die Boote zu verstecken. Doch das bedeutet Schwerarbeit. Sie müssen die Boote durch Morast und über gefrorenen Boden zum Tümpel schleifen, was nur unter gemeinsamer Anstrengung klappt, und dann im Tümpel verstecken. Zu diesem Behufe müssen sich die Männer wieder in das teilweise gefrorene Neopren zwängen. Zwei Mann bleibt dieses Schicksal erspart – sie sichern und bewachen zugleich die Gefangenen.

Beim Geländefahren auf dem Truppenübungsplatz Putlos.

Kurz vor 05:00 Uhr verkriechen sie sich ins Versteck, das der Späher entdeckte. Die Jungs sind ziemlich fertig. Der Hunger nagt im Gedärm und das bisschen Kaltverpflegung, das sie den Posten abnahmen, passt in einen hohlen Zahn.

Gruppenführer und Späher schleichen wieder los zum Treffpunkt. In 30 Minuten ist es 06:00 Uhr. Da brummt doch ein Lkw – sie springen in Deckung. Die Scheinwerfer streichen über die Lichtung, als der Fünftonner wendet und hält. Zwei Soldaten steigen aus. Punkt 06:00 Uhr. Der Gruppenführer beobachtet die beiden noch etwas. Dann ruft er sie an – die MP im Anschlag. Die Bestätigung folgt. Während der Nahsicherer weiter sichert, erteilt der Gruppenführer den geforderten Lagebericht. »In Ordnung«, meint der Agent. »Lassen Sie die Gefangenen hierher bringen. Wir übernehmen die beiden. Dann schicken Sie zwei Mann los, um einen Weg zu den Schlauchbooten zu erkunden. Der Lkw muss so nah wie möglich an die Boote, die Sie verladen. Wir warten hier. Ausführung!« Der TF kehrt mit seinem Späher zur Gruppe zurück und erläutert den Auftrag.

Sie montieren die Motoren ab und zerlegen die Boote komplett (auch das gehört zur Ausbildung der Kampfschwimmer), um sie heben und verladen zu können.

Danach baut sich der »Agent« vor den angetretenen Männer auf. Es ist der Ausbildungsleiter, der einige dürre Worte fallen lässt: »Wir haben Sie den größten Teil dieser Woche sehr genau beobachtet. Was wir gesehen haben, war positiv. Sie sind nun auf die nächsten Lehrgänge und Abläufe gut vorbereitet. Verladen sie ihre persönliche Ausrüstung und sitzen sie auf. Die Übung ist beendet.«

Die Anspannung weicht von den Männern wie Luft aus einem durchschossenen Reifen. Müdigkeit bis zum Umfallen stellt sich ein. Das wars!

*

Die nächsten beiden Monate verbringen die angehenden Kampfschwimmer an der Luftlande-/Lufttransportschule des Heeres in Schongau-Altenstadt in Oberbayern, wo sie am Fallschirmspringerlehrgang und am Einzelkämpferlehrgang aller Truppen teilnehmen. Der EK–Lehrgang erfordert nochmals körperliche Leistung, während der Springerlehrgang (Automatenlehrgang) eher

**Beim »Eisenbiegen« im Kraftraum.**

eine Nervenprobe darstellt. Für die jungen Marinesoldaten eher ungewohnt ist der streng-militärische Ton an der Heeresschule. Der Verfasser und andere Kampfschwimmer waren jedenfalls froh, diese unangenehme Stätte nach acht Wochen wieder verlassen zu können. Weiter soll hier auf diese Ausbildungsabschnitte nicht eingegangen werden, da andere Werke schon genug darüber berichteten.

Am Ende des ersten Quartals – die Schüler sind mit Recht stolz auf ihre bestandenen Lehrgänge und im Besitz des Einzelkämpferabzeichens und des bronzenen Springerabzeichens – beginnt der letzte Abschnitt der einjährigen KS-Ausbildung. Sie erwerben die Führerscheine für Pkw und Lkw sowie den V–Bootsschein (Motorbootschein) und besuchen den Sprenghelferlehrgang der Marine. Der vierwöchige Kurs zum Erwerb des Bootsscheins, bei Weitem umfangreicher als jede zivile Bootsausbildung, teilt sich (wer hätte es gedacht?) in einen theoretischen und einen praktischen Teil. Vormittags unterrichten die Ausbilder Navigation, Sicherheitsbestimmungen, Lichterführung, Motorenkunde und Seemannschaft. Nachmittags setzen die Schüler das Ganze im Hafen und in der Eckernförder Bucht auf einem V–Boot (Versorgungs- oder Verbringungsboot) in die Praxis um. Auch Seemannschaft und Knotenkunde zählen zu den Prüfungsthemen. Die Schüler erhalten eine umfassende Einweisung in alle Wasserfahrzeuge der Kompanie und müssen außer der theoretischen auch die Fahrprüfung ablegen. Es versteht sich von selbst, dass sich während des gesamten Lehrganges Lauf- und Krafttraining

und natürlich Schwimmen jeden Tag auf dem Dienstplan finden.

Während des zweiwöchigen *Sprenghelferlehrgangs* lernen die Schüler Grundkenntnisse des Sprengens über und unter Wasser: Die verschiedenen Ladungsarten, Zünd- und Sprengmittel und deren Anbringungsarten und Wirkung auf Holz und Metall werden in der ersten Woche vormittags gepaukt und nachmittags auf einem Übungsplatz in die Praxis umgesetzt. Den Schwerpunkt der zweiten Ausbildungswoche bildet das Unterwassersprengen, das nicht nur höchste Konzentration erfordert, sondern auch wesentlich spannender – aber auch komplizierter – in der Durchführung als das Sprengen an Land ist. Die täglichen Ausfahrten mit dem Schulboot, der altbekannten LANGEOOG, führen Ausbilder und Schüler in das Sperrgebiet in der Ostsee. Da man unter Wasser keine Ladungen fertig machen kann, muss alles auf dem Schiff vorbereitet werden um anschließend sehr sorgfältig – Spreng und Zündmittel getrennt – in ein Schlauchboot verlagert zu werden. Dieses bringt Schüler und Sprengleiter (Ausbilder) über die Objekte, die sich in verschiedenen Tiefen finden. Die Ladung übernimmt der Schüler vom Einsatzleiter, sobald er im Wasser ist und befördert sie dann mit integrierter (scharfer) elektrischer Sprengkapsel nach unten ans Objekt. Die Anbringung unter Wasser, z.B. an einem UBoot, überwacht der Ausbilder peinlich genau. Nach der Anbringung wird die Ladung vom Schüler nochmals kontrolliert. Auf ein Zeichen des Ausbilders tauchen die Männer wieder nach oben und steigen ins Boot. Sie kontrollieren das elektrische Sprengkabel und spulen es sorgfältig von der Trommel. In sicherer Entfernung wird das Kabel mit der Zündmaschine verbunden und das akustische Sprengsignal gegeben. Zündung!!! Nach erfolgter Detonation tauchen die Männer nach unten und betrachten ihren Erfolg. Nach der zweiwöchigen Praxis ist der Schüler im Umgang mit dem Sprengstoff sicher. Mehr Erfahrung wird er demnächst im Einsatz auf Truppenübungsplätzen und im Ausland bei befreundeten Einheiten bekommen. Dort unterliegt das Sprengen auch nicht den strengen Bestimmungen der Bundeswehr-Sicherheitsbestimmungen. Mit anderen Worten: Man kann a) ziemlich wirklichkeitsnah arbeiten und es darf b) auch Spaß machen.

# Der »Fisch«

Der Verleihung des Kampfschwimmerabzeichens fiebern die Schüler nach Monaten voller »Blut, Schweiß und Tränen« mit nachvollziehbarem Lampenfieber entgegen. Die Zeremonie ist aber – im Unterschied zu anderen Einheiten – ziemlich schlicht und bescheiden. Der Kompaniechef setzt nach Absprache mit dem Ausbildungsleiter eine Musterung an, an der alle anwesenden Kampfschwimmer teilnehmen. Ob diese Zeremonie in Uniform oder in Neopren abläuft, ergibt sich aus der Situation. Der oder die Schüler – es gab schon Verleihungen an denen nur *ein* Schüler vor der Front stand – melden sich vom Ausbildungsleiter *ab* und beim Kompaniechef *an*. Er wird unmittelbar in einen Einsatzzug eingegliedert und versieht von nun an als aktiver Kampfschwimmer seinen Dienst. Von nun an herrscht ein anderer Wind. Nichts berechtigt diesen jungen Mann, sich

Der Sägefisch mit Fallschirm und Eichenlaub – das begehrte Kampfschwimmerabzeichen. Die Farbe des Eichenlaubkranzes gibt die Zahl der Fallschirmsprünge an (Bronze bis 19, Silber bis 49, Gold ab 50).

auf seinen »Lorbeeren« auszuruhen. Von der richtigen »Kampfschwimmerei« hat er noch nicht die geringste Ahnung und muss nun, um Erfahrung zu sammeln, bei den »Alten« und auf manchen

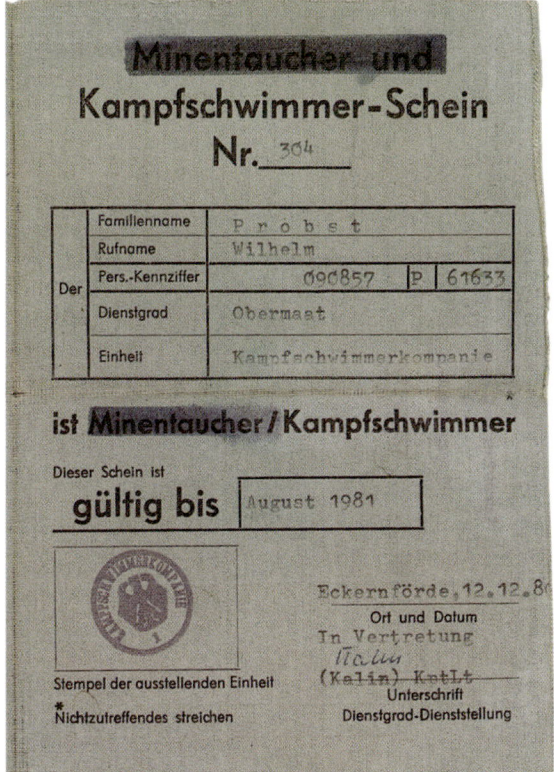

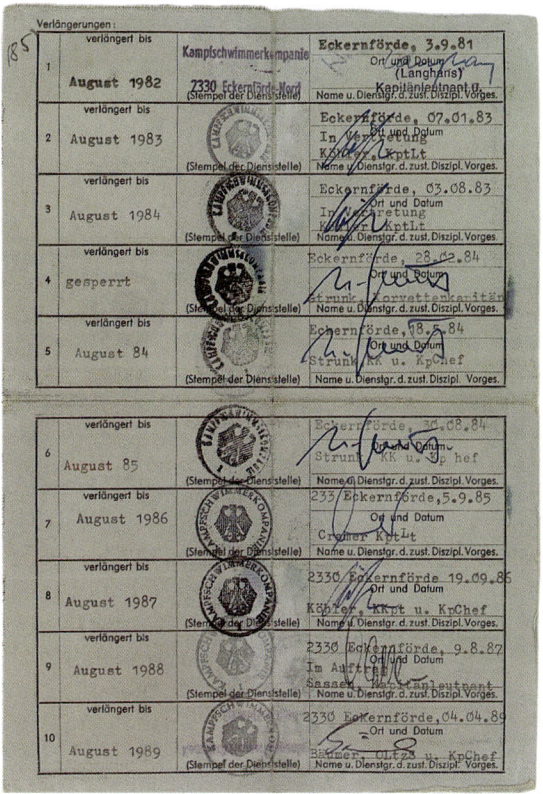

Original-Kampfschwimmerschein des Verfassers. Der Ausbildungsleiter überreicht dem frisch gebackenen Kampfschwimmer den Schein zusammen mit dem Abzeichen (das angeheftet wird). Der Kampfschwimmerschein wird nur jährlich verlängert, wobei der Inhaber vorher eine penible taucherärztliche Untersuchung im Schifffahrtsmedizinischen Institut bestehen muss.

Dezember 1980: Kapitänleutnant Fred Langhans gratuliert dem Verfasser zum Bestehen des Kampfschwimmer-Lehrgangs. Rechts die Ausbilder Manfred Trettow und K. H. Schulz.

Lehrgängen seine Hörner abstoßen. Je nach Länge der Verpflichtungszeit besteht die Möglichkeit, Laufbahnlehrgänge zu belegen, was aber auch nicht einfach ist weil die Kampfschwimmer ja zusammen mit den Minentauchern der Waffentauchergruppe unterstellt sind. Das heißt, die Kompanie kann nicht wie früher, als sie noch selbstständig war, mehrere hoffnungsvolle junge Männer fördern, sondern ist auf ein eng begrenztes Kontingent angewiesen. So kommt es ungerechterweise und zum Leidwesen der Kompanie vor, dass in manchen Jahren *kein einziger* Kampfschwimmer einen dieser Lehrgänge besuchen konnte.

Es vergehen in aller Regel ein bis zwei Jahre, bis ein junger Kampfschwimmer mit vielen – beileibe aber nicht allen – Wassern gewaschen ist. Liegt in diesem Zeitraum viel an, kommt er also z. B. in Kriegs- und Krisengebieten zum Einsatz, kann er

Einiges an wertvoller Erfahrung sammeln. Schon die Vorbereitungen auf solche Einsätze, die intern und extern ablaufen, sind sehr lehrreich. Dies gilt auch für das Training mit den amerikanischen SEALs oder vergleichbaren Einheiten anderer Staaten.

Doch zurück zur Verleihung des Goldenen Sägefisches. Natürlich ist Große Fete und Leichter Bieranzug angesagt. Die Feiern der Kampfschwimmerkompanie sind berühmt-berüchtigt und lassen – Gerüchten zufolge – keine Wünsche offen. So weit bekannt, hat aber bisher jeder Teilnehmer überlebt, auch wenn mancher Kopf nachher durch kein Torpedorohr mehr passte…

Manche Vorkommnisse, die sich schon vor Jahren oder Jahrzehnten in trautem Kreise zutrugen, machen auch heute noch die Runde, wenn sich Aktive und Veteranen am Stammtisch treffen und in alter Frische einen zur Brust nehmen.

Häuserkampflehrgang an der Kampftruppenschule Hammelburg im Rahmen des Zugführerlehrgangs. Die Kampfschwimmer Obermaat Peter Knipp (4. v.r., stehend) und Obermaat Willi Probst (4. v.l.) erhielten den Preis für die schnellste Zeit auf der Hindernisbahn und zeigten sich auch als die Besten im Häuserkampf. Die beiden setzten auf der Marineunteroffizierschule Plön neue Maßstäbe in der Infanteriegefechts-, Nahkampf- und Sportausbildung.

Auf der alten, leider nicht mehr intakten Hindernisbahn in der Plöner Fünf-Seen-Kaserne stellten sie 1981 zusammen mit der Bestzeit von 4:41 Minuten einen neuen Rekord auf. Als Knipp noch Bootsmannschüler war, unterstellte ihm einmal ein Ausbilder zu Unrecht, er hätte für den bevorstehenden Gepäcklauf nicht die vorgeschriebenen 10 kg im Rucksack. Knipp packte daraufhin zusätzlich eine 10-kg-Hantelscheibe ein. Knipp und Probst liefen die 3000 m im schweren Gelände gemeinsam und, um ihre enge Kameradschaft zu verdeutlichen, auch gemeinsam über die Ziellinie. Zeit: 13:10 Minuten. Fortan hießen sie bei den Ausbildern nur noch die »Siamesischen Zwillinge«. Misstrauensäußerungen bezüglich der Rucksacklasten kamen ab diesem Tag nicht mehr vor.

# Aus Dienst und Einsatz:
# Scharfschützenausbildung

Im Frühjahr 1982 beschloss die Kompanieführung, sechs gute Schützen auf einen Scharfschützenlehrgang des Heeres nach Todendorf zu entsenden. Es galt die KS vielseitiger zu machen und den Leistungsstand im Langwaffenschießen zu erhöhen. Für die Teilnehmer stellte sich wieder einmal das Problem der reibungslosen Zusammenarbeit. Kampfschwimmer mit der lockeren Auffassung und eine Heeresschule, die sehr auf Vorschriften achtete – wie sollte das gut gehen? Aber lassen wir einen Teilnehmer erzählen:

Wir fuhren also mit gemischten Gefühlen an einem Montagmorgen zum Jägerausbildungsbataillon nach Todendorf an der Ostsee. Ich kannte dieses »Nest« schon von früher. Im Rahmen des Zugführerlehrganges besuchte ich hier den Fliegerabwehrlehrgang. Kurz und gut: Der Ort hält, was sein Name verspricht. Nicht nur das Wetter ist zu dieser Jahreszeit meist ekelhaft, auch das »Lager«, so die interne Bezeichnung der Kaserne – macht den Eindruck eines Straflagers. Wir meldeten uns in der Führungsbaracke an. Leider während der so genannten NATO-Pause, was zur Folge hatte, dass sich der Spieß am Kaffee verschluckte und alle Mühe hatte, nicht loszubrüllen. Wahrscheinlich hielten ihn nur unsere Dienstgrade – Unteroffiziere mit Portepee – davor zurück. Als er an der Farbe unserer Rangabzeichen und dem Sägefisch sah, dass wir »die von der Marine« waren, nahm sein Puls wieder eine normale Schlagzahl an. Er teilte uns mit, dass sie uns bei einem Zug einer Marinesicherungskompanie, die hier gerade auf Lehrgang war, »einspleissen« wollen. Laut früherer Absprache sollte es ein interner Lehrgang nur für uns sechs werden. Wir berieten uns, ob wir da mitmachen oder ein-

fach wieder »nach Hause« fahren sollten. Wir kannten ja verschiedene Heereslehrgänge aus eigener Erfahrung und waren fast sicher, dass dies entgegen unseres Vorhabens ein 08/15-Lehrgang werden würde. Mit »Ein Schuss Einzelfeuer, Feuer frei« und ähnlichem Blödsinn. Dies wäre für uns ein Schritt zurück und ohne Sinn gewesen. Eine »riesengroße Scheiße« dachten wir alle. Es gab nur eine Möglichkeit, das Blatt zum Guten zu wenden: Wir mussten mit dem Chef dieses »Ladens« sprechen. Dem Spieß war nicht ganz wohl in seiner Haut, da er ja für die Personalsachen verantwortlich war. Wir bestanden aber beharrlich darauf, den Chef zu sprechen und schickten unseren »Häuptling«, das war damals der liebe Jochen Gerlach, zum Kommandeur. Er hat das gut geregelt, muss ich im Nachhinein sagen. Nach einem kurzen Gespräch wurden wir zum Schulkommandeur, Oberstleutnant Lueg, und seinem Stellvertreter, Hauptmann von Freienstein, gebeten. Irgendwie stimmte die Chemie von Anfang an. Diese beiden waren das Beste, was uns passieren konnte. Wir einigten uns auf einen Mittelweg, der sich nach und nach zu unserem Vorteil entwickeln und letztlich zu hervorragenden Schießleistungen führen sollte. Hauptmann von Freienstein war fast immer mit uns auf den Schießbahnen und brachte uns wertvolle Tricks bei. Er war ein prima Kamerad und ein Vorbild für uns. Wir konnten unsere Erfahrungen in die Ausbildung mit einfließen lassen und den Ablauf auch teilweise so gestalten, wie wir es von den SEALs kannten. Die Waffen, G 3 mit Zielfernrohr, schossen wir natürlich selbst an und behielten diese auch während des ganzen Lehrgangs. Wir spielten Rollenspiele ein und wechselten so oft es ging die Stel-

Ein Sicherungstrupp deckt die Anlandung von Kameraden am Strand. Er besteht aus einem Scharfschützen mit G 8 und zwei Sicherern mit G 3.
Foto: Michael Leibfritz

lungen. Wir arbeiteten paarweise und tarnten uns immer wieder neu ein. Auf den Schießbahnen ließen wir Zielschlitten bauen und stellten Lkw-Konvois auf, um diese nach Vorschrift zu bekämpfen. Von Freienstein strickte uns Übungen, die sehr anspruchsvoll waren und viel Spaß machten. Im Laufe der Zeit erzählte er uns von seiner Zeit vor der Bundeswehr. Er hatte in jungen Jahren bei einer elitären Truppe in der Fremde gedient und von dort seine Scharfschützenkenntnisse mitgebracht. Wir waren stolz, dass er diese an uns weitergab. In der dritten Woche bekämpften wir Mannziele auf Distanzen von 700 m, was uns vor diesem Lehrgang unmöglich erschien. Wir hatten nur Erfahrungen auf maximal 400 m gesammelt und dabei aber ganz brave Ergebnisse erbracht. Was darüber hinaus ging, erschien uns doch etwas übertrieben. Als sich hier neue Möglichkeiten auftaten, wollten wir es natürlich wissen.

Die tägliche Übung, unser Ehrgeiz und die fast unbegrenzt zur Verfügung gestellte Munition ließ uns richtig ungezwungen und locker werden.

Kein lästiger Stahlhelm oder eine unangebrachte Anzugsvorschrift hinderten uns in der Bewegungsfreiheit. Wir trugen unsere gemütlichen und vor allem der Gesundheit förderlichen Pudelmützen, die damals üblichen oliven Arbeitsanzüge, darunter unsere dezentral beschaffte Wärmeunterwäsche und die damals in Erprobung befindlichen Trekkingstiefel der Marke *adidas* statt des üblichen Bw-Schuhwerks. Zur Tarnung konnten wir amerikanische Ponchos und unsere kleinen Fleckentarnnetze einsetzen. Bei dem oft lang anhaltenden Regen setzten wir auch den amerikanischen Flecktarn-Poncho ein, da dieser einfach praktischer und vor allem leichter ist als der vom Bund gelieferte. Doch es war auch Geduldstraining. Die Annäherung an bestimmte Objekte dauerte oft Stunden. Immer wieder mussten wir uns neue Tarnmöglichkeiten einfallen lassen, um in eine bestimmte Stellung zu kommen. Dann in der Stellung auf den Zeitpunkt zu warten, um nur einen einzigen aber entscheidenden Schuss abzugeben und damit präzise zu treffen, war und ist

Präzisionsschießen mit dem PSG 1. Die Aufnahme entstand beim *Corpo de Fusileiros*, einer portugiesischen Spezialeinheit.

für jeden Scharfschützen die nächste Geduldsprobe. Von Freienstein war ein harter aber gerechter Lehrer und Kritiker. Er zeigte sich – wie wir selbst – von den Schießergebnissen beeindruckt und fragte, ob er uns nicht eine spezielle Übung ausarbeiten solle. Wir waren einverstanden. Logisch. Jetzt wollten wir auch wissen, was wir wirklich drauf hatten. Wir ließen Schleppziele bauen, konstruierten speziell für diese Übung Scheiben und bauten Lkws mit Fahrern. Einfach alles was nötig war, einen Konvoi durch das Gelände fahren zu lassen und diesen mit Erfolg bekämpfen zu können. Wir bereiteten Beobachtungsstellungen vor und tarnten diese und die Wechselstellungen ein. Sogar auf dem Weg, den die Fahrzeuge nehmen sollten, brachten wir kleine, nur für die Schützen sichtbare Fähnchen an, die uns den Wind anzeigten. 24 Stunden lang präparierten wir den Ort des Geschehens, immer unter den streng wachsamen Augen des Hauptmanns. Wir waren aufeinander eingespielt und funktionierten wie ein Uhrwerk. Wie gewohnt kontrollierten wir uns gegenseitig und überprüften die Tarnung. Wir gingen oft auf den gegenüber liegenden Hügeln in Stellung und

versuchten, die eigenen Stellungen mit dem Fernglas auszumachen. Es war nichts Verräterisches zu entdecken. Als der Hauptmann befahl, die Stellungen zu beziehen, begann die Geduldsprobe. Das Beziehen war leichter gesagt als getan, weil wir uns erst einmal an die Nester heranschleichen mussten. Auch das überwachte er. Aber wir kamen alle ungesehen in die Verstecke. Den genauen Zeitpunkt des Erscheinens der Lkw kannten wir nicht. Er ließ uns den Rest der Nacht schmoren. Früh morgens »rollten« sie an, was uns unser Späher über Funk mitteilte (der Hauptmann wusste davon nichts und war ziemlich überrascht von diesem taktischen Schachzug). Alle Schützen und Beobachter waren bereit. Jochen leitete das Unternehmen. Auf sein Zeichen hin begannen wir die Ziele zu bekämpfen. Zwei Minuten nach dem Feuerbefehl war alles vorüber. Jeder Gegner war bekämpft und ausgeschaltet. Die eingeteilten Soldaten erledigten ihren Auftrag und blockierten, wie befohlen, mit dem letzten Fahrzeug die Straße. Wir setzten uns mit einem intakten Fahrzeug ab und beendeten damit die Übung. Am Ende des Lehrganges gab es natürlich eine ordentli-

G 8 mit Zielfernrohr und Restlichtverstärker.

che Fete. Mit Hauptmann von Freienstein verband uns noch lange eine gute Kameradschaft. Irgendwann wurde er versetzt und auch jeder von uns hatte ja nun Mal seinen Dienst zu erledigen. So brach die Verbindung leider wieder ab. Ich war von diesem Lehrgang und dem Scharfschießen so fasziniert, dass ich mich auf alle Fälle weiterbilden lassen wollte. All die Jahre danach, egal ob als Ausbilder, in den Einsatzzügen oder bei der Erprobung neuer Präzisionswaffen, war ich gerne dabei und übernahm auch die Weiterbildung jüngerer Kameraden. Ein Jahr später schickte die Kompanie, schon aufgrund unserer guten Erfahrung, neue Leute auf den Lehrgang. Doch dieser entpuppte sich dann als eine der größten Pleiten in der Geschichte der Kompanie. Der Kurs fand auch nicht mehr in Todendorf statt, leider! Der Leiter des Lehrgangs – Name und Ort sind mir entfallen – verwechselte offensichtlich Schießen mit Marschieren. Unsere vier Jungs, wohlgemerkt alles erfahrene Kampfschwimmer und Dienstgrade, gaben zusammen nicht mehr als 60 Schuss ab und lernten außer der Borniertheit und Unkompetenz eines Offiziers nichts Neues kennen. Dieser Mann

zwang die Männer zu völlig sinnlosen Märschen und teilte sie zu Absperrposten beim ohnehin seltenen Schießen ein. Beschwerden und Meldungen verliefen – wie so oft bei der Bundeswehr, wenn es um höhere Dienstgrade geht – im Sande. Die Kompanie zog ihre Lehren daraus, verzichtete fortan auf externe Lehrgänge und organisierte stattdessen eigene Scharfschützenkurse. Der Erfolg gab ihr bis heute Recht.

Kurze Zeit später befanden sich »unsere« neuen Scharfschützenwaffen des Baumusters H&K *Präzisionsschützengewehr 1* (PSG 1) im Zulauf. Mehrere dieser Gewehre wurden auf die Scharfschützen in den Einsatzzügen aufgeteilt und sollten nur von diesen genutzt werden. Auf den in Eigenregie und in Todendorf erworbenen Erfahrungen aufbauend, förderte die Kompanie ihre Scharfschützen und schickte sie je eine Woche pro Monat zum Schießen auf einen Übungsplatz. Nur dort bestand die Möglichkeit, auf größere Entfernungen zu üben. Auch mit dem G 8, das eigentlich ein leichtes Maschinengewehr darstellt, ist Präzisionsschießen möglich*. Durch den Einbau eines langen Rohres ist es ohne Weiteres möglich, an die Werte des PSG 1 heranzukommen. Wir praktizierten dies äußerst erfolgreich und setzten z.B. beide Waffen gleichzeitig zur Sicherung oder bei einer Feuerzusammenfassung ein. Auch zur Vernichtung von Sprengstoff aus Gründen der Eigensicherung sind diese Waffen gut geeignet.

Anfang der 90er-Jahre war wieder einmal »große Erprobung« angesagt. Ein großkalibriges und noch auf extreme Entfernungen wirksames Gewehr sollte getestet werden. Tito und ich meldeten uns freiwillig, die »Kanonen« abzuholen und stellten uns natürlich auch gleich für die Erprobung zur Verfügung, die zugleich als Weiterbildung für uns und jüngere Kameraden gedacht war. Wir stellten eine Mannschaft zusammen und organisierten das Schießen auf einem Truppenübungsplatz. Es kostete wieder einiges an Geduld die Verantwortlichen zu überzeugen, dass wir mit einem Gewehr auf Entfernungen bis zu 1800 m schießen wollten. Das war ja bis zu diesem Zeitpunkt nicht gerade normal, zumindest nicht bei Gewehren. Nun, der Papierkram war erledigt. Wir fuhren also in ein bestimmtes Bundeswehr-Depot, um die beiden McMillan-Repetierer im imposanten sMG-Kaliber .50 Browning abzuholen, was in metrischen Maßen einem Geschossdurchmesser von 12,7 mm (Näherungswert) und einer Hülsenlänge von 99 mm entspricht. Wir kannten die »Knaller« von Bildern, hatten aber nie zuvor welche im Original gesehen, geschweige denn damit geschossen. Bevor wir die Kanonen in Hände kriegten, machten sich Zweifel breit, ob wir auf die Distanzen, die wir uns zum Ziel gesetzt hatten, überhaupt treffen würden. Doch wir wussten, dass beispielsweise die Scharfschützen der SEALs überragende Trefferergebnisse damit erzielt hatten. Und da wir keine schlechteren Schützen als die SEALs waren, schöpften wir Hoffnung. Außerdem waren wir es dem guten Ruf der Kompanie und uns selber schuldig, das Beste daraus zu machen. Je näher wir zu dem Depot kamen, desto heißer wurden wir, mit den Dingern zu schießen. Als wir eintrafen waren gerade einige Herren beim Anschießen der Waffen. Eine Dreischuss-Gruppe von 20 cm Durchmesser auf 200 m wäre

für den Anfang ganz gut, meinten sie nicht ohne Stolz. Wir wollten uns nun auch nicht lumpen lassen, legten uns hinter die Waffen und gaben ebenfalls je drei Schuss ab. Beide Trefferbilder lagen innerhalb eines 8-cm-Kreises und sprachen für sich. Wir packten die Waffen und die Munition ein und begaben uns nach dem üblichen Papierkram wieder auf den Rückweg. Zu diesem Zeitpunkt dachten wir nicht im Traum daran, dass wir eines Tages mit diesen Waffen hervorragende Ergebnisse auf große Distanzen erzielen würden.

Am folgenden Montag ging es los. Außer den neuen .50ern nahmen wir noch die PSG 1 und die G 8 mit auf die Bahn, um diese neu anzuschießen. Weiterhin wollten wir sehen, in wie weit sich diese Waffen auf Distanzen über 600 m einsetzen ließen. Wir waren insgesamt nur sechs Mann und hatten drei Wochen Zeit. Wir hatten uns große Ziele gesteckt, standen aber bezüglich der McMillan unter Erfolgszwang. Da die großkalibrige Waffe einen enormen Rückstoß aufwies, war dies der erste Knackpunkt, den wir irgendwie unter Kontrolle bringen mussten. Dies war auch der erste Punkt im Erprobungsbericht. Verbesserungsvorschläge dafür hatten wir gleich parat. Da wir es längst zur Gewohnheit gemacht hatten, uns gegenseitig zu beobachten, konnten wir eventuelle Handhabungs- oder Schießfehler schnell ausmerzen. Dies war vor allen Dingen beim Nachtschießen nötig. Da wir die Waffen unter gefechtsmäßigen Bedingungen erproben sollten, mussten wir uns zunächst mit dem dienstlich gelieferten Gehörschutz – also Ohrpfropfen – begnügen, und diese versagten bei dem enormen Mündungsknall der Großkaliber. Professionelle Ohrenschützer, wie sie auch von Sportschützen verwendet werden, stellten das Klingeln in den Ohren später ab.

Begeistert waren wir von den Zielfernrohren. Bei zehnfacher Vergrößerung erbrachten die Waffen sogar nachts, ohne sonstige Hilfsmittel, auf 700 m hervorragende Ergebnisse. Nach einer Woche waren wir unserem Plan bereits voraus und steigerten die Entfernungen bis auf 1200 m. Nur der Rückstoß und die dadurch entstehende Bewegung des Schützen machte immer noch Pro-

---

* Weiterführende Angaben zu den Präzisionswaffen G 8, PSG 1, MSG 90 und G 3/SG 1 sowie zu schweren Scharfschützengewehren im Kaliber .50 finden sich bei Ian Hogg in *Waffen und Gerät Band 7: Moderne Scharfschützengewehre.* Motorbuch Verlag, Stuttgart 2000.

bleme. Wir dokterten die ganze Zeit daran herum, ohne auf den Trichter zu kommen. Wir mussten etwas finden, das auch beim Schießen von Schiffen ein Ausweichen der Waffe verhinderte. Ein Zwei- oder ein Dreibein schufen auch keine Abhilfe, weil die Waffe beim Rückstoß trotzdem nach oben ausbrach. Ich konnte nachts nicht einschlafen und verbiss mich regelrecht in dieses Problem. Es durfte einfach nicht sein, dass keinem von uns ein Licht aufging und die Erprobung am Ende umsonst gewesen sein sollte. Irgendwann fiel mir ein alter Film ein, bei dem ein Scharfschütze sein Gewehr fixiert hatte. Doch wie sollte das etwa auf dem glatten Deck eines Schiffes funktionieren? Eine Holzplatte mit Schaumstoff und zwei mit einem Riemen verbundene Bügel waren des Rätsels Lösung. Anfangs erntete die »Lafette« nur mitleidiges Lächeln. Als sich aber die Treffer, teilweise in Serie, auf der 1200-m-Marke einstellten, grinste ich. Natürlich hielten wir alles auf Fotos und im Bericht fest. Die »Lafette« versteckten wir bis zu einem eventuellen Einsatz. An Land war das Ergebnis nach drei Wochen überwältigend. Nun mussten wir das Ganze auch auf dem Wasser umsetzen. Die Waffe sollte u.a. zum Versenken oder Zerstören bestimmter Kriegsmittel eingesetzt werden, was vor allem zur Erleichterung unserer Aufträge im Einsatz dienen sollte. Die Premiere erwies sich als schwierige Aufgabe. Wir mussten von einem Schiff aus eine Seemine so treffen, dass sie einsatzunfähig wurde. Und das auf eine Entfernung von X-Metern (darf man hier nicht schreiben). Bei der Vorführung war alles anwesend, was Rang und Namen hatte. Wir ließen uns wieder etwas einfallen. Tito ist Linksschütze, ich Rechtsschütze. Es herrschte etwas Seegang. Die Minen tanzten regelrecht und das Schiff schaukelte ebenfalls. Der Linksschütze übernahm die rechts vorbeitreibenden und der Rechtsschütze die links vorbeitreibenden Teufelseier. Da es sich bei besagten Gewehren um Repetierer und keine Selbstlader handelte, muss man nach jedem Schuss nachrichten. Also hinterherziehen, fast überholen und

neu anvisieren. Wir mussten eine bestimmte Prozentzahl an Treffern nachweisen, da sonst das Projekt gestorben wäre. Willenskraft, Sturheit und Können halfen uns wieder einmal die Erwartungen zu übertreffen. Wir erreichten 33% und lagen damit weit über dem geforderten Ergebnis. Nun konnten die »Kanonen« eingeführt werden und wir uns auf entsprechende Einsätze vorbereiten. Mit den anderen »kleinkalibrigen« Gewehren erzielten wir ebenfalls sehr gute Ergebnisse. Nur nicht auf diese großen Entfernungen. 600 bis 800 m waren aber durchaus realistisch. Bei Einsätzen in Griechenland, auf Kreta oder in Somalia sicherten Kampfschwimmer mit diesen Waffen den Flottenverband und die Rückführung des Heereskräfte auf deutsche Kriegsschiffe. Auch im Golf gehörten die dicken Brummer zum den Einsatzmitteln der KS. Im Zuge der späteren Embargokontrolle von Restjugoslawien sicherten Scharfschützen der Kampfschwimmer das Vorgehen der eigenen Kameraden auf den zu durchsuchenden Schiffen in der Adria.

Die umfassende Weiterbildung der Kampfschwimmer im Schießen macht jedoch weder vor der Wüste noch vor dem Wasser Halt. Immer wenn ein Austausch oder ein Besuch bei Sondereinheiten anderen Ländern anliegt, wird unter anderem auch mit Präzisionswaffen geschossen. So stellten beispielsweise die französischen Kameraden des *Commando Hubert* u.a. das FR F1 (7,5 mm x 54) und das SIG 541 (5,56 mm x 45), das auch noch andere Spezialeinheiten einsetzen, zur Verfügung. Bei den SEALs bot sich Gelegenheit, eine ganze Reihe von Scharfschützengewehr-Modellen auszuprobieren, Repetierer wie Selbstlader. Großen Spaß machte aber auch das Schießen mit den Standard-Handfeuerwaffen, darunter das verkürzte Sturmgewehr CAR 15 Colt Commando (5,56 mm x 45).*
Auf und aus dem Wasser kann man natürlich keine Langwaffen dieser Art einsetzen. Hier sind kurze und leichtere Waffen die bessere Lösung. Die Maschinenpistole ist hierfür nach wie vor gut ge-

---

* Eine Darstellung von Waffen und Gerät der SEALs und der anderen US-Sonderverbände findet sich im großformatigen Bild-Text-Band von *David Bohrer: US-Eliteverbände. SEALs, Green Berets, Rangers, USAF Spec. Ops, Marine Force Recon.* Motorbuch Verlag, Stuttgart 2001.
Wer sich für Geschichte und Einsätze der SEALs interessiert, greife auch zu *Hartmut Schauer: US Navy SEALs. Kampfschwimmer, Kommandos, Antiterror-Truppe.* Motorbuch Verlag, Stuttgart 1998.

**Präzisionsarbeit mit SIG 541 auf der Schießbahn.**

eignet. Auch Pistolen sind -schon allein ihrer besseren – sprich einhändigen – Handhabungsmöglichkeiten wegen für Wassereinsätze eine gute Wahl. Die Rohrbündelpistole P 11, die auch ein treffsicheres Schießen *unter* Wasser erlaubt, ist zwar sperriger als eine normale Pistole, aber doch handlich genug und vor allem lautlos einsetzbar. Für spezielle Aufträge also hervorragend geeignet, zumal die Treffgenauigkeit auf kurze Distanzen keineswegs zu wünschen übrig lässt.

# Sprengen

Das Sprengen in der Bundeswehr und damit auch in der Kampfschwimmerkompanie verursachte vor allem den Einsatzleitern Kopfschmerzen. Die zwischenzeitlich veralteten Vorschriften einzuhalten ist bei dem Auftrag der Kompanie fast unmöglich. Wie soll man Außenstehende überzeugen, dass man sehr wohl im sicheren Bereich arbeiten kann, wenn sie nie bereit dazu sind, an einer Sonderübung teilzunehmen? Es steht in der Vorschrift. Basta! Waren wir auf einem Sprengplatz, mussten wir uns immer an die steifen »Regeln« halten. Weil es in der Vorschrift steht. Da hört man dann etwas von Verantwortung und Kompetenz. Wollten wir was Neues ausprobieren, hieß es: Das muss erst geprüft werden. Doch wer will oder soll etwas prüfen oder genehmigen, wenn es noch nie gemacht wurde? Einmal teilte die Kommandantur eines Truppenübungsplatzes der Kompanie einen Sprengleiter zu, dem Auftrag und Aufgaben der Kampfschwimmer Böhmische Dörfer waren. Wie oder warum bitte sollte ein – in seinem Bereich durchaus kompetenter – Mann Profis beaufsichtigen, die weitaus mehr Erfahrung im Umgang mit Sprengstoffen hatten als er selber? Wir bauten und bastelten Ladungen, die wir aufgrund unserer Einsatz- und Austauscherfahrung von anderen Spezialeinheiten her kannten. Die Sprengstoffmenge war wohl im Rahmen der Vorschriften. Doch die Art der Anbringung und auch die verschiedenen Objekte, an denen wir die Dinger kleben wollten, ließ das Adrenalin der armen Aufsicht nach oben schießen.

Im Unterschied zur Bundeswehr konnten wir bei unseren ausländischen Kameraden alles nach Herzenslust testen, ausprobieren und durchführen was nötig war, um international mithalten zu können. Es ist ungemein motivierend, wenn man als Profi so arbeiten kann, wie man auch im Ernstfall arbeiten *muss!* Ich war während meiner aktiven Zeit in der glücklichen Lage, in den Vereinigten Staaten, Frankreich, Portugal, bei Einsätzen im Mittelmeer und unmittelbar nach dem Mauerfall auf Plätzen der ehemaligen NVA unter realistischen Bedingungen wertvolle Erfahrungen sammeln zu können, die auch dokumentarisch festgehalten wurden. Diese Erfahrungen waren wertvoller als jeder Sprenglehrgang, den ich bei der Bundeswehr besuchte. Sie kamen mir während eines späteren Einsatzes im Ausland – nach der Bw–Zeit – sehr zugute. Gerade der Umgang mit Minen und Sprengfallen erfordert viel Fantasie und Einfühlungsvermögen. Man sollte dabei beide Seiten kennen und beherrschen: Einmal die Art des Einsatzes und der Anbringung und einmal die Möglichkeiten zur Beseitigung und Vernichtung. Vielerorts werden Minen nicht nach taktischen Gesichtspunkten, sondern plan- und konzeptlos verlegt. Außerdem werden sie an den unmöglichsten und für Laien kaum vorstellbaren Orten und Objekten eingesetzt. Manchmal muss man mit einer derart schmutzigen, ja perversen Fantasie an die Beseitigung solcher »Kriegsmittel« herangehen, dass einem vor den eigenen Gedanken schlecht werden könnte.

Während eines Truppenübungsplatz-Aufenthaltes – Ort und Zeit werden wohlweislich verschwiegen – stach uns wieder Mal der Hafer. Gestandene Troupiers »organisierten ein Objekt«, an dem sie sich austoben konnten. Es war einzigartig. Wir fertigten spezielle Ladungen – die aus ebenso verständlichen Gründen wie oben nicht näher beschrieben werden – die mindestens ebenso einfach herzustellen wie wirkungsvoll waren. Wir testeten alle erdenkbaren Variationen und analysierten mit Kennerblick die Wirkung. Bei Anbringung der Ladungen wurde sogar vorschriftswidrig mit Stoppuhr gearbeitet, um für gewisse Einsatzkonzepte gewappnet zu sein. Es war nur schade,

Sprengen eines Unterwasserhindernisses. Die 60 m hohe Fontäne ergab sich aus einer für Bundeswehr-Verhältnisse undenkbaren Sprengmasse. Die Aufnahme entstand während einer gemeinsamen Übung mit den SEALs in der Karibik.

Obermaat Jens Wilharm berechnet die Ladungen für verschiedene Eisenträger und eine Stahltrosse.

Die Päckchen aus Plastiksprengstoff sind angebracht.

dass von besagtem Objekt nichts mehr übrig blieb. Wir werteten alles sorgfältig aus und hielten unsere Arbeit auf Fotos und Videos fest. Diese Erfahrung konnte uns kein Vorschriftenreiter oder Hardthöhenbürokrat mehr nehmen. Es waren wohl die außergewöhnlichsten Versuche, die die Kompanie jemals im Sprengen nachweisen konnte. Ähnliches konnten wir beim Unterwassersprengen mit einer befreundeten Einheit im Ausland leisten. Über die Möglichkeiten, die uns diese Kameraden boten, konnten wir nur staunen. Sie übertrafen unsere kühnsten Erwartungen. Beim Anblick der Ladungen, die wir dort anfertigten und zur Detonation brachten, hätte viele Bundeswehr-Verantwortliche wohl der Schlag gerührt. Die Sprengspezialisten dieser Einheit waren und sind uns aufgrund ihrer reichen Einsatzerfahrung in Kriegs- und Krisengebieten in diesem Punkt einfach voraus. Wir lernten sowohl aus ihren Erfahrungen im Wasser als auch im Dschungelkampf. Sie zeigten uns beide Seiten. »Nur wenn man eine Sache auch von der anderen Seite kennt, überlebt man vielleicht«, erzählte einer, der es am eigenen Leib erlebt hat.

# Im Mittelmeer und am Golf

Für alle Angehörigen der Kompanie war die Vorbereitung zum möglichen Kriegseinsatz am Golf und in Kuwait 1990 unter den gegebenen Umständen fremd und umständlich. Alles musste selbst organisiert, verwaltet und durchgeführt werden. Es fiel einer so kleinen Einheit wie der KS nicht gerade leicht, diesen enormen Aufwand zu betreiben und zu bewältigen. Es begann mit der Einkleidung und endete, egal ob es der Personalaustausch oder Materialnachschub, Ersatzteilmangel, Probleme mit der Weiterbildung oder auch Unterbringungsprobleme waren, nie.

Aufgrund ihrer Flexibilität und Einstellung ihrer Männer gewöhnte sich die KS gezwungener Maßen nach einer bestimmten Anlaufzeit an den Trubel. Das Zauberwort hieß: Improvisation! Auf den ganzen Flottenverband verteilt, verrichteten die Kampfschwimmer ihren Dienst. Sport stand jeden Tag, an dem die Männer nicht auf See waren, auf dem Plan. Die zum Krafttraining nötigen Eisen hatten wir aus Eckernförde auf dem Seeweg genauso zur Südflanke geschafft wie die zum Einsatz nötigen Waffen, Munition und Ausrüstung. Auch das zur Sicherung und Verbringung notwendige Schnellboot kam auf diesem Wege nach Kreta. Überall wo der Verband festmachte, hatte die Kompanie die Sicherung zu übernehmen. Das so wichtige Schießtraining musste aus Sicherheitsgründen auf See verlegt werden. Außerhalb befahrener Gewässer und unter genauer Einhaltung der Vorschriften absolvierten wir unser – für die restliche Besatzung etwas exotisches – Schießtraining. Fantasie war beim Bau der Ziele das Wichtigste. So entstanden äußerst reale Schwimmziele. Auch das Schießen unter Wasser ließ sich sehr leicht und unter optimalen Bedingungen durchführen, woran das ungewohnt schöne Wetter nicht ganz unschuldig war. Zur Weiterbildung und als Einsatzvorbereitung der KS war das Mittelmeer sozusagen perfekt. Das Absuchen der Hafenanlagen und der Schiffe war sogar nachts das reinste Vergnügen. Tagsüber bildeten die Kampfschwimmer u.a. die Schiffsbesatzungen im Objektschutz aus und zeigten ihnen etwa das fachgerechte Durchsuchen von Personen. Eines Tages – der Verband hatte gerade eine Übung auf See – holte der Kommandant alle Kampfschwimmer auf ein Schiff. Der Grund: Es waren 25 kg überlagerten Plastiksprengstoffs an Bord, die vernichtet werden sollte. Einfach versenken? Auf keinen Fall! Also sprengen. Als ausgebildete Sprengleiter waren die Kampfschwimmer für diese Aufgabe wie geschaffen. Da der Befehl vorlag, konnte es sofort losgehen. Um absolut sicher zu gehen befestigten wir den Sprengstoff auf einer schwimmfähigen Holzpalette. Diese setzten wir mitten auf See aus. Die Schiffe gingen außerhalb des Gefahrenbereichs in Warteposition. Mit dieser Menge ein Schiff zu versenken, wäre das geringste Problem gewesen. Aus Sicherheitsgründen arbeiteten die Kampfschwimmer zu zweit und kontrollierten sich gegenseitig. Keine Zündschnur – zur Sicherheit wurden deren drei angebracht – durfte die andere berühren. Es erwies sich keinesfalls als einfach, vom Kutter auf die schwankende Palette zu steigen und das Gleichgewicht zu halten. Als alles vorbereitet war, zählten die beiden Sprengleiter rückwärts »drei, zwo, eins« und betätigten bei »ab!«, die Abreisszünder, um danach in den mit laufendem Motor wartenden Kutter zu springen, der nun mit Vollgas abschob. Über Funk erhielt der Einsatzleiter die Meldung, dass gezündet worden war. 15 Minuten würde es nun dauern, bis die Ladung hochging. Der Kutter legte am Schiff an und alle warteten auf den großen Knall. Langsam kam Wind auf und damit auch Strömung. Doch darüber machte sich niemand Gedanken. Noch nicht. Die 15 Minuten verstrichen und es geschah ..... nichts. Gar nichts! Dreifache Zündschnur und keine Reaktion. Unglaublich, aber wahr. Einsatzleiter, Kommandant und die beiden Kampfschwimmer sprachen sich ab. Einer wollte wieder raus, um eine Schlagladung anzubringen, aber der »Alte« ließ ihn nicht weg. »Kannst du die Ladung mit dem PSG wegschießen?«, fragte er. Nun, einen Versuch war es sicher wert; doch auf diese Entfernung und bei dem herrschenden Seegang vor allem Glückssache. Das .50er-McMillan stand zu diesem Zeitpunkt leider noch nicht zur Verfügung. Der »Alte« setzte unsportlicherweise die Bordkanone ein, um dem ganzen »Unfug« ein Ende zu bereiten. Mehr als ein Dutzend Mal hatte die Bedienung inzwischen auf die Ladung gefeuert, ohne Ergebnis. Einer der Kampfschwimmer bereitete zwischenzeitlich doch eine »Schlagladung« vor, da die Zeit langsam zu drängen begann. Die Palette begann auf die Küste zuzutrei-

ben. Es bestand zwar noch keine unmittelbare Gefahr, doch Handeln war angesagt. Die beiden Kampfschwimmer waren sich einig: »Wir werden die Schlagladung anbringen und das `Kuckucksei´ hochjagen.« Sie benötigten nur noch einen Kutter-Fahrer, der sie zum Objekt brachte. Da inzwischen etwa ein halber Meter Seegang herrschte, konnten sie den Kutter unmöglich führerlos neben der Palette treiben lassen. Ein Seemann und ein Tauchereinsatzleiter meldeten sich freiwillig. Zu viert bestiegen sie den Kutter und fuhren los. Allen war klar, dass sie in den Genuss einer Seebestattung der besonderen Art kommen würden, sollte das Unternehmen fehlschlagen. Nicht auszudenken, wenn sie es nicht schaffen würden. Es war zwar außerhalb der Urlaubssaison, aber Menschen hielten sich sicher am Strand auf.

Am Objekt musste höllisch darauf geachtet werden, dass der Kutter nicht gegen die Palette oder gar die Sprengkapseln schlug. Man sah der Ladung nicht an, weshalb sie nicht hochgegangen war. Keine Qualm, kein Rauch, nichts. Schon mal gut. Aber die Palette schaukelte so stark, dass der

**Seezielschießen mit Handwaffen. Im Rahmen von Übungsfahrten im Mittelmeer ließen die KS-Einsatzleiter Seeziele aus Holz bauen, um für den Fall des Falles weiterhin das Leistungsniveau halten zu können.**

Schießübungen mit MG und Sturmgewehr auf dem Achterdeck. Man beachte die P7 im Schnellziehholster des Schützen.

Kutter nicht »anlegen« konnte. Es waren zwar nur 50 cm, aber immerhin – einer musste rüber, während die anderen den Kutter bzw. die Palette auf Abstand hielten und der Vierte die Ladung übergab. Nach einem gescheiterten Annäherungsversuch kam ein Bootshaken zum Einsatz, mit dem sich die Kutterbesatzung an der Palette festhakte. Über Funk riefen die Kameraden vom Schiff, doch keiner konnte im Augenblick ans Funkgerät. Jeder hatte mit sich und seiner Aufgabe genug zu tun. Während einer den Kutter an der Palette festhielt, oder umgekehrt, sprang der andere Kampfschwimmer rüber. Der Fahrer hatte allerhand damit zu tun, den Kutter auf der richtigen Höhe zu halten. Er rührte nur so im Getriebe. Vorwärts, rückwärts, hin und her. Die Männer arbeiteten wie mechanisch. Keiner sprach einen Ton. Trotz der Notsituation waren sie eigentlich die Ruhe selbst. Einer reichte nun die Schlagladung hinüber. Der Mann mit dem Bootshaken half bei der Fixierung der Ladung. Die Knie eingekeilt im Kutter und mit dem Oberkörper über der Palette versuchte er so gut es eben ging mit einer Hand dem

Kameraden zu helfen. Schließlich saß die Ladung, mit Klebeband fixiert. Nun mussten noch beide Zündschnüre abgezogen werden – und dann aber ab durch die Mitte. Der Fahrer blickte zur nahen Küste. 500 m noch, meinte er, die Kampfschwimmer zur Eile antreibend. Sie nahmen es zur Kenntnis, mussten sich aber auf das Abziehen der Ladung konzentrieren. Einer hielt mit einer Hand die Palette, mit der anderen stützte er den Kameraden. Dieser zog die beiden Zündschnüre ab und sprang zurück in den Kutter. Fast im gleichen Augenblick ließ der andere los. Eine Minute noch, mehr Zeit stand nicht zur Verfügung, sonst würden ihnen die Trümmer um die Ohren fliegen. Und wenn die Ladung wieder nicht hochginge? Lieber nicht dran denken. Einer ergriff das Funkgerät und meldete: »50 Sekunden. Wenn es hinhaut, machen wir `ne Geburtstagsfeier.« Vom Schiff kam nur: »O.K.!« In diesem Augenblick ging die Ladung mit gewaltigem Getöse hoch. Die Männer, geduckt unter der Bordwand, spürten die Erschütterung in der See. Wasserspritzer und Holzsplitter regneten über den Kutter.

Am Ort der Detonation schwammen Holzstücke und einige tote Fische. Die Männer schüttelten sich die Hände und waren sich schnell einig, ein Fass anzustechen.

## Ministerbesuch

Eines schönen Tages erhielt der Verband den Befehl, nach Piräus zu verlegen. Der Verteidigungsminister, der Flottenchef und der Militärattaché hatten ihren Besuch angesagt. Den Kampfschwimmern war klar, dass sie dort gefordert werden würden. Als die Schiffe aus der Sudabucht ausliefen, kam eine Schlechtwetterwarnung durch. Laut Vorhersage sollte der Sturm aus Nord mit Stärken bis 10 kommen. Der Verband schipperte genau nach Norden, also genau hinein in die »Suppe«. Die Kommandanten der kleinen Minensucher zeigten sich etwas besorgt um ihre Boote. Doch überlassen wir nun dem Verfasser das Wort.

Der Kommandant, Alois und ich saßen in der Messe, als noch einige andere Besatzungsmitglieder hereinkamen. »Da braut sich was zusammen« – darüber waren sich alle einig. Die Kampfschwimmer sollten besser nochmals ihre Ausrüstung überprüfen und festzurren. Wir vier Kampfschwimmer taten wie geheißen und prüften Ausrüstung samt Waffen und Munition. Wir spleissten uns in die Wache mit ein, da in Anbetracht unserer Unterkunft ganz vorn im Schiff an Schlafen sowieso nicht zu denken war. Wir hätten uns wahrscheinlich in den Kojen nicht halten können. Zu zweit drehten wir in unregelmäßigen Abständen eine Ronde durch das Schiff. Langsam wurde es ungemütlich. Über das Oberdeck nach vorn zu gelangen, wäre nun Leichtsinn gewesen. Die Brücke des Schiffes war im hinteren Drittel. Ab und zu konnten wir sehen, was da auf das Schiff zukam. Alois und ich standen auf der Brücke und unterhielten uns über alles Mögliche. Ich hatte noch nie einen Sturm mit solchen Seegang erlebt. Es kamen Brecher über das Vorschiff und die Ladeluken, dass ich dachte, wir saufen ab. Von der Brücke bis zum Bug waren es etwa 50 m. Nach manchen Wellen war davon nichts mehr zu sehen. Es war, als ob das Schiff unmittelbar unter der Brücke zu Ende wäre. Nach jedem Brecher versuchten wir, aus den Fenstern an der Front der Brücke nach unten zu sehen, ob das Schiff Schaden genommen hätte. Doch das war sinnlos. Man

konnte so gut wie nichts erkennen. Manchmal dachten wir, dass es die aufgeschweißten Container einfach wegspülen würde.

Der Sturm legte sich erst am nächsten Morgen etwas. Unter einem grauen, wolkenverhangenen Himmel lief der Verband in Piräus ein. Es lagen fast nur Fähren im Hafen, die Routen zu irgendwelchen Inseln der Ägäis oder nach Italien bedienten. Direkt am Terminal erhielt der Verband Liegeplätze zugewiesen. Es war nicht gerade einladend vor den Toren Athens. Wir hatten genug zu tun, unsere Ausrüstung zu überprüfen und uns auf den hohen Besuch vorzubereiten. Von der Brücke aus verschafften wir uns schon Mal ein Bild von der Lage. Zu den ersten Voraussetzungen einer Sicherungsauftrages gehört die genaue Kenntnis der Örtlichkeiten. Die Kameraden auf dem Führungsschiff machten unser *Speed*boot, das auf dem Oberdeck verzurrt war, klar und brachten es zu Wasser. Mit dem Boot sollte die Seeseite abgesichert werden. Am zweiten Abend musste ich mich beim S3 (der für Innere Angelegenheiten/Sicherheit verantwortliche *Stabsoffizier 3*) auf dem Führungsschiff melden. »Ich habe gehört, Sie sind der erfahrenste im Objektschutz?« »Ja, Herr Kaptän«, antwortete ich kurz und knapp. »Gut, Herr Oberbootsmann. Fertigen sie einen Objektschutzplan und organisieren und leiten sie die Sicherung. Alles, was Sie wissen müssen, erfahren Sie rechtzeitig.« Das Erste und Negativste was ich erfuhr, war, dass wir an Land ohne Waffen sichern sollten. Das würden die Griechen übernehmen, hieß es. An Land sollten wir nur eine »meldende Funktion« übernehmen. Na schön. Am Tage vor dem Besuch postierte ich alles, was an Personal und Material zur Verfügung stand, nach Plan. Änderung vorbehalten. Es standen lediglich neun Kampfschwimmer für den unmittelbaren Bereich um das Schiff zur Verfügung. So gut es ging spielten wir den ganzen Ablauf durch. Ich beschloss, als »Meldeposten« zwei Mann der Schiffsbesatzung einzuteilen und die eigentliche Schiffsicherung zu verstärken. Aber bei dem gegebenen großen Wirkungsbereich musste ich mich selber mit einbauen, das heißt mit Funkgerät und Präzisionsgewehr an einem taktisch günstigen Punkt Stellung beziehen. Außer mir hatte ich noch einen Kameraden als Scharfschützen eingeteilt. Wir suchten jeden Millimeter des Sicherungsbereiches mit Zielfernrohr und Fernglas ab. . Die Zufahrt und der Terminal waren komplett unter Beobachtung. Jeder Wirkungsbereich überlappte sich mit den benachbarten. Auch die Häuserfront links und die Schiffe rechts hatten wir sicher im Auge. Die Seeseite machte das *Speed*boot dicht. Die Posten an der Pier waren genau eingewiesen und ebenfalls unter Beobachtung. Die Funkverbindung wurde nochmals überprüft. Ich begab mich mit dem Fernglas auf die Pier und suchte vom Terminal und von der 200 m entfernten Straße nach einer Lücke oder einem Fehler. Immer wieder ließ ich mir Bestätigungen geben und über Funk mitteilen, ob mich die Jungs sehen konnten oder nicht. Ein paar Mal spielte ich Winnetou und schlich mich an, doch sie entdeckten mich immer rechtzeitig. Zufrieden besprach ich die ganze Chose noch einmal mit Alois, der genau eingewiesen war und sozusagen meine Sicherheit darstellte. Es passte alles. Alois hatte nichts zu meckern. Der S3 hatte das ganze Spiel beobachtet und war ebenfalls zufrieden. So zogen wir uns zurück, um uns vom folgenden »Großen Tag« überraschen zu lassen.

Am Morgen des besagten Tages ging die Nachricht einer Bombendrohung in Athen ein. Nicht mehr und nicht weniger. Ich war erbaut. Auf dem Führungsschiff machte sich eine gewisse Hektik breit. Die KSler setzten sich zusammen und beschlossen, sich nicht von der »Bombenstimmung« anstecken zu lassen. Ich war und bin mir allerdings nicht sicher, ob es sich bei der »Bombendrohung« nicht um ein bewusst ausgestreutes Gerücht handelte, das lediglich unsere Wachsamkeit erhöhen sollte. Wenn ja, war es so überflüssig wie ein Kropf! Bevor die Posten und Sicherer aufzogen, hielten wir nochmals alle zusammen Kriegsrat und ließen unserer Fantasie bezüglich der Chancen, unbeobachtet und unkontrolliert an Bord zu kommen, freien Lauf. Wir versuchten, uns in etwaige Terroristen hineinzuversetzen und zogen alle Möglichkeiten in Betracht. Die Funkverbindungen kontrollierte ich zum wiederholten Male. Es war alles 100% »wasserdicht«. Auf der Pier, im unmittelbaren Sicherungsbereich, befanden sich keine Fahrzeuge mehr und vorne an der Straße war alles durch Absperrungen und den Posten der Griechen gesperrt. Es kamen nur noch Personen, die uns bekannt waren, an Bord. Aber

auch diese wurden kontrolliert. Als die Nachricht einging, dass sich die Fahrzeuge der »Gäste« näherten, war alles auf Posten. Von meinem Standort aus konnte ich die Annäherung der Fahrzeuge beobachten und gab dies an meine Männer weiter. Die kurze Begrüßungszeremonie verlief ohne Zwischenfälle und genauso ruhig kletterten die »hohen Tiere« sehr übersichtlich und hintereinander an Bord. Die Stelling war so schmal, dass immer nur einer hinter dem anderen gehen konnte. Ich zählte die Leute genau und versuchte mir auch die Gesichter einzuprägen. Mit dem Fernglas gelang dies hervorragend. Der Aufenthalt an Bord des Führungsschiffes verlief für die Gäste in angenehmer Atmosphäre. Die Konzentration der Sicherer war natürlich gefordert und wir »schmorten fast im eigenen Saft«. Mein Scharfschützen-Zwilling, ein erfahrener Mann, hatte auf Grund seiner »sonnigen Stellung« dabei noch die meisten Unannehmlichkeiten zu ertragen. Der S 3 kriegte dies mit und ließ uns Mineralwasser aufs »Schiffdach« bringen.

Die Verabschiedung und Abreise der Gäste verlief ebenso ereignislos wie ihre Ankunft, sodass wir »abbauen« und, um eine positive Erfahrung reicher, auch die Abschlussbesprechung zügig beenden konnten.

Bei einem späteren Besuch des Flottenchefs haben wir ihm unsere Tätigkeit während des Besuches erläutert. Er wunderte sich, keinen von uns gesehen zu haben.

Nach ein paar Tagen in Piräus liefen wir wieder aus und nahmen Kurs auf die Bucht von Nafplio.

## Nächtliche Aktivitäten

Wenn der Verband nicht in Suda oder einem anderen Hafen an der Pier lag, sondern irgendwo auf Reede ankerte, waren die Kampfschwimmer für die Sicherung rund um die Uhr verantwortlich. Mit unserem *Speed*boot kontrollierten wir stichpunktartig Schiffe und Boote und kletterten mitunter auf die Brücke. In einer Nacht, der deutsche hatte sich mit einem griechischen Verband getroffen, ankerten alle Schiffe in der Bucht von Nafplio.

Ich lag angezogen, da ja sofortige Bereitschaft befohlen war, im Container. Irgendwann in der Nacht holte mich Dirk aus der Koje: »Willi komm hoch, da ist irgendwas im Busch«. Ich steckte mir P 7 sowie zwei Ersatzmagazine ins Holster und hängte beim Hochklettern die MP 5 um. Das Doppelmagazin war immer angeschlagen. Das Boot lag schon längsseits mit laufenden Motoren. Während wir runtersprangen und ich die Leinen losmachte, teilte er mir mit was los war. Er war auf der Brücke, als vom Führungsschiff der Auftrag kam, ein angeblich nicht identifiziertes Schiff zu kontrollieren, das gerade dabei war mitten zwischen die ankernden Schiffe zu fahren. Der Besucher fuhr ohne Beleuchtung und konnte nur auf dem Radar ausgemacht werden. Da ich keine weitere Information hatte und auch alle unsere Schiffe abgedunkelt in der Bucht schwoiten (vor Anker drehten) wollte ich erst einmal auf dem Führungsschiff in Erfahrung bringen, woher der ungebetene Gast kam und wohin er wollte. Erst dann konnten wir herausfinden, *was* er wollte. Wir gingen am Führungsschiff längsseits. Während Dirk im Boot wartete, gelangte ich unbemerkt auf die Brücke. Keine Wache und kein Posten kamen in die Quere. Dabei gab ich mir keinerlei Mühe, etwa besonders leise zu sein, geschweige denn mich anzuschleichen. Es war einfach niemand auf Wache. Blamabel und sträflich leichtsinnig. Bei der täglichen Meldung würde dies angesprochen werden müssen …

Als ich eine Weile auf der Brücke stand, kam doch noch eine Streife. Die beiden erschraken sich tüchtig, was vielleicht mit an meinem Erscheinungsbild gelegen haben mag. Mit Tarnanzug, Pudelmütze und Kanone in der Hand sah ich im Halbdunkel aus wie ein Terrorist. Ich bestand auf eine Eintragung im Wachbuch und ließ mir die Position des unbekannten Schiffes zeigen. Dann ließ ich sie einfach stehen und verschwand. Die Nachlässigkeit der »Nachtwächter« bescherte mir ein komisches Gefühl im Magen. War dies nur Schlamperei oder lag irgendeine Sauerei an? Als ich Dirk die Sache erzählte, sprach er mir aus der Seele: »Stell dir mal vor, wir würden so `ne Scheiße bauen und es käme einer von den `Häuptlingen´ zum Kontrollieren… Morgen wird sich der Verantwortliche bestimmt wieder herausreden – wie immer.« Wir fuhren langsam in die Richtung, aus der wir das Schiff nun vermuteten. Nach wenigen Minuten sahen wir das Steuerbordlicht. Außer der Backbord- und der Steuerbordbeleuchtung waren keine Lichter

gesetzt. Er fuhr sehr langsam von links nach rechts an uns vorüber. In sicherem Abstand umfuhren wir das Heck des Schiffes. Es schien ein Minensucher zu sein. Von der Backbord-achterlichen Seite näherten wir uns in Schleichfahrt bis auf etwa 50 m. Unsere Waffen hatten wir im Anschlag und gingen so gut es ging hinter dem Steuerstand in Deckung. Vom erhöhten Schiff aus konnten sie unmöglich unsere Konturen erkennen. So wie es im Augenblick aussah, bemerkten sie nicht einmal das *Speed*boot. Es war stockdunkel und kaum Bewegung auf dem Wasser. Wir fuhren immer noch in Schleichfahrt in der Hecksee hinterher. Mit dem Nachtsichtgerät suchte ich das Deck ab. Nichts zu sehen. Wir fuhren etwas näher ran, um sie anzurufen. Mit fertiggeladenen Waffen im Anschlag rief ich hinüber, sie sollten sich zu erkennen geben. Nun vernahmen wir das charakteristische Geräusch, das beim Durchladen von Handwaffen entsteht. Wir hatten entsichert und waren feuerbereit. Doch durch das Nachtsichtgerät konnte ich erkennen, dass sie nicht genau wussten wo wir uns befanden. Dies bestätigte auch ein Scheinwerfer, der in eine andere Richtung aufblendete. Dirk saß wieder auf dem Fahrstand. Ich flüsterte ihm zu: »Nachdem ich sie nochmals angerufen habe, dreh nach achtern ab!« Ich rief noch einmal hinüber und gab uns als Sicherer zu erkennen. Der Puls schlug nun doch etwas höher. Jetzt kam endlich Antwort. Ich teilte mit, dass wir längsseits gehen würden. Er war einverstanden. Es war ein griechischer »Minenbock«. Ich stieg an Bord, während Dirk mit angeschlagener MP sicherte, um ja keine Missverständnisse aufkommen zu lassen. Der Wachoffizier (WO) – ein Kommandant war nicht auszumachen – erklärte, dass sie zum Führungsschiff wollten. Sie wären angekündigt. Ich riet dem WO, nochmals Verbindung aufzunehmen und zu berichten was los sei. Vom Führungsschiff kam nur: »Lassen sie die Kameraden weiterfahren.« Ich verabschiedete mich. Wir fuhren in sicheren Abstand hinter dem Griechen her, bis er am Führungsschiff war. Über Funk standen wir mit der Brücke in Verbindung und meldeten uns ab, als diese das Eintreffen des Griechen bestätigten. Ich war wütend wie selten. Irgend ein Idiot hatte Scheiße gebaut. Klar, dass wir uns fast gegenseitig erschossen hätten. Den Schuldigen konnten wir natürlich nie ermitteln.

Angriff am frühen Morgen. Kampfschwimmer entern an einem Versorgungsschiff auf.

## Ein Überfall

Gegen ein Uhr nachts klingelte das Telefon. Schlaftrunken tastete ich mich an den »Knochen« und meldete mich einfach mit »ja«. Wenn hier unten, in unser Loch ein Anruf durchkam, konnte er nur für Alois oder mich sein. Alois war am anderen Ende: »Willi, komm sofort auf die Brücke!« »Was ist jetzt schon wieder los«, dachte ich während ich mich in Windeseile anzog und die P 7 ins Combatholster steckte. Auf der Brücke erwarteten mich der Kommandant und Alois mit einer Tasse Kaffee. Wir verstanden uns mittlerweile mit dem Kommandanten so gut, dass bei solchen »Meetings« militärische Zeremonien überflüssig waren. Ich genoss einen Schluck dieser »Pumapisse« und war schlagartig hellwach. Ein flüssiger Hammer, echter Marine-Mittelwächterkaffee. »Wir müssen das Schiff entern, als Vorübung sozusagen. Die Füh-

rung will es so«. »Wieso? geht`s endlich los an den Golf, oder was?«, fragte ich. »Nein«, meinte Alois. »Wir sollen die WESTERWALD entern, d. h. wir sollen durch einen Kommandoeinsatz vom Wasser auf das Schiff zur Brücke gelangen und den Dampfer in unsere Gewalt bringen. Nur der Kommandant ist eingeweiht. Das Ganze soll morgen Nacht über die Bühne gehen.« »Und deshalb schmeißt du mich aus dem Bock?« »Uns war langweilig und deshalb dachten wir, du könntest uns ein bisschen Gesellschaft leisten und gleich die Neuigkeiten erfahren«, grinste er dreckig wie immer, wenn er meinte ein tolles Späßchen gemacht zu haben. »Bei solchen Freunden braucht man keine Feinde«, erwiderte ich. Der Kommandant lud uns jetzt noch zum Plaudern in die Messe ein. Nun, wir beschlossen die Sache mit unseren beiden Obermaaten zu viert durchzuziehen. Eine Annäherung per Taucheinsatz wurde aufgrund ver-

Auch das kräftezehrende Aufentern an Bohrinseln (hier vor Damp 2000) gehört zum Handwerk der Kampfschwimmer.

schiedener Mankos verworfen. Stattdessen entschieden wir uns für die Kajaks, wie schon öfters durchgespielt. Die Nächte in der Bucht von Nafplio waren zur fraglichen Zeit so finster, dass man die Hand vor Augen nicht sehen konnte, und Vollmond war auch nicht zu erwarten – also schien der Einsatz Erfolg versprechend. Während des Tages würden wir die Ausrüstung überprüfen und dann, bei Einbruch der Dunkelheit, zu Wasser gehen. Wir mussten uns nur etwas einfallen lassen um den kritischen Punkt, die Bordwand zu überwinden weil wir keinen *Pole* – das ist eine Stange mit einer Strickleiter daran – dabei hatten. Köpfchen in Verbindung mit Muskelkraft und Technik waren wieder Mal angesagt. Auf alle Fälle musste nach dieser Aktion ein *Pole* her, den ich auf dem Schiff bauen lassen wollte.

Wir mussten für unser Vorhaben die sicherste und günstigste Stelle zum Aufentern an der Bordwand finden. Das bedeutete wiederum, nicht die einfachste Stelle zu wählen. Da außer dem Kommandanten niemand informiert war, konnten wir davon ausgehen, dass die übliche Wache eingesetzt war. Andererseits mussten wir auch mit Tricks seitens der Führung rechnen. Falls etwas zur Besatzung durchsickerte wären sie ziemlich heiß darauf, uns zu erwischen. Dann würden sie auch nicht zimperlich sein. Kampfschwimmern die Schau zu stehlen war schon immer ein Glanzlicht für die Flotte. Also war Vorsicht geboten. Eine gegenseitige Feinddarstellung war schon öfter das Salz in der Suppe gewesen. Wir sprachen die Aktion natürlich genauestens mit unseren beiden Obermaaten ab. Ein »Alter« und ein »Junger« sollten jeweils in ein Kajak. Auch würden wir den Angriff aus Verständigungsgründen von nur einer Seite ansetzen, da wir auf Funk verzichten wollten. Es musste alles schnell und lautlos ablaufen, da nicht viel Zeit zur Verfügung stand. Außerdem konnten auch nur drei Mann an Bord gehen. Unter normalen Umständen werden für derartige Aktionen bis zu sieben Mann eingeplant. Nachdem wir alles durchgesprochen hatten, ging es mit den Kajaks zu Wasser. Lautlos verschwanden wir in der schwarzen Nacht. Die Jungs der WESTERWALD blickten uns hinterher ohne zu ahnen, dass sie zu unseren »Opfer« erkoren worden waren. Alois übernahm die Führung. Wir waren ein paar Hundert Meter vom Schiff weg und sahen

nichts mehr. Jetzt war peinlichst genaue Navigation angesagt. Die ausgearbeitete Route sah vor auf das Führungsschiff zuzuhalten, um eine Entdeckung von vornherein auszuschließen. Wenn einer so schlau war, uns am Radar zu verfolgen, konnten wir ihn irreführen. Ein Angriff von der WESTERWALD aus auf das Führungsschiff war immer drin. Nachdem wir unbemerkt am »Führungsdampfer« angekommen waren, konnten wir die Wachen auf dem Achterdeck und später einen einsamen Wächter in der Nock erkennen. Wir ließen es darauf ankommen. Alois führte uns genau unter der Nock durch. Der Abstand zur Bordwand war gerade noch groß genug um vorsichtig paddeln zu können. »Eiskalter Hund«, dachte ich noch und grinste so vor mich hin. »Mal sehen, ob uns die Ankerwache sieht.« Ich war mir sicher, dass er zwischen Ankerkette und Bordwand hindurch fuhr. Wir paddelten so nah am Schiff vorbei, dass sich der steil aufragende Bug wie ein Schrägdach über uns wölbte. Dann ging es im Schlagschatten der Backbordseite ans Heck zurück und genau in der verlängerten Linie des Hecks nach Achtern wieder in die stockfinstere Nacht hinaus. Jederzeit hätten wir an dem Schiff Ladungen anbringen und den Kahn versenken können. Nach kurzer Zeit wechselten wir den Kurs zurück in Richtung WESTERWALD. Nun hieß es verdammt aufzupassen. Es könnten ja Patrouillenboote eingesetzt sein und plötzlich Scheinwerfer aufleuchten. Noch vorsichtiger als vorhin näherten wir uns dem Ziel. An der geplanten Stelle hielten wir an und verharrten. Horchhalt! Nichts bewegte sich. Alles mucksmäuschenstill . Einer der Obermaate hatte die schwierigste Aufgabe. Er musste das Seil mit den Knoten nach oben werfen und prüfen, ob es hielt. Der Kamerad musste dazu aufrecht stehen, während ich das Gleichgewicht hielt. Jedes noch so kleine Geräusch schien uns, als ob man es meilenweit hören könnte. Wir hatten das Seil so präpariert, dass es sich in der Reling verfangen musste. Beim vierten Versuch klappte es. »Hoffentlich hält das Seil bis er oben ist«, dachten wir alle, »wenn er runterfällt ist alles verloren«. Das würde jeder an Bord mitbekommen und ich würde ebenfalls mit baden gehen. Der Obermaat kam glücklich nach oben. Er sicherte zunächst und beobachtete eine Weile, um sicher vor unliebsamen Überraschungen zu sein. Nachdem er das Knoten-

**Kampfschwimmer beim freien Tauchen mit Kreislaufgerät LAR V.**

seil gesichert hatte, gab er das verabredete Zugsignal. Wir folgten nach oben. Aloisens Obermaat blieb zur Sicherung unten. Mit Ausrüstung ein Seil hochzuklettern, ist nicht ganz so einfach. Man kann sich mit den Beinen auch nur oben etwas an der Bordwand abstützen, da diese schräg verläuft, das Seil aber senkrecht hängt. Also muss man sich hochziehen. Das Aufentern der Bordwand unter diesen Bedingungen ist Schweißarbeit. Der Kraftaufwand entspricht ungefähr zehn bis 15 Klimmzügen in voller Ausrüstung. Unser Pyramidentraining mit Klimmzügen bewährte sich wieder einmal. Unter Ausnutzung jeglicher Deckung und unter gegenseitiger Sicherung näherten wir uns der Brücke. Da wir auf keinen Fall einem Posten vor die Mündung laufen wollten, mussten wir uns von außen – und wieder kletternd – vorarbeiten. Dieser Umweg gewährleistete, dass wir unentdeckt blieben. In der Nock, am Eingang zur Brücke, sahen wir uns nochmals an und nickten uns zu. In der abgesprochenen Reihenfolge drangen

wir ein, während der Letzte im Türrahmen nach hinten sicherte. Der Funkoffizier (FO) und ein Maat waren wie gelähmt und zu keiner Bewegung fähig. Mit unseren geschwärzten Gesichtern erkannten uns die Männer nicht. Der FO musste über Bordtelefon den Kommandanten auf die Brücke holen. Als dieser eintrat, wurde auch er »schanghait«, in eine für uns sichere Position gebracht und bewacht. Jetzt hätten wir, wären wir Terroristen oder Piraten gewesen, jede Forderung stellen können. Wir verblieben noch einige Minuten auf der Brücke, um dann ebenso leise und ungesehen zu verschwinden, wie wir gekommen waren.

Führt man sich vor Augen, wie wehrlos und überrascht die Besatzungen bei Piratenüberfällen sind – die in bestimmten Gebieten an der Tagesordnung sind – ist das sehr alarmierend. Vor allen Dingen haben die verantwortlichen Reedereien und Versicherungen nicht die geringste Ahnung, wie man mit Gegenmaßnahmen dieses verbreche-

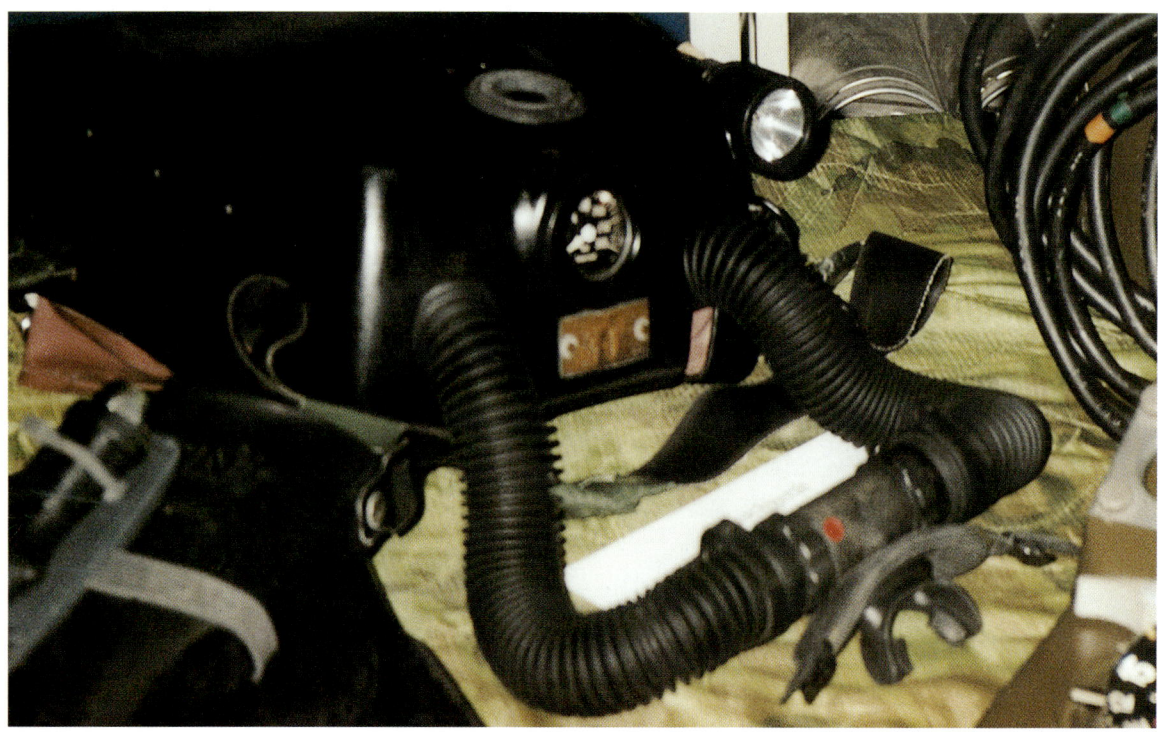

Das Sauerstoffkreislaufgerät LAR V *(Lungenautomatisches Regeneriergerät 5)* erlaubt bis zu vier Stunden Tauchzeit auf Einsatztiefe. Viele erfahrene Kampfschwimmer – darunter der Verfasser – sind der Ansicht, es handele sich um das beste Gerät seiner Art weltweit.

rischen Handeln verhindern könnte. Die Milliardenschäden, die die moderne Piraterie verursacht, ließen sich um ein Vielfaches verringern.

Wir hatten jedenfalls alle Zeit der Welt, wieder in unsere Kajaks zu steigen und in der Dunkelheit davon zu paddeln. 15 Minuten waren wir an dem Schiff zu Gange, ohne uns übermäßig zu beeilen. Außer Sichtweite drehten wir wieder um und fuhren von der anderen Seite heran, um uns lautstark bemerkbar zu machen. Es dauerte eine Weile, bis die Besatzung uns mit ihren Scheinwerfern entdeckte. Der Bordkran hievte uns in den Kajaks an Deck. Bei der Einsatzbesprechung ließen wir die Katze aus dem Sack. Erstaunen und Wut vermischten sich. Wir disputierten noch lange über die Übung und auch über die Piraterie und den Terrorismus. Nach einigen Bierchen war uns die Besatzung auch wieder wohl gesonnen. Wir erfuhren vom »Alten«, dass der Verband in Kürze wieder nach Kreta verlegen würde. Wir Kampfschwimmer freuten uns darauf. Endlich wieder mal ein Läufchen machen und in gewohnter Umgebung sein. Wir hatten schon das Gefühl, vor lauter »Ei-

senbiegen« nicht mehr laufen zu können.

Enttäuschung kam auf, als wir nicht in Suda sondern im Hafen von Iraklion, der Hauptstadt Kretas, festmachten. Alois und ich erkundeten gleich eine Laufstrecke vom Schiff aus, immer am Wasser entlang bis zum Leuchtfeuer an der Außenmole. Wir »dackelten« gemütlich, mit einem kleinen »Schnack« auf den Lippen, dahin. Plötzlich hetzte ein Mofarocker zwischen uns hindurch und schlug mir auf den Rücken. Seine Kumpels – solche »Helden« sind ja nie alleine – staubten grölend links und rechts an uns vorbei bis ans Ende der Mole. Wir hatten uns vorgenommen, sie am Molenkopf oder auf dem Rückweg von den Mofas zu holen und in den Hafen zu schmeißen. Wütend wie ich war, wollte ich unbedingt einen erwischen, um ihm eine ordentliche Tracht Prügel zu verabreichen. Doch sie kamen nicht wieder zurück. Am Molenende hielten sie an und schnatterten wie die Gänse. Je näher wir kamen, desto ruhiger wurden sie. Wir joggten bis auf wenige Meter an sie heran. Sie konnten wohl Gedanken lesen und kletterten eiligst auf die Mauer. Ich winkte sie ran, doch keiner hatte den

Mut herunter zu kommen. Mehr als ein halbes Dutzend »Rotzlöffel« entpuppten sich als Feiglinge. Wir drehten ohne unseren Laufschritt zu ändern um und liefen zurück. Schade, dass keiner den Mut hatte sich mit uns anzulegen. Es wäre eine willkommene Abwechslung gewesen. Auf dem Rückweg hörten wir sie wieder kommen. Wir teilten uns so auf, dass sie beim Durchfahren an uns hängen bleiben mussten. Doch sie trauten sich nicht. Erst als die Straße wieder breiter wurde preschte einer mit Vollgas vorbei. Wir grinsten und ließen die andern so lange hinter uns fahren, bis wir die Richtung änderten.

Unser Dienst in Iraklion bezog sich wieder auf den Objektschutz der Schiffe. Auf einer vorgelagerten Insel fanden wir eine verlassene Bucht, in der wir ein interessantes Schießtraining durchführen konnten. Nach zwei Wochen ging es endlich wieder zurück nach Suda.

## Kalkulierbares Risiko

Wir nutzten jede freie Minute, um uns auch im Tauchen fit zu halten. Diesmal hatten wir freies Tauchen angeordnet und fuhren mit dem *Speed*boot an einen geeigneten Ort. Ich tauchte gerade in etwa 8 m Tiefe und genoss die Stille. Als ich um einen Felsen schwamm, enteckte ich eine etwa 1 m lange Muräne. Obwohl sie mich bemerkt haben musste, verschwand sie nicht. Hielt sie mich für ihresgleichen oder spürte sie, dass von mir keine Gefahr für sie ausging? Ich hatte schon bei anderen Tauchgängen vor Kalifornien oder in der Karibik festgestellt, dass diese Tiere nicht das Weite vor Tauchern suchen. Von Seehunden oder Delfinen weiß man, dass sie verspielt und gesellig sind. Aber Muränen oder andere scheue Meeresbewohner haben nie die Flucht ergriffen. Möglicherweise lag es an unseren blasenfreien und geräuschlosen Kreislaufgeräten. Ich schwamm ganz nahe an das Tier heran und verfolgte es langsam. Die Muräne schwamm ganz ruhig zwischen den Felsen hindurch immer tiefer. Zwischen einer Felsspalte verschwand sie. In diese rund 20 cm breite Öffnung konnte ich ihr nicht mehr folgen. Der Tiefenmesser zeigte 12 m. Hier kam mir die Idee, Mal wieder etwas auszuprobieren. In Frankreich waren wir beim Untertauchen von Torpedonetzen kurzzeitig und

Kampfschwimmerrotte vor einem Wassereinsatz. Links Obermaat Ücker, rechts Obermaat Probst.

ohne Probleme auf 20 m Tiefe getaucht. Unsere Ärzte behaupten ja immer, dass reiner Sauerstoff, der komprimiert wird, eine giftige und tödliche Wirkung entfaltet. Nun, ich hatte Lust einmal das Gegenteil zu beweisen (jedem Sauerstoff-tauchenden Leser rate ich dringend ab, es zu versuchen). Die Symptome einer angehenden Sauerstoffvergiftung kannte ich. Also was hielt mich ab? Ich war körperlich topfit und weiß Gott erfahren genug. Theorien haben mich noch nie sonderlich interessiert, wenn sie sich nicht praktisch beweisen ließen. Mittlerweile war ich auf 20 m und fühlte mich sauwohl. Zu allem Überfluss machte ich 5 m tiefer auch noch ein Wrack aus. Das Jagdfieber packte mich, wurde von meiner inneren Alarmglocke jedoch ausgebremst: »Vorsicht! werde nicht übermütig!« Ich schwamm weiter. Das Wrack musste riesig sein. Soweit ich sehen konnte, lag es auf der Backbordseite und war zu 90% versandet. Die riesige Bordwand und Teile der Reling ragten aus dem von Felsen durchsetzten Sand. Wieder horchte ich in mich hinein. Wenn man eine gewisse Erfahrung erworben und ein besonderes Gefühl für eine bestimmte Sache entwickelt hat, ist die innere Stimme eine Alarmanlage. Doch nichts klingelte. Auf 30 m checkte ich mich durch. Keine negativen Symptome – Puls normal, die Fingernägel nicht weiß und auch kein Röhrenblick. Trotzdem gebot die Vorsicht, sich wieder vom Wrack »loszureißen« und langsam wieder Höhe zu gewinnen. Insgesamt waren es nur 20 Minuten – die Zeit stoppte ich genau – unter der Grenze, die die Theorie festschrieb. Im 10-m-Bereich tauchte ich bis zur Nullzeit einfach so in der Gegend herum, um pünktlich wieder am *Speed*boot zu erscheinen. Ich wusste es nun hundertprozentig: Man kann mit Kreislaufgeräten in diese Tiefen vordringen, ohne Schaden zu nehmen. Ich bin bereit, mich künftig jeder Diskussion zu diesem Thema zu stellen und das Experiment jederzeit praktisch zu wiederholen. Doch eines sei an dieser Stelle nochmals

Kampfschwimmer durchtaucht ein Torpedofangnetz. Diese werden in Hafeneinfahrten angebracht, um Kampfschwimmern, Torpedos und Klein-Ubooten das Eindringen zu verwehren.
Foto: Wolfram Giebel

in aller Deutlichkeit betont: *Dies ist und bleibt den einzigen Profis mit ihrer entsprechenden Ausbildung überlassen – den Kampfschwimmern! Einem Laien jedoch, sollte er zufällig das Vergnügen haben, mit einem LAR-Kreislaufgerät zu tauchen, rate ich dringend: Nie alleine und nie tiefer als 10 m tauchen!* Für einen Profi ist ein LAR (= Lungenautomatisches Regeneriergerät) wohl das sicherste und beste Tauchgerät, das es weltweit gibt. Für einen mit diesem Gerät nicht genügend vertrauten Taucher kann es jedoch verhängnisvoll werden, da es doch einige überaus wichtige Dinge gibt, die zu beachten sind. Selbst eine mehrtägige Einweisung genügt nicht!

Ein späterer Tauchgang zum Wrack blieb mir verwehrt, da einige Tage später Saddam Hussein und der Irak zu unserem neuen Feindbild erhoben wurden und der Verband den Marschbefehl an den Persischen Golf bekam. Die Position habe ich mir jedoch genau auf einer Karte vermerkt...

## Kampfschwimmer am Golf

»In der Freizeit schießen sie auf Saddam.« Nachdem ich diesen Blödsinn gelesen hatte, entschloss ich mich, nie wieder eine BILD-Zeitung zu kaufen. Unser Auftrag war derselbe wie vorher: Den Verband über und unter Wasser vor terroristischen Angriffen zu schützen. Die bedeutete Schießtraining unter Einsatzbedingungen und Sicherung der Wasserfahrzeuge vor Minen oder sonstigen Ladungen. Unser schlimmster Feind war die Hitze.

Auf dem Weg zum Persischen Golf ereignete sich ein kleiner Zwischenfall, der die erhöhte Aufmerksamkeit der Kampfschwimmer erforderte. Die Besatzungen zweier Schiffe – eines aus Äthiopien, das andere aus dem Jemen – beharkten sich mit Handwaffen just zu dem Zeitpunkt, als der deutsche Flottenverband in den Golf vorstieß. Es hatte den Anschein, dass die beiden ihre Schießerei nicht einstellen wollten. Die Kampfschwimmer wurden alarmiert und gingen mit der MILAN in Stellung. Der MILAN-Schütze wartete auf den Schießbefehl und hätte mit Sicherheit abgedrückt, wäre dieser erteilt worden. Der zweite Mann als Sicherer eingesetzt, lag schussbereit mit dem G 8 in Stellung. Doch die Lage entspannte sich und der Verband konnte unbehelligt das Gebiet durchfahren.

**Kampfschwimmer tauchen an einem UBoot-Wrack des Zweiten Weltkriegs vor der Westküste Korsikas. Tiefe ca. 50 m.**
Foto: Michael Leibfritz

Einen scharfen Einsatz schwammen deutsche Kampfschwimmer, als die erste Mine gesprengt werden sollte. Die Rotte schwamm an die Seemine, brachte eine Hohlladung an und jagten sie aus sicherem Abstand in die Luft. Des Öfteren gab es Tauchalarm, nachdem irgendein Horchposten etwas unter Wasser gehört haben wollte. Auch wenn wieder einmal der Besuch eines Ministers angesagt war, musste der Verband abgesichert werden. Die Versorgung, auch von Deutschland aus, war einfach miserabel. So wurde ein Kühlcontainer mit Verpflegung an den Golf geschickt und schlicht dabei vergessen, dass die Gestade des Persischen Golfs zu den heißesten Gebieten der Erde zählen und die Temperaturen vermutlich etwas

höher als in Deutschland klettern. Als der Container nach dreiwöchiger Reise geöffnet wurde, kam allen fast das Kotzen. Ein ZDF-Filmteam hielt das Ganze mit laufender Kamera fest. Leider habe ich später nie etwas davon im Fernsehen gesehen. Eine weitere Zumutung war nach wie vor die Unterbringung. Schon auf Kreta hatte ich mich über das unzumutbare Loch beschwert. Wir mussten in alten SAN–Containern hausen, die laut Aussage einiger Besatzungsmitglieder Asbest enthielten. Zum Waschen oder Duschen (am Golf nur alle drei Tage erlaubt) oder zu den Toiletten musste man umständlich zwei Decks hochklettern, um dann 60 m ins Schiffsinnere vorzudringen. Wäsche waschen war an sich kein Problem. Damit konnte man auch die Langeweile totschlagen. Doch egal ob sie trocken war oder nicht: Wenn hohe Tiere zu Besuch kamen, musste die Wäsche versteckt werden. Auf Kreta nutzte ich einmal die Gelegenheit, als sich der Flottenchef nach Problemen erkundigt. Ich bat ihn mir zu folgen. Er kletterte die Leiter mit runter in unser Loch und sah die Wäsche im Dreck liegen bzw. herumhängen. Ob sich was änderte? In der BILD-Zeitung vom 26. Mai 1991 fand man die Antwort schwarz auf weiß.

Die Handhabung einer anderen Fürsorgepflicht – und zwar die Versorgung mit Post – gab ebenfalls Anlass zu Unmut und Kritik unter den Soldaten: Es dauerte mindestens zwei Wochen, bis ein einfacher Brief ankam.

Wir Kampfschwimmer haben aus den Erfahrungen dieser Einsätze gelernt und auch einiges für künftige Zeiten verbessern können. Doch die Versorgungsprobleme der Marineführung blieben bei späteren Einsätzen die gleichen. Somalia und die Embargokontrolle von Restjugoslawien lieferten die besten Beispiele. Zu unserem Glück wurden wir später auf Fregatten untergebracht. Dort gab es anfänglich zwar auch Probleme – anderer Art; doch Kampfschwimmer-Einsatzleiter und Schiffsbesatzungen stellten sich aufeinander ein.

## Embargo-Kontrolle in der Adria

Die KS hielt vom Flottenkommando sinngemäß folgenden Auftrag: Beratung der Schiffsführung in allen Fragen des Kampfschwimmereinsatzes sowie Planung, Vorbereitung und Durchführung von *Boarding*-Einsätzen (Prisenkommando) und Ausbildung des bordeigenen Personals. Dies beinhaltet *Fast–Roping* (schnelles Abseilen vom Hubschrauber ohne Abseilgeschirr an einem dicken Tau), Handwaffen- und Schießausbildung, das Begehen und Durchsuchen eines Schiffes sowie das Festnehmen und Durchsuchen von Personen.

Hinzu kam die Zusammenarbeit mit anderen Spezialeinheiten. Außerdem war eigene Weiterbildung und die Vertiefung der Zusammenarbeit mit Hubschraubern erforderlich und angestrebt. Dies alles in die Tat umzusetzen, war (und ist) an Bord nicht immer einfach, da hier andere Regeln gelten als an Land. Für Kampfschwimmer ist es immer wieder eine psychologische Umstellung, da sie es gewöhnt sind, frei und ungezwungen und mit wenig

Einschränkungen ihren Dienst zu versehen. Vor allem hatten wir anfänglich dauernd Probleme mit der Ernährung an Bord (Hülsenfrüchte!). Hinzu kamen Einschränkung beim Sport und in der Schießausbildung. Auch auf einem Schiff mit 200 Mann Besatzung, die ihren geregelten Tagesablauf, genau festgelegte Dienst-, Wach- und Essenszeiten haben, ist es nicht immer einfach, ein paar Rotten »verrückter« Kampfschwimmer zu integrieren. Das fängt beim Kommandanten und den Decksoffizieren an, geht über die Piloten bis hin zu den Mannschaften aller Fachrichtungen. Einige der Portepee-Unteroffiziere (PUO) mussten ihre Kojen und auch die Kammern für uns räumen. Auch die manchmal streng festgelegten Essenszeiten und damit auch die Stammsitzplätze einiger Unteroffiziere änderten sich. Und vor allem wurde der durch die Kampfschwimmer verursachte zusätzliche Dienst anfangs mit eher zurückhaltender Begeisterung aufgenommen. Das Begehen des Schiffes während der Fahrt stellte ein zusätzliches Problem dar, weil es gegen Regeln und Vorschriften verstieß. Die Besatzung, zumindest jene Männer, die dem KS– Einsatzleiter unterstellt wurden, mussten »umlernen« um nach ein paar Tagen festzustellen, ihr Schiff von einer neuen Seite kennen gelernt zu haben.

Auch das Schießen auf dem Schiff war neu für die Jungs. Auf dem Flugdeck war zwar genügend Platz; aufgrund der immer und überall gegenwärtigen und selbstverständlich genauestens einzuhaltenden Sicherheitsbestimmungen traten aber Probleme auf. Ansonsten machte es Spaß, sieht man einmal davon ab, dass wir manchmal allein eine Woche damit beschäftigt waren, den Jungs die Angst vor der Waffe und dem Schießen zu nehmen. Das Erbe der Grundausbildung, in der ihnen beigebracht worden war, wie gefährlich alles ist, wirkte nach. Bei der Bundeswehr wird den jungen Soldaten ja nicht mehr das Schießen beigebracht, sondern das Wie-fasse-ich-am-besten-die-Waffe-*nicht*-an! Wenn wir auf ein neues Schiff kamen, veranstalteten wir für die Besatzung zu Beginn der Reise eine Schießvorführung mit dem Zweck, sie zu motivieren und ihnen zu zeigen, was alles möglich ist, ohne den »Sicheren Bereich« zu verlassen. Einige Kommandanten schlugen die Hände über dem Kopf zusammen, weil sie so etwas höchstens aus *Action*-Filmen kannten. Und das sollten ihre Männer nun lernen. Ich kann mich

Die Zusammenarbeit mit den Hubschrauber-Besatzungen ist bei vielen Einsätzen - nicht nur bei Prisenkommandos - von entscheidender Bedeutung. Diese Kampfschwimmer-Einsatzgruppe ließ sich zusammen mit den beiden Piloten einer Bell UH-1D ablichten.

noch gut erinnern, als mir ein Kommandant vorhielt: »Probst, das geht nicht. Die Jungs erschießen erst euch aus Versehen und dann sich selbst. Und die Sicherheitsbestimmungen!?« Ich konnte ihn verstehen. Das hatte ich schon öfter gehört. Doch Auftrag ist Auftrag. Und einem, der mit der Knarre nicht umgehen konnte, wollte ich aus ureigenstem Sicherheitsbedürfnis nie hinter mir haben. Doch ich war mir sicher, dass wir allen die nötige Sicherheit beibringen würden. Nach einigen Tagen, auf hoher See und nach dem zweiten Schießen standen die Kommandanten in der Reihe und konnten gar nicht genug kriegen. Das war mal was Anderes. Und den Jungs machte es Spaß. Einige gingen zum ersten Mal seit Beginn ihrer Dienstzeit motiviert an eine Sache heran. Sie begriffen, dass man unter professioneller Anlei-

tung und Ausbildung sehr viel machen kann, ohne die Lust zu verlieren. Und oh Wunder – alles spielte sich in »Sicheren Bereichen« ab. Als Nächstes stand »Ropen« auf dem Programm. Einigen ging schon bei der Vorführung die Muffe eins zu Tausend. Aus einem Hubschrauber abseilen. 15 m hoch; oder tief. Je nachdem, wie man es sieht. Nachdem sie das taktische Vorgehen auf dem Schiff und das sichere Eindringen in Räume gelernt hatten, nun das noch. Sie hatten verständlicher Weise Angst. Also mussten wir ganz von vorne anfangen. Methodisch und geduldig aus einer Höhe, aus der man hätte springen können. Mit 2,50 m fingen wir an um uns auf 15 m zu steigern. Gehudelt haben wir nie, obwohl wir unter Zeitdruck standen und selten mehr als vier Wochen an Bord waren.

Üben des schnellen Abgleitens (»Fast-Roping«) aus einem *Sea King* auf ein Gebäude.

Der abgesetzte Einsatztrupp geht unter gegenseitiger Sicherung auf dem Dach des Gebäudes vor. Der Mann links führt eine schallgedämpfte MP 5 SD mit Zielfernrohr und angestecktem Doppelmagazin.

Gemeinsame Übung mit einem Polizei-SEK (Spezialeinsatzkommando) in Lehnin bei Berlin. Gerade was das Eindringen in Räume angeht, konnten die Kampfschwimmer im Hinblick auf so genannte *Boarding*-Einsätze einige Techniken von anderen Sondereinsatzkräften lernen.
Foto: Michael Leibfritz

# Fregatte KARLSRUHE

Eine Fahrt, die mir besonders in Erinnerung geblieben ist, möchte ich nachfolgend schildern – und dies nicht nur, weil ich auf dieser Reise einen guten Kameraden und Freund kennen gelernt habe, mit dem ich auch heute noch in Verbindung stehe.

Dieses Mal mussten wir uns in Wilhelmshaven einschiffen. Wir, d.h. Paule, Benji und ich. Ich hatte ein paar Tage vorher mit dem Wachtmeister, das ist der Spieß an Bord, telefoniert. Von ihm erfuhr ich, dass wir wieder in Neapel festmachen würden, zur Kommandeursübergabe. Als ich das hörte, kam mir eine Idee. Meine innere Stimme sagte: Tu es! Ich ging ins Fallschirmlager und versuchte unseren »Fallschirmpabst« zu überzeugen, zwei Flächenschirme MT-1 herauszurücken. Jens meinte: »Was willst du da unten mit zwei Schirmen?« »Mal sehen«, sagte ich, »vielleicht ist ja ein Schausprung drin.« Jens kannte mich und grinste. Wir hatten zusammen schon öfter mal so ne spezielle Aktion abgerissen.

Sicher war ich mir nicht. Ich hatte jedoch so ein Gefühl und wollte deshalb für alle Fälle gewappnet sein. Eines Sonntagmorgens fuhren wir los und meldeten uns am späten Nachmittag auf der KARLSRUHE. Sie lag an der äußersten Mole der 4. Einfahrt in Wilhelmshaven. Der »Schiffsspieß«, Hauptbootsmann Weigand, empfing uns freundlich und ließ unser Gepäck vorerst in der Torpedokammer lagern. Ich wähle die inoffizielle Bezeichnung »Schiffsspieß«, da mir »Wachtmeister« zu blöd und unpassend scheint und als Herabsetzung der Leistung dieser PUOs vorkommt. Und mit »Spieß« weiß jeder, wer oder was gemeint ist.

Nach einer kurzen Bekanntmachung lud uns der Spieß in die PUO–Messe ein und stellte uns den anderen Kameraden vor, die den Sonntagsdienst versahen. Der offizielle Teil stünde morgen nach dem Auslaufen auf dem Programm. Wir waren uns von Anfang an sympathisch, duzten uns mit Herbert und Willi und legten die Grundlagen für eine gute Zusammenarbeit und Kameradschaft. Herbert bereitete uns auf den Kommandanten vor: »Der `Alte´ ist ein guter Mann mit direkter Linie.« »Gut. Ich nehme auch kein Blatt vor den Mund und gehe gern direkt auf jemanden zu.« Herbert prophezeite mir eine persönliche Audienz für die nächsten Tage. Sollte mir recht sein. Bei jeder Einschiffung muss sowieso mit der Schiffsführung alles besprochen werden. Herbert zeigte uns unsere Kammern und nahm uns mit in die Messe zum Abendessen. »Wir haben ja schon viel von den Kampfschwimmern gehört«, fing Herbert an zu erzählen, »doch hier an Bord hatte ich noch keine.« »Dann wird es ja Zeit«, sagte ich. Nach dem Essen und einigen Bierchen steckten wir in groben Zügen unser Pläne ab. Irgendwann gegen Mitternacht kletterten wir in die Kojen. In

diesen engen Dingern konnte ich noch nie gut schlafen. Bei jeder Wendung stößt man mit dem Ellenbogen oder den Knien irgendwo an. Den anderen KS-Kameraden ging es ebenso und entsprechend gerädert kuckten wir am nächsten Morgen aus der Wäsche. Nach einem reichhaltigen Frühstück begrüßte uns der »Alte« bei der Morgenmusterung auf dem Flugdeck. Er machte einen energischen Eindruck, schien aber nicht unsympathisch. Kurze Zeit später ließ mich Herbert holen: »Du sollst dich sofort beim `Alten´ melden.« »In Ordnung. Je früher desto besser«, erwiderte ich. Doch es war das erste Mal, dass mich ein Kommandant vor einer Besprechung mit den Abschnittsleitern auf die Kammer rufen ließ. Gutes oder schlechtes Zeichen? Nun gut. Ich packte meine Unterlagen und setzte mich in Marsch. Kurzum: Genauso offen, glasklar und positiv hätte ich gerne noch alles Weitere besprochen, was in meiner Laufbahn noch auf mich zukommen sollte. Ich hatte mich an seine Regeln zu halten und ihn immer direkt zu informieren. In eigener Sache ließ er mir freie Hand. Der Schiffsspieß wurde ins Prisenkommando *(»Boardingteam«)* mit eingebaut und sollte meine »Rolle« nach Verlassen des Schiffes übernehmen. Er stellte auch meine Direktverbindung zum Kommandanten dar, wenn es um bordinterne Dinge ging. Bei der folgenden Besprechung ging es um organisatorische Abläufe und um die Ausbildung unterstellter Besatzungsmitglieder. Auch der eventuelle Austausch einiger Männer, die uns für die eine oder andere Sache nicht geeignet erschienen, musste besprochen

werden. Eine Neueingliederung würde desto mehr Probleme aufwerfen, je weiter die Ausbildung fortgeschritten. Die Erfahrung zeigte immer wieder, dass einige für den einen oder anderen Part nicht geeignet waren oder sich bei einigen Abschnitten nicht überwinden konnten. Doch dies brachte den Jungs selbstverständlich keine Nachteile ein. Sie waren mit Sicherheit die Spezialisten in »ihrer« Aufgabe an Bord. Bei der Suche nach geeigneten Ersatzleuten war Herbert eine große Hilfe. Er kannte »seine« Schäfchen und pickte das eine oder andere Talent heraus. Dass er selbst für diese Ausbildung Talent hatte, stellte sich schon nach kurzer Zeit heraus. Paule, mein Kumpel, war ein junger Bootsmann und heiß auf die Fahrt. Auch er hatte gemerkt, dass wir eine gute Zeit haben könnten und wollte auch gleich

Fregatte KARLSRUHE.

**F 212
FREGATTE
KARLSRUHE**

mit der Arbeit anfangen. Wir waren alle drei voller Tatendrang. Ich ließ ihn und Benji, unseren Jüngsten, die Waffen und die Ausrüstung für die Vorführung vorbereiten. Wir vereinbarten den Zeitpunkt für eine interne Besprechung auf dem Flugdeck. Wir waren eingespielt und falls es kleine Probleme in der Absprache gab, waren diese schnell aus der Welt geschafft. Für die Klärung externer Probleme bezüglich Organisation und Ablauf war ich zuständig.

Während die beiden sich an die Vorbereitungen machten, begab ich mich zu Herbert ins Büro, um einen Zeitpunkt für eine erste Besprechung mit dem Prisenkommando anzusetzen. Auch mit den Piloten musste ich mich kurzschließen. Sie und die Helikopter stellten mit die wichtigsten technischen Voraussetzungen für die Ausbildung dar. Zufällig befanden sich die »Huberer« gerade im Anflug auf das Schiff. Logisch, dass wir auf das Flugdeck gingen, um sie zu willkommen zu heißen. Bestimmt die Hälfte der Ausbildungszeit und einige Einsatzstunden würden wir mit ihnen verbringen. Für diese Fahrt standen uns zwei Helikopter des Typs *Sea Lynx* zur Verfügung; hervorragende Fluggeräte, die sich für die Zwecke von Kampfschwimmern und Prisenkommandos sehr gut eignen.*
Die beiden Piloten waren »echt fluggeil«, was sich später noch als sehr vorteilhaft erweisen sollte. Eine gute Zusammenarbeit erfordert immer Flexibilität von beiden Seiten. Die Kampfschwimmer hatten den Vorteil, trotz des Ausbildungsvorhabens nicht fest im Borddienst eingebunden zu sein. Wir standen immer auf Abruf bereit, sei es für Notfälle oder besondere Aufgaben. Damit konnten wir gut leben. Das eigene Training ließ sich gut in die Ausbildung des Prisenkommandos einbauen, und für das »Eisenbiegen« auf dem Flugdeck oder im Hangar hatten wir eigene Geräte mitgebracht. Die wenigen Tage, die das Schiff in irgend einem Hafen läge, sollten natürlich zum Laufen genutzt werden.

Die Piloten ließen ihre „Mühlen" in den Hangar ziehen und so konnte die Reise ihren Lauf nehmen. Der erste Stopp, leider nur auf Reede, war für Gibraltar geplant. Es war August, also konnten wir uns auf herrliches Wetter freuen.

Nachdem die KARLSRUHE Wilhelmshaven verlassen hatte, hielt der Kommandant Kurs auf den Ärmelkanal Richtung Atlantik. Hinter Brest lag der Kurs auf grob Süd–West, um dann vorbei am spanischen Atlantikhafen La Coruña nach Süden zu schippern, um durch die Meerenge von Gibraltar ins Mittelmeer zu gelangen. Die Tagesroutine auf dem Schiff wurde genau eingehalten. Die Essenszeiten mussten in zwei Törns eingeteilt werden, weil nicht alle PUOs auf einmal Essen fassen konnten. Da die mir zugeteilten Soldaten ja ihren Tagesdienst in irgend einem Abschnitt des Schiffes machen mussten, waren wir gezwungen, die Ausbildung in verschiedene Gruppen aufzuteilen. Unser Konzept sah vor, in drei Wellen zu je sieben Mann vorzugehen, und dies passte gut in den Dienstablauf. Es hatte nur den Nachteil, dass Piloten und KS anfangs dreifach belastet waren. Doch die Zusammenarbeit harmonierte und so machte es fast immer sehr viel Spaß. Wir begannen mit dem *Fast–Roping* aus sehr geringer Höhe. Die ersten Versuche fanden am internen Kran des Hangars statt, aus 2,50 m Höhe. Dies erwies sich immer wieder als eine sehr gute Vorbereitung, um den Abseiltrupps die Angst zu nehmen. Außerdem konnten sie sich an die Arbeit ohne Sicherung gewöhnen. Sie hatten nichts Anderes als ihre Muskelkraft und die dicken Lederhandschuhe, die vor Verbrennungen schützen und – gewusst wie – auch zum Bremsen benutzt werden. Der Kommandant und die Piloten ließen sich diese Ausbildungsabschnitte nicht entgehen, da sie erstens neu für sie waren und zweitens in der Praxis alles leichter zu verstehen ist als im Unterricht. Bei der Vorführung kamen viele Fragen auf, insbesondere das Schießen sowie das Einsatz- und Ausbildungskonzept betreffend. Während der Ausbildung erledigten sich viele Fragen von selbst. Nach Absprache mit dem Kommandanten und Herbert nutzte ich die abendlichen Freistunden zu Vorträgen und für Informationsgespräche mit der Besatzung. Es war immer eine gute Nachwuchswerbung für die Kampfschwimmerkompanie und die Vorträge waren immer »ausgebucht«. Aus eigenem Erfahrungsschatz ließen sich immer wieder sehr gute Beispiele anführen. Bei den Schießübungen und

---

* Mehr zum *Sea Lynx* und zu den anderen Hubschrauber- und Flugzeugtypen der deutschen Marine bei *Bernd und Frank Vetter: Die deutschen Marineflieger. Geschichte, Typen und Verbände.* Motorbuch Verlag, Stuttgart 1999.

Kampfschwimmer eingesetzt als Scharfschütze und Sicherer mit PSG 1 und G 8 auf der Fregatte KARLSRUHE. Die Aufnahme entstand bei der Rückführung deutscher Heereskräfte aus Somalia 1994.

beim Begehen der Räume hatten wir immer »volles Haus«, sodass auch hier in mehreren Törns gearbeitet wurde. Die Besatzung stellte sehr schnell fest, dass Kampfschwimmer keinesfalls Übermenschen und Supermänner sind. Wir zeigten den Männern, dass wir auch nicht anders sind als sie und wir uns eben nur aufgrund unserer Einstellung und Ausbildung abhoben. Die Ausbildung organisierten wir ähnlich wie in Eckernförde und machten wie dort grundsätzlich alles vor. Wir gliederten uns in die Gruppen ein und spielten auch schon Mal den Feind, um den Jungs Erfolgserlebnisse zu vermitteln. Innerhalb kurzer Zeit fungierten wir nur noch als Schiedsrichter und Berater. Herbert hatte seinen Part gut gelernt und führte die Gruppen gekonnt und flexibel. Als die KARLSRUHE vor dem Affenfelsen in Gibraltar ankerte, genossen wir den schönen Abend und genehmigten uns ein Bier an Deck. Die Gelegenheit war günstig, um mit den Piloten zu fachsimpeln und

nach Einbruch der Dunkelheit auch mit unseren Nachtsichtgeräten zu arbeiten.

Bei nächster Gelegenheit wollte ich das dicke Abseiltau in voller Länge nutzen, was natürlich eine Absprache mit den Piloten erforderte. Wir wollten uns nicht »totbriefen« und nutzten die dienstfreie Zeit für Absprachen untereinander. Die Übungen sollten sobald als möglich unter wirklichkeitsnahen Einsatzbedingungen stattfinden, die sich nur bei fahrendem Schiff und fliegendem Hubschrauber herstellen ließen. Der Kommandant willigte ein und somit stand dem ersten Übungseinsatz nichts mehr im Wege. Nach unserem in den nächsten Tagen bevorstehenden Mallorca-Aufenthalt sollte es losgehen. Am nächsten Morgen, nach Anker auf, lief die KARLSRUHE ins Mittelmeer. Nach kurzem Ostkurs drehte sie immer mehr Richtung Nord–Ost. Irgendwann befahl mich eine Lautsprecherstimme zum Kommandanten. »Setzen Sie sich. Sie haben doch Präzisionsgewehre mit?« Ich bejahte und blickte ihn fragend an. »Ich will hier aufstoppen und die Besatzung baden lassen. Mitten im Mittelmeer und auf hoher See.« Das ist wirklich ein Hund, dachte ich und grinste, wohl wissend, warum er nach unseren PSGs fragte. Er wollte es auch für die Leute spannend machen. Es herrschte Ententeich. Kein Lüftchen wehte. Wie eine Badewanne. Die Kampfschwimmer sollten als Haiposten und Rettungsschwimmer fungieren. Der »Alte« ließ stoppen und den Kutter ausbringen. Einer von uns fuhr mit dem *Schmadding,* das ist die Seemännische Nr. 1 (ein PUO), hinaus. Etwa 100 m vom Schiff entfernt stoppte der Kutter; dies war die äußerste Grenze querab vom Schiff. Die rechte und die linke Grenze sicherten die beiden anderen PSG-Schützen ab. Da die Hitze drückte, ließ ich die Schützen immer wieder untereinander abwechseln. Nachdem das Kletterrettungsnetz ausgebracht war, konnten die Ersten unter Aufsicht von uns und dem »Alten« ins angenehm kühle Nass springen. Die höchste Stelle vom Deck zum Wasser betrug etwa 4 m. Einige kostete das schon Überwindung. Auch die Stabsärztin sprang todesmutig von der Bordwand. Sie war als Zahnärztin eingeschifft und bis jetzt noch nicht besonders aufgefallen. Ab dem heutigen Badetag änderte sich das. Eine Frau an Bord. Es gibt heute noch Seefahrer, die lieber die Pest an Bord hätten. Es ist bestimmt was dran. Auch an Bord der KARLSRUHE herrschte eine geteilte Meinung. Ich hielt mich erst einmal geschlossen. Bei Herbert eckte die »Gutste« ab und zu Mal an. Und das will was heißen. Die Badeorgie dauerte eine Stunde, in der wir auch Mal in die »Pfütze« konnten. Bei der brütenden Hitze war es die reinste Wonne. Irgendwie kam die Ärztin in den Kutter. Seltsamerweise in Kaki. Als die letzten Badegäste wieder an Bord waren, sprang Paule noch einmal vom Seiteneck und zwinkerte mir zu. Wir hatten die gleichen Gedanken. Nach einigen Sekunden schwamm das Kaki samt Inhalt im Wasser. So durchgeschwitzt mussten die Klamotten sowieso gewaschen werden. Sie nahm es mit Humor und drohte Vergeltung an. Wir waren natürlich zu jeder Schandtat bereit. Ich musste zum Kommandanten und holte mir meinen Anschiss ab. Damit war das Thema auch »gegessen«. Als die KARLSRUHE Anker aufmachte und Richtung Palma lief, zogen wir uns langsam um. Einlaufen in Kaki, hieß es. In Palma hatten wir erst einmal die Schau. Wieder einmal machte das Schiff an einer Außen-

mole fest. Direkt im »Päckchen« mit dem deutschen Zerstörer, dessen Auftrag in der Adria die KARLSRUHE übernehmen sollte. Eine Menge Urlauber stand neugierig an der Pier. Die Stelling war noch nicht richtig ausgebracht, als wir schon im Sportzeug auf die Pier sprangen und uns zum Laufen verabschiedeten. Endlich wieder bewegen und festen Boden unter den Füßen – das waren wir unseren Leibern schuldig. Wir »verholten« natürlich am Yachthafen entlang um die Lage zu peilen und festzustellen, welche Mädels derzeit auf Mallorca Urlaub machten. Doch wir hatten nur 30 Stunden bis zum Auslaufen. In die Koje, auf dem Schiff und auf Mallorca. Das musste nun wirklich nicht sein. Wir wussten, dass der Dampfer am nächsten Morgen um 11.00 wieder ablegen sollte. Mehr interessierte uns nicht. Nach dem Joggen würden wir uns erst mal ne schöne Kneipe suchen. Im Laufe des Abends teilten sich unsere Wege. Paule und ich brauchten keine extra Absprachen. Am nächsten Morgen um 09:00 Uhr kam ich an Bord. Benji erwartete mich schon ganz aufgeregt. »Wird Zeit, dass du kommst«, meinte er, »wir laufen eher aus. Es sind schon alle von der Besatzung da. Ja und, was machst du dann für 'ne Hektik?«, frug ich. »Paule ist noch nicht hier...« Mist. Anrufen würde er sicher nicht, allein schon weil er die Nr. vom Schiff nicht kennt. Außerdem kommt er garantiert erst kurz vor dem gedachten Auslaufen. »Der `Alte´ weiß noch nichts. Aber wenn er kurz vor dem Auslaufen nicht hier ist, gibt's Ärger«, meinte Benji. »Bleib ruhig. Das ist dann meine Aufgabe«, erwiderte ich. Die Besatzung des Zerstörers postierte sich schon langsam zum Ablegemanöver. Herbert kam zu mir und meinte, ich solle mich langsam umziehen. »Hast Recht, Herbert. Ich komm gleich wieder.« Fünf Minuten später stand ich in Kaki an Deck, aber von Paule fehlte noch immer jede Spur. Langsam wird es wirklich Zeit, dachte ich mir so. Ich legte mir schon die Worte für den Kommandanten zurecht. Ich musste ihm reinen Wein einschenken. Gerade als ich los wollte, sah ich noch einmal zur Pier – und wer war da? Der Himmelhund ließ sich eben von einer bildhübschen Blonden bis vors Schiff kutschieren! Die nun folgende Szene war filmreif: Besatzung pfeifend an der Reling, Paule mit hübscher Blondine beim gegenseitigen Verteilen von Abschiedsküssen. Sichtlich genoss er die Situation. Erst jetzt ging ihm auf, dass die KARLSRU-

HE klar zum Auslaufen war. Er zwang sich von der Kleinen los und beeilte sich an Bord zu kommen. Aus dem Schiffslautsprecher dröhnte: »Kampfschwimmer-Einsatzleiter zum Kommandanten!« Paule rief mir hinterher: »Ich mach`s wieder gut, Willi!« Wir beide kannten die Art von Predigt, die mich nun erwartete. Was wir nicht wussten war allerdings, dass die gesamte Besatzung zwei Stunden vor Auslaufen an Bord hätte sein müssen. Trotzdem erfolgte der Anschiss natürlich zu Recht. Er lief als »Gespräch unter Männern« über die Bühne. Mehr brauche ich dazu nicht zu sagen.

Danach meldete ich mich zur Besprechung der nächsten Einsatzübung beim Ersten Offizier (IO und stellv. Kommandant). Mit von der Partie waren die Piloten und der Schiffsspieß. Der Zerstörer würde vor der KARLSRUHE auslaufen und einige Seemeilen voraus fahren. Wir würden in drei Wellen von den Hubschraubern herangeführt, um uns aufs Achterdeck des Zerstörers abzuseilen. Für »meine« Jungs ein ungewohntes, spannendes Ereignis, da sie noch nie zuvor auf einen so kleinen »Landeplatz« abgesetzt worden waren. Einigen würde mit Sicherheit der Puls gehen.

Nach der Einsatzbesprechung wurden die Trupps eingewiesen. Die Jungs wurden etwas blass, doch keiner ließ sich eine Schwäche anmerken. Bei der ersten Welle (7 Mann) eines Prisenkommandos befindet sich in aller Regel der so genannte *Prisenoffizier*, der unter dem Schutz des Sicherungstrupps auf die Brücke vordringt, um die Schiffspapiere zu kontrollieren. Falls ihm irgendetwas auffällt, lässt er das Schiff von den Sicherern durchsuchen. Leisten Kapitän, Offiziere oder Besatzung des betreffenden Schiffes dabei Widerstand irgendwelcher Art, ist es die Aufgabe des Sicherungstruppführers, diesen mit angemessenen Mitteln im Keim zu ersticken oder sich notfalls mit Waffengewalt durchzusetzen. In der ersten Welle befinden sich, sofern vorhanden, in der Regel einige Kampfschwimmer als Sicherer. Sie besetzen die erste, zweite und letzte Position. Der hinterste Mann hat die Aufgabe, die Gruppe nach hinten abzusichern. Auf der Brücke, die ja als zentraler Ort für alle Bewegungen auf dem Schiff dient, werden genau bestimmte Positionen eingenommen. Man muss ununterbrochen auf Überraschungen vorbereitet sein. Misstrauen gegenüber jedermann ist dabei die beste Lebensversicherung. Ich habe immer noch einen zusätzlichen Scharfschützen eingeteilt, der vom Mutterschiff aus die ganze Sache überwachte. Außerdem steht der Sicherungstruppführer immer mit dem Piloten oder dem Verbringungsboot, das oft anstatt des Hubschraubers eingesetzt wird, in Verbindung. In vielen Übungs- und später auch scharfen Einsätze hat sich dieses Konzept hervorragend bewährt. Ich habe mich auch dafür stark gemacht, dass auch vom Hubschrauber aus, der sich die ganze Zeit über in der Luft befindet, ein Scharfschütze eingesetzt wird.

Nachdem die Brücke unter Kontrolle ist, werden die beiden Durchsuchungstrupps nachgeführt, um ihrer Aufgabe nachzukommen. Das zum grundsätzlichen Ablauf.

Geflogen wird in der Regel mit offenen Türen. Die Männer sitzen ohne jegliche Sicherung in der Maschine*, direkt an der Tür sitzen der Truppführer – der sich als Erster abseilt – und der »Bordmixer« (Bordwart), der sich das 7 cm dicke Abseiltau wie eine Schnecke zurechtgelegt hat. Das nach allen Vorschriften geprüfte *Rope* ist natürlich sicher in der Maschine verankert.

Über dem Objekt wirft der »Mixer« auf Befehl des Piloten das Tau aus rund 15 m Höhe nach unten. Von oben scheint die »Landefläche« für die Abseiler auch bei großen Schiffen beängstigend klein. Der »Mixer« gibt, sobald das Seil ruhig über dem Ziel hängt, dem Truppführer die Freigabe. Dieser gibt laut und deutlich den Männern das »Go!« Der Erste schwingt sich mit sicherem Griff ins Freie und gleitet nach unten. Wenn dieser unten ankommt, hängt der Zweite bereits am Seil. Unten sichert der Truppführer. Die für das Abseilen nötigen Lederhandschuhe werden nach dem »Ropen« gleich weggesteckt, um Waffen und Gerät bedienen zu können. Ein gut eingespielter 7-Mann-Trupp seilt sich in 30 Sekunden ab und si-

---

* Auch wenn Kritiker Zweifel anmelden sollten, irgendeine körperliche Verbindung eines Passagiers mit der Maschine könnte sich bei einem Zwischenfall als verhängnisvoll erweisen. Ich habe mich etwa 400 Mal aus einem Hubschrauber abgeseilt und unzählige Leute ausgebildet, ohne dass sich einer auch nur auf die Zunge gebissen hätte. Für ein Fachgespräch sowie eine Vorführung in der Praxis stehe ich jederzeit zur Verfügung.

Oberstabsbootsmann Herbert Weygand, Wachtmeister (Spieß) auf der Fregatte KARSLRUHE, beim schnellen Abgleiten am Tau.

das Verbringungsfahrzeug niemals in direkter Verbindung mit dem zu untersuchenden Schiff bleiben darf. Es muss einen sicheren Abstand wahren, klar zu einer möglichen Hilfeleistung oder Rückführung. Auf manchen Schiffen kann die Durchsuchung fünf bis acht Stunden dauern. Man darf hier keine Konzentrationsschwächen zeigen. Bei feindlich gesonnener Besatzung könnte bei einer kleinen Unachtsamkeit schon alles verloren sein. Vor allem in Seegebieten, in denen Piraten und/oder Terroristen ihr Unwesen treiben. Leider spielen viele Personen und Institutionen, die es eigentlich besser wissen müssten, diese Gefahren herunter bzw. zerreden sie. Doch die Fakten sprechen für sich.

Zur Verbesserung von Didaktik und Methodik der Ausbildung habe ich es mir zur Gewohnheit gemacht, Feinddarstellungen einzubauen. Dabei mimte ich den Häuptling der Piraten oder Terroristen und ging im gegebenen Rahmen so »brutal« als möglich vor. Anfänglich hielten dies viele Verantwortliche für übertrieben. Doch nachdem Meldungen von der Brutalität und Grausamkeit fernöstlicher Piraten auch nach Europa vordrangen sowie Zeugen und Opfer im Fernsehen auftraten, verstummten die Kritiker allmählich. Da Handelsschiffe und Yachten immer noch eine leichte Beute für Verbrecher – egal ob organisiert oder nicht – darstellen, werden diese Subjekte, solange nicht wirksame Gegenmaßnahmen ergriffen werden, weiter ihr Unwesen treiben. Doch schon mit geringem Aufwand – sprich wenigen, aber sehr gut ausgebildeten Spezialisten an Bord – ließe sich jedes Schiff gegen Übergriffe sichern. Die Kosten für solche Spezialisten und deren Ausrüstung sind im Verhältnis zu den Piraterie-Schäden in Milliardenhöhe verschwindend gering.

Zurück zum Text und zur angesprochenen Übung. Es klappte so weit ganz gut, und alle drei Wellen seilten sich auf dem Zerstörer ab. Für ihren relativ geringen Ausbildungsstand machten die Jungs ihre Sache ganz prima.

Als weiterer Höhepunkt sollte die Rückführung aufs Mutterschiff nach getaner Arbeit auf dem Zerstörer werden. Die Piloten hätten die Trupps einfach auf dem Flugdeck der KARLSRUHE absetzen können. Wir hatten mit den Hubschrauberführern jedoch eine so genannte Winch-Ex vereinbart. Bei diesem Verfahren werden Personen am Stahlseil der Hubschrauberwinde einfach

chert rundum. Falls alles in Butter ist, gibt der Truppführer dem »Mixer« das Klarzeichen und der Hubschrauber fliegt zurück zum Mutterschiff, um die zweite Welle an Bord zu nehmen. Währenddessen arbeitet sich der gelandete Trupp unter gegenseitiger Sicherung zur Brücke vor. Die Maschinenpistolen im Anschlag werden die Positionen besetzt. Bei gut eingearbeiteten Trupps nehmen die Seeleute auf der Brücke in der Regel Abstand von jeder Gegenwehr. Würde doch Widerstand aufflackern, müsste die Besatzung mit entsprechenden Konsequenzen rechnen. Erst nach Besetzen der Brücke erhält der Piloten mittels Kennwort den Befehl, die zweite Welle nachzuführen. Falls der Funkkontakt abreißen sollte, wird mit Handzeichen geführt. Als Grundsatz gilt, dass

Das »kleine Prisen-Besteck« fürs *Boarding*: P 9 im Holster und MP 5 mit Laserpunkt-Zielgerät am Kommandoriemen.

*auf-* oder *abgewincht.* Diese bei Seenotrettungen angewandte Technik setzt jedoch eine besondere Erfahrung der Piloten und des »Mixers« voraus. Unsere Hubschrauberbesatzungen waren auch darin Perfektionisten und die Jungs hatten an diesem zusätzlichen kleinen Abenteuer ihren Spaß.

Nachdem wieder alle »auf null geschaltet« hatten, wurde Manöverkritik gehalten. Ich wohnte dieser nur als Beobachter bei, denn es war eine gute Möglichkeit für Paule, ebenfalls Erfahrung in solchen Dingen zu sammeln. Er sprach alles an und bestätigte den Leuten auch ihre positive Arbeit und Einstellung. Kleine Unebenheiten und Schwächen würden wir im Laufe der Zeit sicher beheben. Nach diesem Erfolgserlebnis hatten wir Mühe, die Männer in Ihrem Eifer zu bremsen. Sie hatten festgestellt, dass manchmal schon ein bisschen Selbstüberwindung genügt, um zu Dingen in der Lage zu sein, die man vorher nur Spezialisten zutraute. Von nun an trainierten wir neben dem *Fast-Roping* schwerpunktmäßig das Eindrin-

gen in Räume sowie das Durchsuchen von Räumen und Personen. Weil man hierbei immer unter gegenseitiger Sicherung vorgehen muss, ist an bestimmten Punkten und Orten Perfektion angesagt. Für die Seeleute war dies anfangs ein Problem, weil für sie ein Schott (Schiffstür) eben nur ein Schott und keine mögliche Falle war. Auch das Vorgehen an den Niedergängen (Treppen) – bei Tag und Nacht – kostete die Ausbilder viel Geduld und Arbeit. Doch nach einiger Zeit kletterten die »Azubis« fast das gesamte Schiff in kompletter Ausrüstung ab. Diese zusätzliche sportliche Note werteten der Kommandant und Herbert wohlwollend. Da in der Praxis schon auch Mal ein Arzt das Prisenkommando begleiten muss, bauten wir ab und an die Stabsärztin mit ein. Zwischen den Ausbildungsabschnitten – täglich vier bis sechs Stunden – übten wir mit den Piloten das Bergen von Schiffbrüchigen, da Seenotrettungseinsätze mit zu ihrem Aufgabengebiet gehören. Normalerweise wird so etwas auf See des Öfteren mit so

Oberstabsbootsmann Weygand (kniend rechts) mit Männern seines Prisenkommandos an Bord der KARLSRUHE.

genannten *Dummys* (Personenattrappen) trainiert. Wir boten uns als lebende *Dummys* an und der »Alte« willigte ein. Da wir alles so wirklichkeitsnah wie möglich darstellen wollten, zogen wir unser schwarzes Neopren und nicht die leuchtend-orange und schon von Weitem sichtbare Überlebenskombi an, die den Piloten die Suche nach in Seenot befindlichen Personen so erleichtert. Auch Schwimmwesten schienen uns hinderlich und damit überflüssig. Zur eigenen Sicherheit – sprich: Um besser schwimmen zu können – legten wir die Flossen an. Ein Kampfschwimmer blieb immer an Bord des Hubschraubers, um beim Bergen mitzuwirken.

Der Helikopter startete, während das Schiff in ungebremster Fahrt weiterlief. Dieses spielte sich alles in dem riesigen Seegebiet zwischen Sardinien, Algerien und Tunesien ab. Zur Gaudi setzten wir uns mit Kopfsprüngen aus acht bis zehn Metern aus der Maschine ins warme Mittelmeer ab. Mal sprangen beide, mal auch nur einer. Dann waren wir alleine, Meer ringsum. Der Helikopter verschwand als Punkt am Horizont und auch das Schiff war fast nicht mehr zu erkennen. Manchmal schwammen oder dümpelten wir 20 Minuten und länger einfach so dahin. Gedanken an das Abschluss-Schwimmen im Lehrgang wurden wieder wach. Es war abgesprochen, dass wir uns erst nach mehrmaligem Überfliegen zu erkennen geben sollten. Manchmal wunderten wir uns, dass sie uns nicht sahen. Doch wir wussten auch, dass Schwimmer oder »Treibgut« schon bei geringem Seegang nur noch schwer zu erkennen sind. Als die Piloten uns sichteten, gaben sie immer die Lichthupe. Wir streckten den Arm aus dem Wasser und fingen die Schlaufe des Windenseils ein, um sie um den Körper zu legen. Diese Übungen machten allen sehr viel Spaß und hatten einen guten Weiterbildungs-Effekt. Auch die Kameradschaft wuchs. Übrigens: Haie haben wir während dieser Einsätze nie zu Gesicht bekommen; Delfine begleiteten uns öfter. Nach etwa einem Dutzend Anflügen und Bergungen schlossen wir die SAR-Übungsaktion (*Search And Rescue* = Suchen und Bergen) für diesen Tag ab. Die Hubschrauber flogen ungefähr eine halbe Stunde bis sie das Schiff wieder eingeholt hatten und landeten. Der »Alte« fuhr den »Kahn« gerne selbst, wie Herbert einmal erzählte. So wohl auch an diesem Abend. Mit zügigen 25 Knoten fuhr die KARLSRUHE auf die Lipari-Inseln zu, um dann durch die Straße von Messina Kurs auf Tarent in Süditalien zu nehmen. Nachts ging es an Reggio und der beleuchteten Felsenküste von Kalabrien vorbei. Wir standen auf dem Flugdeck, tranken das romantische Bild, akustisch untermalt vom Dröhnen der gewaltigen Antriebswellen des Schiffes. Am nächsten Tag liefen wir in Tarent ein. Die alte Hafenstadt hat die schmalste Hafeneinfahrt, die mir je zu Gesichte kam. Für Kampfschwimmer ein sehr lohnendes Objekt.* Die alte Drehbrücke musste für jedes größere Schiff aktiviert werden. Beim Einlaufen erwartete uns ein besonderes Spektakel. An den rund zehn Meter hohen Mauern hingen Plakate und Flaggen, mit denen uns die Bevölkerung begrüßte. Es schien, als ob die ganze Stadt auf den Beinen wäre, nur um uns willkommen zu heißen. »Der Empfang war schon Mal freundlich. Mal sehen, was die Stadt abends zu bieten hat«, dachten wir. Wir – also Paule, Benji und meine Wenigkeit – waren uns schnell darüber einig, einen Wagen zu leihen und die Gegend zu erkunden. Auch das famose italienische Essen wollten wir in vollen Zügen genießen. Gesagt, getan. Die wenigen Tage in der Stadt gingen wie im Traume vorüber. Am letzten Tag wollte Benji unbedingt mit dem Schlauchboot in die Bucht hinaus fahren und sich den amerikanischen Flugzeugträger näher betrachten, der hier auf Reede lag. Paul schloss sich an. Sie nahmen die Tauchgeräte mit, um bei dieser Gelegenheit ihre Tauchstunden »voll zu kriegen«. Ich übernahm die Bereitschaft an Bord, was für Kampfschwimmer üblich ist, da sie nicht in die Tagesroutine eingebunden werden.

Der »Alte« wollte am nächsten Morgen vor Auslaufen eine Musterung abhalten, da die KARLSRUHE nun ihr eigentliches Einsatzgebiet erreichte: Den Ausgang der Adria zum Mittelmeer, die Mee-

---

* Während des Zweiten Weltkriegs spielten sich derartige Aktionen in italienischen Häfen ab. Zur Vertiefung sei das Buch eines Zeitzeugen empfohlen, der selbst zum Kampftaucher ausgebildet wurde: *Manfred Lau: Schiffssterben vor Algier. Kampfschwimmer, Torpedoreiter und Marineeinsatzkommandos im Mittelmeer 1942-1945.* Motorbuch Verlag, Stuttgart 2001. Auch die Einsätze italienischer Unterwasserkämpfer, die bekanntlich eine Pionierrolle im Kampfschwimmen und -tauchen einnahmen, behandelt der Verfasser.

resenge zwischen Brindisi und Apollonia. Der Kommandant »impfte« die Besatzung nochmals und gab Lage und Auftrag bekannt. Die KARLSRUHE sollte alle Schiffsbewegungen aufnehmen und verdächtige Boote oder Schiffe an den Verbandsführer weiterleiten. Vor allen Dingen nachts herrschte reger Verkehr; u.a. verursacht von Schnellbooten, die sich nicht zu erkennen gaben. Es war klar, dass diese nicht zum Spaß durch die Gegend fuhren. In Jugoslawien tobte ein Krieg und die »Piraterie« – bar jeder Kontrolle – feierte fröhliche Urständ. Es handelte sich vorwiegend jedoch um Schmuggler, die so ziemlich alles verschoben, was ihnen unter die Hände geriet. Die Marine durfte aktiv nicht eingreifen. Sie musste tatenlos zusehen, bis sich Politiker nach Wochen und Monaten endlich zur Entscheidung durchringen konnten, sie dürfe doch. Besatzung und Kampfschwimmer führten indes ihren Ausbildungs- und passiven Überwachungsauftrag weiter aus. Beim Einlaufen der KARLSRUHE ins Operationsgebiet konnte ich dem Kommandanten ein gut ausgebildetes und einsatzbereites Prisenkommando melden. Die Schießausbildung ließ sich im Überwachungsgebiet natürlich nicht mehr durchführen. Das Durchsuchen von Personen und Schiffen (so genannten *Targetships* = Zielschiffen; gemeint sind Schiffe anderer NATO-Einheiten) stand nun im Vordergrund. Das Vorgehen in den Räumen musste immer wieder geübt werden, da die Männer die Situation und Denkweise möglicher Gewalttäter immer wieder vergaßen mit einzubeziehen. Einer der Kampfschwimmer spielte den Schiedsrichter, ein anderer einen möglichen Gegner. Die Analyse folgte unmittelbar nach jeder Übung. Die Trupps arbeiteten sehr gut mit und zeigten Spaß an der Arbeit. Wir brachten ihnen auch bei, dass beide Seiten beherrscht werden müssen, um professionell vorgehen zu können. Beim ersten »scharfen« Einsatz kam zunächst etwas Nervosität auf, weil sich jeder darüber im Klaren war, dass dies nun kein »Spiel« mehr war.

Nachts flogen die Hubschrauber mit Kampfschwimmern an Bord ihre zugeteilten Sektoren ab. Wir nahmen immer fertiggeladene G 8 zur Selbstverteidigung und Nachtsichtgeräte mit, die auch den Piloten von Nutzen waren. Nächtliche Hubschrauber-Patrouillen und Prisenkommandos bei Tage sollten unser täglich Brot im Mittelmeer werden und bei dieser Reise auch bleiben.

## Fallschirmspringen über der Adria

Langsam machte sich Eintönigkeit breit. Irgendwann, während einer Pause, nahm mich der Kommandant zur Seite: »Sie haben doch Fallschirme dabei. Könnt ihr damit auch ins Wasser springen?« »Logisch, Herr Kapitän. Wenn das Wetter passt, versuche ich auch einen Sprung auf das Flugdeck.« Ich hatte während der Reise schon öfter in seinem Beisein über das Thema gesprochen und gehofft, dass er auf mich zukäme. Doch mit Sprungdienst im Einsatzgebiet hatte ich ehrlicherweise nicht gerechnet. Paule sagte ich noch

nichts. Er würde sich freuen wie ein Schneekönig. Zuerst musste das Einverständnis der Piloten vorliegen, dann gab es von der Durchführung her überhaupt kein Problem.

Nach dem Abendessen in der Messe klingelte das Telefon. Herbert nahm ab. »Jawohl, Herr Kaptän«, sagte er nur und legte wieder auf. »Willi, du sollst zum `Alten´ in die Offz–Messe«. Brennend vor Neugierde setzte ich mich in Bewegung. Die Piloten waren auch schon da. »Probst, erzähl Mal was über einen möglichen Ablauf der ganzen Aktion«, forderte mich der Kommandant auf. Die Piloten wussten noch von rein Garnichts, das konnte man unschwer an ihren neugierigen Gesichtern erkennen. Sie hatten noch nie Freifaller abgesetzt. Es galt nun, den gesamten Ablauf detailliert zu erklären und die wichtigsten Abschnitte auf ein Blatt Papier zu zeichnen. Peter, einer der Piloten, war ganz »heiß«: »Du brauchst mir beim Anflug nur zu sagen was zu tun ist, dann läuft das Ding von meiner Seite aus.« Wir gingen die Sache einmal »trocken« durch. Die anderen hörten mit Interesse zu und kapierten erst Mal wenig. Auf die Frage, wann die ganze Sache steigen sollte, hielt sich der Kapitän etwas bedeckt: »Genau weiß ich es noch nicht, weil ich zuerst noch mit einigen Leuten sprechen muss. Es besteht die Möglichkeit, dass es nicht hinhaut, Probst. Also noch keine Info zur Besatzung, klar!« »Alles klar, Herr Kap`tän«, meldete ich mich ab. Paule, Benji und Herbert wollten natürlich wissen, worum es gegangen war und fragten mich ein Loch in den Bauch. »Nichts Negatives. Er hat die Piloten und mich auf ein Bier eingeladen«. Was auch den Tatsachen entsprach. Ich war gut gelaunt und spendierte eine Runde. An diesem Abend blieb es nicht bei einer. Wir sprachen über die bis jetzt erfolgreiche Ausbildung und über die kleinen Mängel, die noch zu beheben waren. Doch alle Beteiligten waren fit für einen Einsatz auf jedem Handelsschiff. Bevor ich in die Koje ging, führte mich mein Weg, wie so oft, nochmals auf die Brücke. In der Nock wollte ich noch etwas frische Luft schnappen. Es war angenehm warm, aber stockfinster. Nur drüben an der Küste sah man die Leuchtspurmunition feuernder Geschütze. Irgendwie seltsam. Ein paar Kilometer von uns entfernt tobte ein brutaler Krieg, dessen Ausmaße erst nach ein paar Jahren in vollem Umfange bekannt werden sollten. Ich habe Jahre später, zwischen den nächsten Kriegen auf dem Balkan, mit eigenen Augen Dinge gesehen, die zum Teil heute noch verschleiert und vergessen gemacht werden. Als die KARLSRUHE an der Küste so längs kreuzte, konnte sich keiner von uns so richtig vorstellen, dass sich die Leute da drüben richtig abschlachteten. Ich beobachtete die Küste mit dem Fernglas und dem Nachtsichtgerät und malte mir aus, wie dort vielleicht Flüchtlinge auf ein Boot oder Schiff warteten, das sie außer Landes bringen sollte. Viele Flüchtlinge werden auch heute noch betrogen. Die Schleuser nehmen ihn sehr viel Geld ab, obwohl sie genau wissen, dass die meisten erwischt und wieder zurückgeschickt

werden. Das Schlimmste für uns auf der KARLSRUHE war, dass wir diesem Treiben machtlos zusehen mussten. Als ich den Helikopter von seinem Überwachungsflug zurückkommen sah, verließ ich die Brücke und legte mich in die Koje.

Am nächsten Tag wollte Herbert, motiviert von unserer abendlichen Runde, die anstehende Ausbildung – Begehen der Räume unter gegenseitiger Sicherung – selbst leiten. Paule und Benji spielten die bösen Buben und ließen ihre Fantasie spielen. Ich agierte als Beobachter und baute verschiedene Lagen ein. Nach der Ausbildung zogen sich die Kampfschwimmer in den Torpedoraum zurück, wo Waffen und Ausrüstung lagerten, und widmeten sich der ungeliebten Tätigkeit des Waffenreinigens. Nach dem Mittagessen traf ich mich mit den Piloten im Hangar, um nochmals über den Absetzvorgang beim Fallschirmspringen zu sprechen. Peter wollte natürlich alles ganz genau wissen. Es war niemand im Hangar und so konnten wir für einige Zeit ungestört »briefen«; etwa wie man anfliegen muss und im *Final* (Endanflug) korrigiert. Dabei erwies sich die Tafel als hilfreich. Dass der Pilot in den letzten Minuten des Anfluges, also schon einige Minuten vor dem Absprung, bei offener Tür nach dem Kommando des Absetzers fliegen muss, war für ihn neu und natürlich gewöhnungsbedürftig. Aber er war Feuer und Flamme, die »Mühle« so hoch wie möglich zu schrauben.

Nun konnten wir die Sache in Ruhe angehen. Und das Wetter? Auch kein Problem. Es könnte regnen und auch verhältnismäßig viel Wind herrschen. Bei einem Wassersprung war das fast egal. Wenn nur der »Alte« eine Möglichkeit finden würde, den »Sack« zuzumachen. Ich musste ihm versprechen, den Sprung zu unterlassen falls sich ein Sprung auf das Flugdeck nach eigener Einschätzung als zu gefährlich erweisen sollte. Einen Unfall wollten wir natürlich nicht provozieren.

Wir warteten ungeduldig auf das »Go«. Es konnte noch Tage dauern. Wir kontrollierten unsere Fallschirme und überlegten, was wir anziehen sollten. Nach Absprache mit dem »Alten« hatte ich Paule und Benji nun eingeweiht, da ich die Vorbereitungen nicht alleine treffen konnte. Da ja die Möglichkeit bestand, aufs Flugdeck zu springen, entschlossen wir uns unsere Segeltuchschuhe, die Springerkombi und darunter das dün-

Unmittelbar vor einem »selbstabgesetzten« Wassersprung aus dem Hubschrauber (in Deutschland). Vor den Knieen zwei Dräger LAR-V-Kreislaufgeräte.

ne Neopren anzuziehen. Nur mit Neoprenfüßlingen oder mit den Flossen auf das Deck zu springen, wäre doch zu riskant. Paule sollte ins Wasser direkt vor die Bordwand und ich aufs Flugdeck. Ein paar Tage später war es dann so weit. Der Kommandant hatte es »hingebogen«. Wie, das erzählte er mir später. »Probst, über die eventuell folgenden Konsequenzen seid ihr euch beide im Klaren!« Ich wusste Bescheid. Eine Begründung hatten wir. Die war zwar dünn, aber durchaus nachvollziehbar. Außerdem wusste ich, dass der »Alte« noch einen Trumpf im Ärmel hatte.

Inzwischen wusste auch die letzte Schiffsratte, dass gesprungen werden sollte. Die ganze Schiffsbesatzung war aufgeregt und wir waren heiß auf dieses Husarenstück. Denn es waren bis dato und sind bis heute außer uns noch keine deutschen Kampfschwimmer in Krisengebieten auf See abgesprungen. Mit dieser Aktion würden wir ziemlichen Staub aufwirbeln. An die möglichen Folgen wollte ich lieber nicht denken. Aber ich hatte ein gutes Gefühl; wie schon oft, wenn vorher sich Zweifler, Kritiker und Neider gemeldet hatten. Zum Glück wusste »niemand« von der Sache; die Überraschung war sozusagen auf unserer Seite. Außerdem würden wir beweisen, dass Fallschirmabsprünge aus einem *Sea Lynx* unter Einhaltung aller Sicherheitsbestimmungen jederzeit durchführbar sind. Ein Risikofaktor blieb: Die »Brüder« drüben auf dem Festland könnten eventuell einen Jet zur Beobachtung schicken. Wenn sie nicht schießen würden, wäre alles in Butter… Doch so schwarz wollten wir nicht sehen. Wir stiegen in die Maschine und setzten uns erst mal, bis wir auf Höhe gingen. Der Flug war wieder mal ein einmaliges Erlebnis. Hubschrauberfliegen hat für mich schon immer einen besonderen Reiz gehabt. In der Maschine herrschen ein ungeheurer Lärm und ein kribbelndes Vibrieren. Beim Aufsteigen umkreisten wir das immer kleiner werdende Schiff. In 700 m Höhe ließ ich den Piloten genau gegen den Wind über das Schiff fliegen. Über dem Schiff warf ich einen *Drifter* (bunte Windfahne aus Papier) ab, um den Absetzpunkt zu ermitteln. Es gehört auch für erfahrene Fallschirmspringer nicht zu den leichtesten Übungen, über einer großen Wasserfläche genau abzusetzen. Wir wollten aus 3500 m Höhe springen und hatten keinen genauen Anhaltspunkt. Abgemacht war, dass das Schiff genau auf Kurs bleiben würde. Doch ausgerechnet jetzt herrschte fast schon stürmisches Wetter. Beim Beobachten des *Drifters* wurde mir klar, dass ich mich mehr auf mein Gefühl verlassen musste. Hier fielen mir wieder Mal meine Lehrer ein: Wie oft hatte ich »Olli«, Jens und Alois über die Schulter sehen müssen und immer wieder aufs Neue erfahren, dass ich noch nicht so weit war. Immer wollte ich alles so gut wie möglich machen. Aber beim Springen spricht die Erfahrung ein gewichtiges Wort.

In diesem Fall war außer Erfahrung der bei Kampfschwimmern sprichwörtliche Mut zur Lücke gefragt. Man wollte sich ja auch nicht blamieren und Vertrauen enttäuschen. Unten auf der Fregatte starrten 200 Augenpaare in die Höhe. Es musste hinhauen. Ich gab dem Piloten das Zeichen zum Aufsteigen. Der *Drifter* war schätzungsweise über einen Kilometer entfernt zu Wasser gegangen. Wir mussten von Land her in Richtung Schiff anfliegen. Immer wieder beobachtete ich die gedachte Linie vom Schiff, das nun klein wie eine Streichholzschachtel unter uns lag und den Küstenstreifen. An der Küste hatte ich einen Fixpunkt gesucht, der als Orientierung beim Endanflug dienen sollte. Jetzt gab der Pilot das Zeichen – der Endanflug begann. Ein Blick auf den Höhenmesser offenbarte allerdings, dass die Maschine noch nicht ganz auf der richtigen Höhe war. Paule brauchte ich kein Zeichen mehr zu geben. Er hatte alles genau verfolgt und war klar zum Absprung. Jetzt öffnete ich die Tür. Ich hatte meine Sprungbrille aufgesetzt und steckte den Kopf in den Wind. Ich hatte die gedachte Linie fast genau unter mir. Es musste beim ersten Anflug klappen. Wir hatten nicht unbegrenzt Zeit. Paule wartete schon ungeduldig. Wir wollten im Reihensprung, also nacheinander die Maschine verlassen. Er als Erster und ich sofort hinterher. Das rechte Rad des Hubschraubers befand sich hinter der Tür. Ich wollte bei Pauls Absprung den Abstand des Springers vom Rad genau feststellen, um einen Anhalt für andere Absprungverfahren zu bekommen. Genau über dem Schiff korrigierte ich den Piloten um zehn Grad nach rechts. Ich sah noch einmal unter dem Hubschrauber nach hinten zur Küste und zog gedanklich einen Strich vom Fixpunkt über das Schiff. Es »passte« wie die sprichwörtliche Faust aufs Auge. Der Pilot musste diesen Kurs halten. Jetzt kam die Feinarbeit. Da keine Querlinie zur Verfügung stand, mussten Wind, Geschwindigkeit des Hubschraubers und Gefühl in Übereinstimmung gebracht werden. Erfahrene Absetzer befragen bei solch kniffligen Sachen immer ihr »Thermometer« im Magen, das ihnen den richtigen Zeitpunkt zum Absprung anzeigt. »Aufstellung!«, brüllte ich zu Paule. Bei dem Lärm und den Windgeräuschen konnte man sich nicht mehr normal unterhalten. Er kletterte an den Rand. Die Tür war nun ganz offen und gesichert. Ein letzter Blick nach unten und ein Schlag auf Pauls Schulter – er tauchte kopfüber nach unten weg, ich sofort hinterher. Ein Blick auf das Rad offenbarte einen Abstand von gut und gerne anderthalb Meter. Paule machte sofort nach dem Absprung

»auf«, das heißt er streckte alle Viere X-förmig von sich und drückte das Kreuz durch. Dadurch verlangsamte er die Fallgeschwindigkeit und gab mir so die Möglichkeit, ihn anzufliegen. Zusammen rasten wir dem Schiff entgegen. In 1000 m Höhe trennten wir uns und zogen die Öffnungsvorrichtung des MT-1. Am geöffneten Schirm spürten wir den starken Wind. Wir segelten nun etwa 200 m auseinander in fast gleicher Höhe auf das Schiff zu. Beifall und Zurufe der Kameraden drangen vom Deck herauf. Der Pilot setzte dem Ganzen noch ein Sahnehäubchen auf und flog mit der Maschine und eingeschaltetem Scheinwerfer zwischen uns. Wir waren auf gleicher Höhe und konnten uns grüßend in die Augen sehen. Ich hatte zu diesem Zeitpunkt fast 1000 Sprünge auf dem Buckel, doch dies hatte ich in der bis dato 15-jährigen Zeit als Kampfschwimmer noch nicht erlebt. Der Hubschrauber begleitete uns einige Zeit und drehte dann ab. Eine Landung auf das Flugdeck konnte ich leider nicht wagen. Der Seegang war erheblich und ließ das Schiff in seiner geringen Fahrt und somit auch das Flugdeck in einer Auf-und-ab-Bewegung »stampfen«. Gebrochene Beine waren das Letzte, was ich jetzt gebrauchen konnte. Doch es würde bestimmt wieder mal eine Möglichkeit geben. Jens, unser »Fallschirmpabst«, sollte nicht der einzige Kampfschwimmer bleiben, der auf das Flugdeck einer Fregatte sprang. Wir landeten etwa 20 m neben dem Schiff. Die Besatzung tobte immer noch. Benji wartete im Schlauchboot, um Springer und Schirme zu bergen. Er durfte nicht mitspringen, weil er damals noch keine Freifaller-Ausbildung genossen hatte. Es dauerte seine Zeit, bis er uns eingesammelt hatte, bei zwei Meter Seegang und nur einem Mann im Boot. Eine halbe Stunde später waren wir wieder auf dem Schiff. Über Lautsprecher erhielten wir den Befehl, uns auf der Brücke zu melden. Wir zogen die nassen Kombis aus und marschierten im Neopren auf die Brücke. Der »Alte« erwartete uns mit einem Cognac und gratulierte mit den Worten: »Das macht euch so schnell keiner nach, Jungs!«

Wir hatten es geschafft. Als einzige deutsche Fallschirmspringer konnten wir uns einen gezielten Wassersprung in der Adria und zugleich in einem Krisengebiet ins Stammbuch schreiben.

Ich habe den Kommandanten der KARLSRUHE nach dieser Reise leider nur noch einmal in

**Willi Probst am Flächenfallschirm MT-1 kurz vor der Wasserlandung in der Adria.**

Eckernförde getroffen, als es um die Bestückung von Fregatten mit *Speed*booten ging. Die bis zu diesem Zeitpunkt eingesetzten Kutter waren für Prisenkommandos denkbar ungeeignet. Da unsere Aktion doch einige Kreise zog und er – wie ich später erfuhr – doch noch einiges gerade biegen musste, möchte ich ihm an dieser Stelle nochmals danken. Zumal wir dieselbe Aktion am nächsten Tag wiederholten; begleitet vom zweiten Hubschrauber.

Kurz nach dieser Einlage lief die KARLSRUHE Neapel an, wo sich der Flottenchef zu einem Besuch angekündigt hatte. Alle Schiffe des Verbandes trafen sich zum Wechsel des Verbandskommandeurs. Der »Alte« erteilte uns den Auftrag, die Absicherung des Schiffes zu organisieren. Auch den Flottenchef sollten wir während seines

Aufenthaltes an der Pier und auf dem Schiff begleiten und sichern. Die seeseitige Absicherung übernahmen Teile der extra eingeschifften Besatzung auf der italienischen Fregatte. Ich teilte Paule und Benji an bestimmten Punkten als Sicherer ein und übernahm auf Befehl des Kommandanten die Sicherung des Flottenchefs von seinem Eintreffen bis zum Verlassen. Der Kommandant informierte mich über den ganzen Ablauf und sprach mit allen eingeteilten Soldaten die Einzelheiten ab. Aufgrund unseres besonderen Auftrages an Bord wollte mich der Kommandant dem Flottenchef persönlich vorstellen. Bei seinem Eintreffen auf dem Flugdeck begrüßte mich unser oberster militärischer Vorgesetzter mit Handschlag: »So lerne ich Sie Mal persönlich kennen, Herr Oberbootsmann. Das mit dem Fallschirmab-

*Bis dato einziger Fallschirmsprung s. Kampfschwimmers*

# FREGATTE KARLSRUHE

DEM

OBtsm Probst, Wilhelm

ZUR ERINNERUNG AN SEINE FAHRENSZEIT AUF DER

## FREGATTE KARLSRUHE

VOM

06.08.

GEFAHRENE SEEMEILEN

6388,6 sm

BIS

06.09.93

AUF IHREM WEITEREN LEBENSWEG BEGLEITEN SIE
DIE BESTEN WÜNSCHE.

DER KOMMANDANT

Die von der Besatzung eigens angefertigte Urkunde.

sprung erforderte einiges an Selbstvertrauen«. Sehr diplomatisch. Ich erlaubte mir, mit einem Grinsen zu antworten: »Nur wenn alle Rädchen im Uhrwerk zusammen arbeiten, läuft alles im sicheren Bereich, Herr Admiral.« Auch der Admiral konnte sich ein Grinsen nicht verkneifen. Später befragte er mich noch über den Ablauf der Ausbildung und ob man jetzt für Prisenkommandos auf fremden Schiffen bereit wäre. Sicher und mit Stolz konnte ich diese Frage positiv beantworten. Mein Auftrag bestand darin, ihn während seines gesamten Aufenthaltes auf dem Schiff zu begleiten. Auch die beiden KS-Kameraden mussten ihn über ihre Positionen aufklären.

Ein paar Tage später war unsere Kommandierung auf diesem Schiff zu Ende. Die Jungs auf dem Schiff waren von den gemeinsamen Aktivitäten so begeistert, dass sie Anstecker vom Prisenkommando und dem »ersten Fallschirmabsprung über der Adria« anfertigen ließen, die sie uns zusammen mit einem Foto der KARLSRUHE und einer vom Kommandanten unterzeichneten Urkunde beim Abschied überreichten. Überflüssig zu erwähnen, dass dieses Geschenk einen Ehrenplatz in meiner »Marineecke« und Eingang in dieses Buch fand.

»Schade, dass ihr schon von Bord müsst«, waren die Abschiedsworte des Kommandanten. Auch Herbert verabschiedete uns herzlich. Mit ihm verbrachten wir noch einige schöne freie Tage, unter anderem auf Capri (wo bekanntlich die rote Flotte im Meer versinkt). Übrigens dürfte Herbert der Schiffsspieß mittlerweile der wohl erfahrenste Bundeswehrsoldat in Sachen Prisenkommando sein. Er kann 58 Einsätze auf Handelsschiffen nachweisen.

Auch für uns sollte es nicht der letzte Einsatz in der Adria sein. Als sich die Verantwortlichen ein Jahr später entschlossen, Handelsschiffe aktiv zu kontrollieren, erhielten die Kampfschwimmer zusammen mit Besatzungsangehörigen der Fregatten die Gelegenheit dazu, als Prisenkommandos zu agieren. So hatten sich die Einschiffung und die Ausbildung im Mittelmeer letztlich gelohnt.

# Landkampf und Fallschirmspringen

## Rettung abgeschossener Piloten aus Feindgebiet

Auch auf dem Gebiet des Landkampfes haben die Kampfschwimmer in gemeinsamen Übungen und Manövern mit Spezialeinheiten verschiedener NATO-Staaten in 40 Jahren Einiges lernen können. Freilich kam nicht alles Neue und Gute aus der Fremde, die Kompanie leistete ebenfalls auf einigen Gebieten Pionierarbeit. Die Verwendung der MILAN zur Bekämpfung von Schiffszielen ist so ein Beispiel. Viel Übung und vor allem Erfindergeist waren gefordert, um die Panzerabwehrlenkwaffe auf die speziellen Bedürfnisse und Aufgabenstellung der KS zu trimmen. Allein die bisher beim

Anlandung eines MILAN-Trupps im Einsatzspeedboot, das zwei Außenbordmotoren zu je 140 PS antreiben.

Heer übliche Trageweise war für die speziellen Aufgaben der Kampfschwimmer denkbar ungeeignet. Die KS entwickelte in den 80er-Jahren nicht nur neue Transportgestelle, sondern auch ein neues Konzept für den Einsatz und die Verbringung auf dem Wasser und über Land. Grundsätzlich soll die Kompanie in küstennahen Gebieten operieren. Durch die Vielseitigkeit und Flexibilität im offensiven und defensiven Bereich sind jedoch auch Aufträge im Hinterland ohne Weiteres durchführbar. Der Fall des *Eisernen Vorhangs* und der Zusammenbruch des Warschauer Pakts verdrängten die alten und schufen neue Einsatzszenarien, wie sie sich u.a. während des Balkankonfliktes präsentierten. Anstelle des geschlossenen, großflächigen Einsatzes militärischer Großverbände traten punktuell und zeitlich begrenzte »chirurgische Operationen« kleinerer Truppenteile.

Dass hierbei Spezialeinheiten eine tragende Rolle spielen, liegt auf der Hand. Von ihren taktisch-operativen Unternehmungen erfuhr die Öffentlichkeit nur wenig. Auf dem Balkan machten aber amerikanische Sondereinsatzkräfte durch die Rettung abgeschossener Piloten aus Feindgebiet Schlagzeilen. Dass sich auch die KS eingehend mit dieser Thematik beschäftigt, belegen die nachfolgenden Berichte eines Kampfschwimmerbootsmannes und eines Marinefliegeroffiziers von einer gemeinsamen Übung.

Lassen wir zunächst den KS-Bootsmann zu Wort kommen.

*Unser Auftrag lautete: Abgeschossene Piloten aus Feindgebiet zu evakuieren!*

Das Ganze spielte sich im Rahmen einer Übung des Marinefliegergeschwaders 2 in Dänemark statt. Die Dänen – die den Feind spielten – mobilisierten ihre Heimwehr und drei Jagdzüge, die mit Wärmebild-Nachtsichtgeräten ausgestattet waren. Die gesamte Bevölkerung im Übungsgebiet wurde in den Verlauf eingebunden und angehalten, Informationen und Beobachtungen an die Jagdkommandos weiter zu geben. Auch Suchhunde kamen zum Einsatz. Unser Auftrag bestand darin, drei abgeschossene Piloten aus feindlichem Gebiet herauszuholen. Die Piloten bekamen Kontaktpunkte zugeteilt, die sie erreichen sollten. Dies ist eine gängige Praxis bei Flügen in Kriegs- und Krisengebieten. Diese Kontaktpunkte werden längs bestimmter *Auffanglinien* festgelegt.

**Auch die Abwehr von Hunden wird bei den Kampfschwimmern geübt - hier scheint es aber Vierbeiner und Bootsmann Jens Hilbert am nötigen tierischen Ernst zu fehlen.**
Foto: Jochen Kröper

Auffanglinien können Bäche, Flüsse, Waldränder, Straßen oder Wege sein, sodass sich besagte Punkte auch unter schwierigen Umständen leicht finden lassen. Wenn sie diese Punkte – aus welchen Gründen auch immer – nicht erreichen können, begeben sie sich an eine andere Stelle der Auffanglinie, die dann von den gut geschulten Rettungstrupps abgesucht wird.

Am 29. Mai 1996 begab sich die Kampfschwimmer-Einsatzgruppe bei Anbruch der Dunkelheit an Land. Sie bestand aus zwei Trupps mit insgesamt neun Mann unter Führung von Hauptbootsmann Ralf Schiller, einem der KS-Angehörigen mit der größten Erfahrung. Sein Stellvertreter, Bootsmann Michael Leibfritz, ein ehemaliger

Fernspäher, übernahm die Rolle des Nahsicherers (*Pointman*). 500 m vor der dänischen Küste schwammen die Elitekämpfer an Land. Da die Küste ständig von Angehörigen der dänischen Heimwehr (*Homegards*) überwacht wurde, gestaltete sich die Anlandung als äußerst schwierig. Als die Kampfschwimmer schließlich Land unter den Füßen hatten, suchten sie als Erstes ein Versteck auf, um die wasserdichten Tauchanzüge gegen Kampfanzüge zu tauschen. Dies musste rasch, leise und unter gegenseitiger Sicherung geschehen. Noch während sich die zweite Gruppe umzog, bemerkten die Sicherer, wie sich eine dänische Doppelstreife dem Versteck näherte. Einer der beiden Streifengänger leuchtete genau auf die gut getarnten Männer, die sich an den Boden schmieg-

Angelandeter MILAN-Trupp. Der Mann links außen trägt die Lafette und führt eine 40-mm-Granatpistole MZP. Der dritte und vierte Mann (verdeckt vom Truppführer) transportieren die Röhren mit den Lenkraketen.

sich die KS-Gruppe vorsichtig und unter gegenseitiger Sicherung querfeldein in Bewegung. Ein Mann blieb im Versteck zurück, um die zurückgelassenen Ausrüstungsgegenstände zu bewachen und den kurzen aber wichtigen Weg vom Versteck zur Wasserlinie zu beobachten. Sollte die Gruppe mit den Piloten im Schlepptau – wie geplant – auf diesem Weg zurückkehren, lag es nicht in ihrem Sinne auf den letzten Metern noch abgefangen zu werden. Für die Gruppe war es sehr wichtig, sich sozusagen unter den Augen des Gegners ungesehen fortzubewegen. Da sie davon ausgehen mussten, dass der Gegner Wärmebildgeräte benutzte, mussten sie das Gelände optimal ausnutzen. Alle befestigten und unbefestigten Wege galt es ebenso zu meiden wie die Nähe von Siedlungen und Gehöften. Die Männer nutzten dabei ihre Erfahrungen mit Wärmebildgeräten und vor allem die Möglichkeiten, diese »auszutricksen«. Diese Vorgehensweise nimmt natürlich sehr viel Zeit in Anspruch; ein, zwei, drei Stunden für ein paar Hundert Meter sind, je nach Geländebeschaffenheit, keine Seltenheit, vor allem, wenn viele Horchhalte eingelegt werden und der Nahsicherer unzählige Male vorausschleichen muss, um die nächste Umgebung zu erkunden. Nach drei Stunden erreichte der Kommandotrupp den 3 km entfernten Kontaktpunkt Nr. 1 in der Nähe eines Baches, der als Auffanglinie diente. Zwei Mann erkundeten die Umgebung, der Rest wartete in Sichtweite des Kontaktpunktes. Die Umgebung bot keinerlei natürliche Deckung, sodass sich die Kampfschwimmer in ihre Tarnnetze hüllten, die bei Landeinsätzen mitgeführt werden. Nach einiger Zeit tauchten zwei Gestalten aus dem Dunkel auf, die zügig auf den Kontaktpunkt zukamen. Grundsätzlich gingen die Kampfschwimmer einmal davon aus, dass es sich um Feind handelte, und machten sich deshalb auf ein Ausweichen gefasst. Doch dafür war es bereits zu spät – die beiden Gestalten liefen ahnungslos auf den Deckungstrupp zu. Zwei Schwarzgesichter sprangen auf und warfen sie schnell und

ten. Die Sicherer mussten davon ausgehen, entdeckt zu werden. Einsatzführer und Nahsicherer machten sich bereit, die beiden lautlos zu überwältigen. Doch das Glück war ihnen hold: Gerade als sie im Begriff standen, sich der beiden Posten zu bemächtigen, drehten diese ab in Richtung Strand und entfernten sich wieder. Nach einigen Minuten des Beobachtens und Horchens setzte

Feuer und Bewegung – Kampfschwimmer üben das Vorgehen im scharfen Schuss. Man beachte das IMG HK 508 mit eingelegtem 100-Schuss-Gurt Leuchtspurpatronen und die unterschiedlichen Ausrüstungsgegenstände der Männer, darunter amerikanische und britische Uniformteile sowie Koppelzeug.
Foto: Michael Leibfritz

geräuschlos zu Boden. Der Schreck steckte ihnen gehörig in den Knochen, doch nach kurzem Verhör und Identifizierung anhand bestimmter Merkmale war klar, dass es sich um die gesuchten Flugzeugführer handelte.

So weit der Bericht des KS-Bootsmanns. Gemeinsame Übungen mit deutschen Fernspähern und internationalen maritimen Spezialeinheiten gehören mittlerweile zum Pflichtprogramm der Kampfschwimmer. Bestandteil des landgestützten bzw. kombinierten Trainings ist neben der Ausbildung des Nahsicherers, der als Pfadfinder den sicheren und richtigen Weg in jedem Gelände finden muss, das Reaktionsschießen und das Führen von Kampftrupps. Jeder Kampfschwimmer muss den Feuerkampf in offenem Terrain ebenso be-

herrschen wie im bebauten oder bewachsenen Gelände. Der Orts- und Häuserkampf nimmt einen besonderen Stellenwert ein, da er viel Nervenstärke und Erfahrung verlangt. Man denke nur an gegnerische Scharf- oder Heckenschützen, die mit gnadenloser Perfektion »arbeiten«. Das Töten des Gegners ist hierbei nicht immer vorrangig, mit Verwundeten lässt sich die Psyche des Gegenübers viel effektiver angreifen. Nirgends wird mehr Fantasie eingesetzt als beim Orts- und Häu-

Rechts: In ihrer Ausgabe vom 3. Februar 2000 berichtete die *Eckernförder Zeitung* über die Arbeit von Hauptbootsmann Detlef »Tito« Thiede im Kosovo. Der ausgebildete Kampfschwimmer und Kampfmittelbeseitiger räumte einen mit Tierkadavern und Sprengfallen verseuchten Brunnen.
Mit freundlicher Genehmigung der *Eckernförder Zeitung*

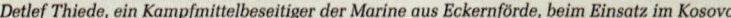

## Stationen eines Einsatzes:

- Kampfschwimmer Detlef Thiede unmittelbar vor seinem Abstieg in einen mit verdeckten Ladungen und Tierkadavern verseuchten Trinkwasserbrunnen (oben).
- Mit höchster Anspannung und Konzentration in den Brunnen (Foto rechts).
- Vom gefährlichen Einsatz gezeichnet – Detlef Thiede aus Eckernförde danach (ganz rechts).

*Detlef Thiede, ein Kampfmittelbeseitiger der Marine aus Eckernförde, beim Einsatz im Kosovo*

# Einsatz bis zum Kommando „minenfrei!"

*Die Bundeswehr setzt seit dem Einmarsch in den Kosovo im Juni 1999 Spezialisten für das Auffinden und die Beseitigung von explosiven Gegenständen wie Minen, versteckte Ladungen und Blindgänger ein. Ihre Aufgabe wird im Militärjargon kurz – „EOD" genannt – Explosive Ordnance Disposal (Kampfmittelbeseitigung). Der in Eckernförde stationierte Detlef „Tito" Thiede gehört zum 3. deutschen Kontingent im Kosovo und setzt die verdienstvolle Arbeit seiner Eckernförder Vorgänger aus der Waffentaucherkompanie fort. Oberstleutnant Klaus Geier, Pressesprecher des 3. deutsches Heereskontingents im Kosovo, hat unserer Zeitung einen aktuellen Bericht geschickt und die Arbeit des Eckernförders beschrieben.*

ECKERNFÖRDE/PRIZREN
Klaus Geier

Im deutschen Verantwortungsbereich der multinationalen Brigade Süd (MNB-S) im Kosovo findet man diese Spezialisten für die Kampfmittelräumung in Suva Reka, im Camp „Casablanca", wo neben Österreichern und Schweizern auch das deutsche verstärkte Pionierbataillon untergebracht ist. Der vierten Kompanie unter Führung von Hauptmann Marcus Buß obliegt neben dem Wiederaufbau von halb zerstörten Häusern und dem Straßenbau auch der Spezialauftrag Kampfmittelräumung. Sechs Trupps mit jeweils drei Kampfmittelräumern, zwei Kraftfahrern und einem Sprengstoffspürhund sind im „EOD-Zug" unter Führung von Hauptmann Benno Hauschild zusammengefasst.

Kampfmittelräumung ist üblicherweise eine Aufgabe von Soldaten des Heeres. Einer der „Exoten", neben denen der Luftwaffe, ist der „EOD 6" oder wie der Trupp auch treffend bezeichnet wird „EOD MARINE". Truppführer ist Hauptbootsmann Detlef Thiede (39), seit Jahren „Tito" genannt, aus Lehmsiek mit Dienstort in Eckernförde bei der Waffentauchergruppe der Marine.

Detlef „Tito" Thiede, auf den ersten Blick eine sympathische, warmherzige Erscheinung, die mit beiden Beinen im Leben steht. Der gebürtige Niedersachse (Salzgitter) begann 1980 seine Bundeswehrlaufbahn bei der Marine und kam über die Kampfschwimmer zur Waffentauchergruppe mit dem Spezialauftrag EOD. Bis zum Entschärfen des ersten Blindgängers war es ein sehr langer Ausbildungsweg.

Aber für Detlef Thiede bedeutet diese Arbeit, um den ersten mit Passion nachzugehen: „Es ist die Arbeit an einer Materie, die mir selber auch liegt. Es macht Spaß, mit Munition zu arbeiten, wenn man damit umzugehen weiß.

Die Gefahr bei einer solchen Tätigkeit richtig einschätzen zu können, ist überlebenswichtig." Das Leuchten seiner Augen unterstreicht nur zu deutlich die Ernsthaftigkeit seiner Aufgabe.

Mit einem gewissen Stolz schaut Hauptbootsmann Thiede auf eine Reihe von Einsätzen zurück, die ihn an die verschiedensten Orte der Welt führten: „Golf, Mittelmeer, Afrika: Bis jetzt insgesamt ein Jahr Seefahrzeit mit ungefähr 150.000 Seemeilen, und das nur als Mitfahrer einer Landeinheit der Marine." Dass dies nicht nur ein Beruf für Junggesellen ist, widerlegt „Tito" sofort. Seine Augen fangen an zu glänzen, wenn er an seine Familie denkt. Lächelnd erzählt er von seinem Heim, seiner Frau Christiane und seinen beiden Kindern Janine (10) und Andre (8). „Seit einem Jahr wohnen wir in Lehmsiek, ein kleiner Nachbarort von Eckernförde; dort haben wir gebaut. Es ist wirklich klasse: Ruhig, Natur pur."

Fragt man ihn, wo genau dieser Ort liegt, ist seine Erklärung mit einem Schmunzeln: „Da ist die gute Kneipe in Lehmsiek, wo man sehr gut essen kann."

Seit dem 10. November 1999 ist er im Kosovo-Einsatz. Das Einsatzfeld der Männer um ihn herum ist hier noch um ein Vielfaches größer. Sie beseitigen auf Straßen und

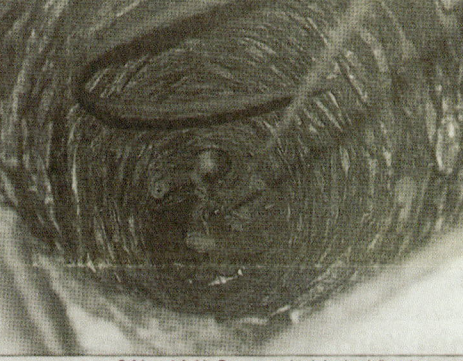

*Gefahrenstufe 1 im Brunnen – es ist wieder einmal alles gut gegangen.*

Wegen Kampfmittel aller Art, die während des Kosovo-Krieges durch die Serben und auch die UCK verlegt wurden. Nicht nur Grundvoraussetzung für die Bewegungsfreiheit von Soldaten und Zivilbevölkerung, sondern auch die entscheidende Grundlage für den Wiederaufbau und die wirtschaftliche Entwicklung. Sie entschärfen Blindgänger. Sie sind die Männer an der Spitze, wenn es darum geht, unbekanntes Gelände oder Gebäude zu betreten und für die Nutzung vorzubereiten. Sie kontrollieren bereits als minenfrei gemeldete Bereiche.

Bei allen Aktionen bis zum erlösenden Kommando „minenfrei!" steht aber an allererster Stelle die eigene Sicherheit und die der Bevölkerung.

Der Hauptbootsmann erinnert sich noch sehr gut an seinen ersten scharfen Einsatz zwei Tage nach seiner Ankunft im Kosovo: „Wir sind hier in der Nähe in einen Ort gefahren, da hatten zwei kleine Kinder Nato-Submunition gefunden, die ich normalerweise aufgrund ihrer Brisanz nicht anfassen darf. Die Kinder hatten die Munition aber schon den Berg runter gebracht und den Pionieren übergeben. Natürlich wurde sofort alles abgesperrt, die Munition lag neben einem Zelt, das als Schule diente. Die Szene werde ich wohl nie vergessen. Die Sicherheit zum Sprengen war nie und nimmer gegeben, also musste man sich etwas einfallen lassen. Per Sprachmittler haben wir den Leuten zu verstehen gegeben, dass sie bestimmte Abstände halten sollen. Zur Sprengung haben wir dann ein 'Sprenggrube' vorbereitet. Es war Eile geboten, da ein Gewitter zog auf, und durch die damit verbundene statische Aufladung der Luft wurde es noch gefährlicher. Mit Sprengladungen haben wir dann die Blindgänger gezündet, es ging alles gut. Tja, das war meine Feuertaufe im Kosovo, ich war wirklich erleichtert."

Inzwischen ist der Experte schon 38-mal mit seinen Jungs vom „EOD 6" ausgerückt. „Jede Situation war anders – aber immer spielte die Zusammenarbeit im Team eine ganz große Rolle. Sie sind klasse, ein Team, wie man es sich nur wünschen kann. Ich habe den Kopf frei, mich ganz und gar meiner Aufgabe zu widmen. Ich weiß, dass die Jungs mir hundertprozentig gewissenhaft zuarbeiten. Manchmal hat man aber schon schweißnasse Ränder unter den Achseln ..."

Der Marinemann und seine Kameraden nutzen jede Gelegenheit, um Erlebtes durch Analysen und Gespräche zu verarbeiten und psychischen Druck abzubauen. Für die Nachfolger werden Dokumentationen angefertigt, damit sie sich schon in der Ausbildung in Deutschland auf die Gegebenheiten im Kosovo einstellen können.

Eine Sache kommt Thiede zugute: „Wenn ich nicht wüsste, dass bei meiner Familie zu Hause alles in Ordnung wäre, könnte ich nicht mit einem klaren Kopf an so eine Problematik herangehen, wo man sich bewusst einer größeren Gefährdung aussetzt. Ich würde immer nur an meine Familie denken. Sie kommt klar, und das ist gut so."

Dies ist die Rückenstärkung, die jedem Soldaten im Kosovo den sechsmonatigen Einsatz erleichtert.

*Gastfreundschaft des Balkans nach dem Einsatz – meist gibt es Tee oder Kaffee, diesmal einen Raki für alle. Fotos: Kfor*

Erinnerungsfoto deutscher Kampfschwimmer nach einem gemeinsamen Training mit den SEALs in den Vereinigten Staaten. Am Pult das Wappen und Tätigkeitsabzeichen der amerikanischen Kampfschwimmer, der *Trident* (Adler mit Anker, Neptuns Dreizack und Pistole).

serkampf. Aus einer solchen »Vielfronten-Kampfzone« Personen herausholen zu müssen, kann sich als sehr schwierig und gefährlich erweisen,

weil die zur Rettung eingesetzten Soldaten meist ortsunkundig und dadurch im Nachteil sind. Man muss ein Gespür für Gefahren entwickeln und versuchen sich in den Gegner hineinzuversetzen, versuchen, wie er zu handeln. Karten und Luftaufnahmen sind sicher hilfreich, doch direkt vor Ort fällt die Orientierung oft schwer, zumal wenn alles zerstört ist. Es gibt unzählige Verstecke, wo man Gefangene verbergen kann. Vor allen Dingen kann man diese Verstecke immer wieder wechseln und somit einen Gegner irreführen. An oder in solchen Örtlichkeiten ist natürlich überall mit einem Hinterhalt zu rechnen. Versteckte Minen und Sprengfallen sind hier besonders beliebt. Sie eignen sich hervorragend zur Eigensicherung und um einem Gegner empfindliche Verluste zuzufügen. Der Krieg auf dem Balkan hat gezeigt, dass sich die dortigen »Kämpfer« wie schon während des Zweiten Weltkriegs einen Dreck um die Genfer Konfession, die Haager Landkriegsordnung oder sonstige internationale humanitäre Abmachungen kümmern.

Zur Ausbildung der Kampfschwimmer gehört auch die Suche nach Minen und deren Beseitigung. Alles gut und schön, doch bei einer Befreiungsaktion hat man nicht immer so viel Zeit, all

Deutsche Kampfschwimmer üben auch den Umgang mit Waffen und Gerät der US-SEALs. Im Bild ein leichter Lkw »Hummer«.
Foto: Michael Leibfritz

das erforderliche Material mitzunehmen bzw. einzusetzen. In Krisengebieten habe ich nach Möglichkeit kein leer stehendes Gebäude betreten, bevor nicht ein Hundeführer mit seinem speziell auf die Minensuche abgerichteten Vierbeiner darin war. Diese Tiere haben mich immer wieder fasziniert. Ihnen blieb nichts verborgen. Leider hat man nicht immer solche vierbeinigen Kameraden zur Verfügung.

Eines der wichtigsten Dinge im Vorfeld ist eine sorgfältige, genaue Aufklärung, sofern möglich. Sie ist die halbe Miete. Eine besondere Beobachtungsgabe, Geduld und wiederum viel Erfahrung sind Geschwister des Aufklärungserfolgs. Unsere deutschen Fernspäher nehmen auf diesem Gebiet, dies muss man neidlos anerkennen, national und international eine Spitzenstellung ein. Für die Spähaufklärung haben wir, wenn es möglich war, immer Jungs eingesetzt, die von den Fernspähern

zur KS »übergewechselt« waren. Ihre Erfahrung, die sie aus ihren alten Einheiten mit- und bei uns einbrachten, waren und sind nur schwer zu übertreffen. Als Vorgeschobene Beobachter, als Späher und Pfadfinder sind diese Männer sehr wertvoll. Auch von den SEALs hat die KS in Sachen Aufklärung viel gelernt. Vereinzelt haben auch Kampfschwimmer ein geradezu traumhaft sicheres Gespür für diese Aufgabe entwickelt.

## Fallschirmspringen

Ohne Zweifel nimmt das Freifallspringen in der Kompanie einen hohen Stellenwert ein. Wer die Pflichtkurse vom Automatik- bis zum Insertionslehrgang in Altenstadt hinter sich gebracht hat, hat Gelegenheit sozusagen auf Teufel komm raus zu springen. Im In- und Ausland, im militärischen und beim Sportspringen, dienstlich wie zivil, hat

Der erste Fünferstern mit Neopren und Schwimmflossen (1978). Links im Bild Rolf Leip und Peter »Olli« Oltmann (schwarz). Rechts davon Alois Schauer, Wolfgang Wegscheider, Bernd Nieländer. Am 30. März 1984, zum 20jährigen Jubiläum der KS, haben ausgesuchte KSler eine Uraufführung des 8-er Neoprensternes präsentiert. Das Besondere daran war: Der Sprung, durch Neopren und Flossen schon erschwert, wurde zusätzlich mit Gepäck durchgeführt. Aufgrund des damals schlechten Wetters konnte kein Foto gemacht werden. Hauptbootsmann Oltmann und sein Team wurden dafür besonders ausgezeichnet.

# Zehn Fallschirmspringer stellten Höhenrekorde auf

### Fünf Eckernförder Kampfschwimmer beteiligt

Eckernförde. Zehn Fallschirmspringer, darunter fünf Kampfschwimmer aus Eckernförde, haben über dem Truppenübungsplatz Hohn zwei deutsche Höhenrekorde im Gruppenfallschirmspringen bei Tag und bei Nacht aufgestellt. Gleichzeitig wurden diese Leistungen als Weltrekorde vom deutschen Aero-Club, Abteilung Fallschirmsport, beim internationalen Fallschirmverband angemeldet. Der bisherige Weltrekord in dieser Disziplin

wird von einer russischen Acht-Mann-Gruppe gehalten. Für die Zehn-Mann-Gruppe wurde der Rekord jetzt zum ersten Mal erstellt.

Unter den erfolgreichen Springern der Reservisten-Luftsportgruppe Schleswig-Holstein, die aus aktiven Soldaten und Reservisten aller Dienstgrade besteht, befanden sich (in dieser Reihenfolge auch auf dem Bild) der Ex-Kampfschwimmer und derzeitige leitende Sportlehrer in Damp 2000 Werner Würger (29), Obermaat Wolfgang Wegschneider (22), Obermaat Alois Schauer (23), Hauptbootsmann Peter Oltmann (32) von der Kampfschwimmerkompanie und Kapitänleutnant Rolf Leip (36), S-Boot-Kommandnt und zukünftiger Chef der Kampfschwimmerkompanie in Eckernförde.

Die Rekordsprünge konnten auf Grund der großzügigen Unterstützung durch das Lufttransportgeschwader 63 und der hervorragenden Leistung der Flugzeugbesatzung in einem Trainingslager vorbereitet und schließlich am 26. August und in der Nacht zum Mittwoch durchgeführt werden. Die Springer stiegen aus der Absetzmaschine „Transall" in 9 500 Meter Höhe bei einer Anfluggeschwindigkeit von 300 Stundenkilometern nach einigen letzten kräftigen „Schlucks aus der Pasche" (Sauerstoffflasche) aus. Die Außentemperatur betrug 50 Grad minus.

Kurz nach dem Ausstieg erreichten die Springer eine Fallgeschwindigkeit von etwa 400 Stundenkilometern, die sich kontinuierlich mit zunehmender Luftdichte bis zum Öffnen der Schirme bis auf etwa 200 Stundenkilometer verringerte. Die Springer befanden sich 9 000 Meter in freiem Fall, der zwei Minuten und 20 Sekunden bis zur Auslösung des Fallschirms dauerte; dann etwa noch

vier Minuten am geöffneten Schirm bis zur Landung auf der Erde. Zur Sicherheit der Sportler waren in die Schirme barometrische Zwangsauslösungen eingebaut, die bei eventuellem Versagen eines Springers in 500 Meter Höhe wirksam würden.

Bei den Nachtsprüngen wurden an Armen und Beinen der Springer Taschenlampen angebracht, die ein gegenseitiges Erkennen während des freien Falles sowie die Beobachtung der Amaturen, Höhenmesser und Stoppuhr ermöglichten. Automatische Druckschreiber zeichneten den Hö-

henzug graphisch auf. Die empfindlichen Geräte werden gegenwärtig vom Deutschen Aero-Club ausgewertet. Die Sprünge wurden außerdem von einem Schiedsrichter und zwei Sportzeugen nach internationalen Regeln kontrolliert.

Der bisherige deutsche Rekord im Höhensprung wurde 1968 von vier Springern mit einer Freifallstrecke von 8 770 Metern aufgestellt. Die Erstaufstellung des Rekordes eines Zehn-Mann-Gruppensprunges aus dieser Höhe bei Nacht und bei Nacht sowie die Brechung des bisher gehaltenen Vier-Mann-Höhenrekordes bei Tagesbedingungen wurde nur durch die großzügige Unterstützung der Bundeswehr möglich.

Die erfolgreichen Kampfschwimmer aus Eckernförde.          Foto: Privat

Die *Eckernförder Zeitung* berichtete in ihrer Ausgabe vom August 1975 über den Höhenrekord im Gruppenfallschirmspringen bei Tag und Nacht. Die Abbildung zeigt die fünf beteiligten Kampfschwimmmer (v. r. n. l): Kapitänleutnant Rolf Leip, Hauptbootsmann Peter »Olli« Oltmann, Obermaat Alois Schauer, Obermaat Wolfgang Wegscheider, Hauptbootsmann d. R. Werner Würger. Der spätere Oberleutnant z. See d. R. Würger war der erste KS-Fallschirm-Tandemlehrer und in seiner aktiven Zeit einer der besten deutschen Fallschirmspringer. Mit einer handverlesenen Mannschaft sprang er zu Beginn der 90er-Jahre sogar über dem Nordpol ab.
Mit freundlicher Genehmigung der *Eckernförder Zeitung*

die Springerei der Kampfschwimmer nie Grenzen gefunden. Es gab immer wieder neue Herausforderungen. Die so genannten »Skygötter« der Kompanie haben Kampfschwimmergeschichte geschrieben. Sie haben sich nicht nur unter teils erheblichen privaten und finanziellen Einschränkungen für die Sache eingesetzt, sondern manchmal unter Einsatz ihrer Gesundheit und ihres Lebens das hohe Ansehen und die Einsatzbereitschaft der Kompanie und letztlich der Bundeswehr aufrecht erhalten. Zusätzlich haben sich einige auch im zivilen Bereich als Sprunglehrer, *Tandemmaster* und im Fallschirmprüferbereich her-

vorgetan. Diese Männer sind trotz Ihrer herausragenden Leistungen bescheiden und teilweise unbekannt geblieben. Sie verdienen es, genannt zu werden.

Den Stein brachte zweifellos Fregattenkapitän Rolf Leip ins Rollen. Nachdem Mitte der 70er-Jahre das »Flächen-« oder »Matratzenspringen« in Mode kam, so genannt wegen der neuen, rechteckigen Form der Fallschirmkappe, erfreute sich das Freifallspringen steigender Beliebtheit. Rolf Leip, damals als Kapitänleutnant selbst ein begeisterter Freifaller, förderte das Springen in der Kompanie auch durch sein eigenes erfolgreiches

Eine Viererformation (Doppelzwilling) in freiem Fall bei ca. 200 km/Std.

Die Deutsche Nationalmannschaft mit von links nach rechts stehend: Rolf Leip (Eckernförde), Lothar Lippold (Iserlohn), kniend: Willi Gutsche (Lippstadt), Wolfgang Griese (Berlin).

# Chef der Eckernförder Kampfschwimmerkompanie gewinnt World Cup 1976

Eckernförde (T). Kapitänleutnant Rolf Leip, Chef der Eckernförder Kampfschwimmer, gewann beim World Cup im Fallschirmsportspringen in Oudtshoorn, Süd-Afrika, als Mitglied der Deutschen Nationalmannschaft den World Cup 1976 im Vierer-Formationsspringen. Dies ist einer der grösten Erfolge, der von einer deutschen Fallschirmsport-Nationalmannschaft errungen wurde.

18 Mannschaften aus 12 Nationen stellten sich diesem Wettkampf. Das Vierer-Formationsspringen ist eine neue Disziplin im Fallschirmsport. Vier Springer verlassen in 2.500 Meter Höhe das Flugzeug und versuchen in freiem Fall, während einer „Arbeitszeit" von 35 Sekunden fünf sogenannte Formationen zu bilden. Eine derartige Formation ist zum Beispiel der „Stern", bei dem sich die Springer an den Händen fassen, oder die „Raupe" bei der sie hintereinanderliegend, die Beine des Vordermannes greifen.

Um von einer Formation zur anderen zu kommen, muß tatsächlich „geflogen" werden, es müssen Höhenunterschiede und horizontale Abstände zwischen den Springern ausgeglichen werden. Zum Teil ist es dabei sogar notwendig, rückwärts zu fliegen. Diese Art des Fallschirmspringens erfordert viel Übung, absolute Körperbeherrschung und Konzentration. Die Bewertung des Formationsspringens erfolgt durch ein Schiedsrichtergremium vom Boden aus, das sich starker Ferngläser bedient.

Rolf Leip gewann in diesem Jahr bereits mit einer Kampfschwimmer-Mannschaft die deutsche Vizemeisterschaft im Formationsspringen. Seine anschließende Berufung in die Deutsche Nationalmannschaft und der Gewinn des World Cup auf Anhieb stellt eine absolute Glanzleistung dar.

**Rolf Leip gewinnt 1976 in Südafrika den *World Cup* im Fallschirmspringen.**
Mit freundlicher Genehmigung der *Eckernförder Zeitung*

**Zwei deutsche Fallschirm-Legenden: Rolf Leip und »Tiger«-Schulz von Altenstadt im Kreise von Kampfschwimmer-Kameraden am Flugplatz Rendsburg.**
Foto: Joachim Hansen

# Fregattenkapitän Rolf Leip

Wenn jeder Kampfschwimmer vom Leistungsniveau her gesehen schon eine Ausnahmeerscheinung darstellt, so galt dies in besonderem Maße für Rolf Leip, der als charismatische Führerpersönlichkeit und Leistungssportler schon zu Lebzeiten zur Legende wurde.

Rolf Leip

## Tabellarischer Lebenslauf

| | |
|---|---|
| 7. April 1939 | geboren in Braunschweig, aufgewachsen ebenda; Abitur 1960 |
| 1960–1963 | Studium der Medizin in Marburg und Freiburg im Breisgau |
| Oktober 1963 | Eintritt in die Bundeswehr (Marine) |
| April 1965 | Ernennung zum Fähnrich zur See |
| Dezember 1965 | Berufsoffiziersprüfung an der Marineschule Mürwik |
| Juli 1966 | Ernennung zum Leutnant zur See |
| 1968 | Waffentaucherausbildung einschließlich Sonderlehrgang Kampfschwimmer |
| Dezember 1968 | Ernennung zum Oberleutnant zur See / Schnellbootkommandant am Marinestützpunkt Kappeln |
| Januar 1969 | Fallschirmspringerlehrgang |
| Dezember 1969 | Einzelkämpferlehrgang |
| März 1972 | Ernennung zum Kapitänleutnant |
| September 1972 | Goldenes Fallschirmspringer-Leistungsabzeichen |
| 1974–1975 | *Amphibious Warfare School* am *Marine Corps Education Center* in Quantico / Virgina (USA) |
| August 1975 | Weltrekord im Höhengruppenfallschirmsprung (9500 m) |
| November 1975 | Chef der Kampfschwimmerkompanie in Eckernförde |
| November 1976 | Gewinner des *World Parachuting Cup* in der Viererformation in Oudtshoorn/Südafrika |
| Mai 1977 | Ernennung zum Korvettenkapitän |
| 1977 | Vizeweltmeister im Formationsfallschirmspringen in Australien |
| 1978 | Zweifacher Deutscher Meister im Formationsfallschirmspringen (Vierer- und Achterformation) |
| September 1980 | Stabsoffizier in Kiel |
| Oktober 1980 | Ernennung zum Fregattenkapitän |
| Juli 1982 | Sieger beim Marathonlauf in Husum (2,47 Std.) |
| April 1983 | Stabsoffizier beim Flottenkommando in Glücksburg |
| Noch 1983 | 100-km-Lauf in Arolsen; 2. Platz beim Kiel-Marathon (M40/2,40 Std.) |
| August 1986 | Teilnahme am *Carrousel français* (»Tour de France« für Amateure; 2246 km in zwei Wochen) |
| Januar 1989 | Kommandeur des Seebataillons (Amphibische Gruppe) in Eckernförde |
| 24. Juni 1989 | Tödlich verunglückt bei einem Fallschirmsprung in Bad Lippspringe |

# Eckernförder Kampfschwimmer beim „Para Cross 77" erfolgreich

**Eckernförde.** Alljährlich veranstaltet das II. Korps den Internationalen Para Cross Wettbewerb, an dem sich Mannschaften der Nato-staaten sowie der Schweiz beteiligen. Der Wettkampf, der an zwei Tagen durchgeführt wird, stellt höchste Anforderungen an Kraft, Ausdauer und Technik der Teilnehmer. Der erste Wettkampftag beginnt mit einem 500-m-Crosslauf im Kampfanzug, Springerstiefeln und 5 Kilogramm Gepäck. Nach einer einstündigen Pause steht das Pistolenschießen auf dem Programm, bei dem jeder Schütze mit der Armeepistole seines Landes 10 Schuß abgeben muß. Nachmittags beginnt das Fallschirmzielspringen, in dessen Verlauf 6 Sprünge absolviert werden müssen. Am zweiten Tag wird der Wettbewerb mit einem Hindernisschwimmen fortgesetzt, bei dem die Teilnehmer im Kampfanzug eine 100-m-Strecke in eiskaltem Quellwasser zurücklegen müssen. Am Nachmittag endet der Wettkampf mit den restlichen Zielsprüngen.

Bei dem diesjährigen Para Cross war erstmalig eine Mannschaft der Kampfschwimmerkompanie Eckernförde vertreten. Das Team, das vom 2. bis 6. Juni nach Weingarten reiste, setzte sich aus folgenden Soldaten zusammen: Mannschaftsführer Lt (Us-Navy) Carley, OBtsm Nieländer, Btsm Wegscheider, Btsm Schauer, Trainer und Ersatzmann OBtsm Erb und als Sportzeuge OBtsm Heinrich. Außer der Kampfschwimmermannschaft waren noch 12 andere Teams aus 5 Nationen vertreten.

Während des ersten Wettkampftages stellte sich heraus, daß die Neulinge aus Eckernförde gut vorbereitet nach Weingarten kamen und so hatten sie bis zum Abend einen guten Platz im Mittelfeld erkämpft. Beim Hindernisschwimmen am zweiten Tag fiel der Mannschaft die Favoritenrolle zu, der sie

dann auch voll gerecht wurden. In der Einzelwertung des Schwimmens belegten OBtsm Nieländer, Lt Carley und Btsm Wegscheider die ersten drei Plätze und stellten gleichzeitig einen neuen Bahnrekord auf. Zusammen mit dem 7. Platz von Btsm Schauer erkämpfte sich die Kampfschwimmerkompanie den Mannschaftssieg im Hindernisschwimmen.

Durch dieses hervorragende Abschneiden kletterte die Mannschaft in der Kombinationswertung so weit nach oben, daß sie nach den letzten Zielsprüngen auf einem ausgezeichneten 4. Platz lag. Die erste Mannschaft der Schweiz wiederholte ihren Vorjahreserfolg und wurde Kombinationssieger. Den 2. Platz belegte die Luftlande- und Lufttransportschule Altenstadt, während die 2. Mannschaft der Schweiz den 3. Rang erreichte, dicht gefolgt von der Kampfschwimmerkompanie.

Das gute Ergebnis der einzigen Marinemannschaft fand allgemeine Bewunderung und Anerkennung, wobei man sagen muß, daß die Kampfschwimmer mit mehr Wettkampferfahrung sogar einen besseren Platz hätten belegen können.

**Das erfolgreiche Team der Eckernförder Kampfschwimmerkompanie.**

**Foto: TZ**

Bericht über die erfolgreichen Kampfschwimmer vom *Para Cross 77* (v. l. n. r.): US-Leutnant Norman Carley, Bootsmann Wolfgang Wegscheider, Oberbootsmann Bernd Nieländer, Bootsmann Alois Schauer; kniend (v.l.) Oberbootsmann Herbert Heinrich, Oberbootsmann Helmut Erb.
Mit freundlicher Genehmigung der *Eckernförder Zeitung*

Vier Kampfschwimmer im freien Fall aus 1.200 Metern Höhe bei den 9. Divisionsmeisterschaften.

Fotos: Höck

# Auch am Fallschirm erste Klasse

## Kampfschwimmer gewannen Divisionsmeisterschaft im Fallschirmspringen

Daß die Kampfschwimmer nicht nur gut schwimmen und tauchen sondern auch ebensogut mit dem Fallschirm umgehen können, stellten fünf Männer der in Eckernförde stationierten Kampfschwimmerkompanie vor wenigen Tagen wieder einmal unter Beweis. Oberleutnant zur See Karl Ditel, Leutnant zur See Michael Furtner und die Oberbootsmänner Ralf Grabowsky, Peter Spanke und Michael Höck, alle Mitglieder der Marine-Spezialeinheit, waren bei den diesjährigen Divisionsmeisterschaften der Bundeswehr im Fallschirmspringen vom 3. bis 7. Juli gestartet. Bereits zum 9. Mal wurde dieser Wettkampf durchgeführt.

Ausrichter war diesmal das erst vor einigen Monaten neu aufgestellte Kommando Luftbewegliche Kräfte (KLK) der Bundeswehr in Regensburg. Es trafen sich 21 Mannschaften von allen Luftbeweglichen Fallschirmspringer Einheiten der Bundesrepublik Deutschland, zwei Mannschaften aus der Österreichischen Fallschirmjägertruppe sowie ein Team der Fernspähkompanie 17 der Schweizer Armee.

Der Wettkampf bestand aus sechs Fallschirmgruppenzielsprüngen welche aus einer Höhe von 1200 Meter durchgeführt werden. Abgesetzt werden die Springer aus einem Transporthubschrauber vom Typ CH 53. Ziel ist es, möglichst eine im Durchmesser fünf Zentimeter „große" Scheibe am Boden zu treffen. In dieser Disziplin erlangte die Mannschaft der Kampfschwimmerkompanie einen zweiten Platz hinter Österreich, womit eigentlich keiner gerechnet hatte, denn speziell im Fallschirmzielspringen ist die Leistungsdichte sehr eng.

Eine weitere Wettkampfdisziplin, welche ebenfalls in die Gesamtwertung einging, war der sieben Kilometer Geländelauf. Dort konnten sich die Kampfschwimmer einen dritten Platz in der Mannschaftswertung erarbeiten. Krönender Abschluß waren drei Formationssprünge aus 2700 Metern. Ziel in dieser Disziplin ist es, innerhalb 30 Sekunden Freifallzeit möglichst viele vorgegebene Gruppenformationen zu fliegen. Dies erfordert nicht nur einen hohen Leistungsstandart jedes einzelnen, sondern auch eine gute Harmonie innerhalb des Teams, was normalerweise mit einem großen Trainingsaufwand verbunden ist.

In diesen Durchgängen konnten sich die Kampfschwimmer deutlich vom übrigen Feld absetzen und gewannen somit das Formationsspringen. Dieser Sieg im Formationsspringen verbunden mit dem 2. Platz im Zielspringen und der 3. Plazierung beim Geländelauf ergaben am Ende Platz 1. der Gesamtwertung – punktgleich mit dem Ausbildungszentrum für Fallschirmspringer Wiener Neustadt aus Österreich. Diese Plazierung war ein großer Erfolg, welcher zeigt, daß die Kampfschwimmer auch in der Luftbeweglichkeit nicht vor anderen Einheiten verstecken müssen.                           (dg)

Punktgleich auf Platz 1 bei der Divisionsmeisterschaft im Fallschirmspringen: Kampfschwimmer aus Eckernförde (Fleckentarnung) und Fallschirmjäger aus Österreich.

»Auch am Fallschirm erste Klasse« betitelte die *Mittelbayerische Zeitung* den Gewinn der Divisionsmeisterschaften der Bundeswehr im Fallschirmspringen durch die Kampfschwimmer im Juli 1995 .
Mit freundlicher Genehmigung der *Mittelbayerischen Zeitung*, Regensburg. Die Fotos stammen von KS Michael Höck.

Eine Gruppe macht sich fürs kombinierte Absetzen bei *einem* Anflug bereit: Gepäcksprung, Wassersprung und Sportformationssprung. Absetzer: Oberbootsmann Probst.

Mitwirken in der Szene. So gewann er 1977 zusammen mit den Hauptbootsleuten Oltmann und Magay sowie dem gastierenden SEAL-Leutnant Carley die Goldmedaille im Formationsspringen. Den 3. Platz errang die 2. Mannschaft der Kampfschwimmerkompanie. 1975 stellten zehn deutsche Fallschirmspringer, fünf davon Kampfschwimmer (Rolf Leip, Peter »Olli« Oltmann, Alois

Schauer, Wolfgang Wegscheider, Werner Würger), zwei deutsche Höhenrekorde bei Tag und bei Nacht auf. Diese Leistungen wurden gleichzeitig als Weltrekorde vom deutschen Aero-Club beim internationalen Fallschirmverband gemeldet. Der Gewinn des *World Cup* 1976 in Südafrika als Mitglied der deutschen Nationalmannschaft krönte die Erfolge des damaligen Kompaniechefs

Rolf Leip. Kurz davor hatte er mit einer Kampfschwimmermannschaft die deutsche Vizemeisterschaft im Formationsspringen gewonnen. Beim *Para Cross 77* – einem militärischen Mehrkampf mit Geländelauf, Pistolenschießen, Hindernisschwimmen und zwei Fallschirmdisziplinen – war die Kompanie erstmals vertreten und schnitt mit einem hervorragenden 4. Platz ab. Die Mannschaft setzte sich aus US-Leutnant Carley, Oberbootsmann Nieländer, Bootsmann Schauer, Bootsmann Wegscheider, dem Trainer und Ersatzmann Oberbootsmann Erb sowie dem Sportzeugen Oberbootsmann Heinrich zusammen.

## Auch ein Rekord

24. 6. 1971, Fallschirmsprungdienst in Charlottenhof, Sprung aus 4600 m Höhe. Alle liegen stabil, bei 800 m wird gezogen. Einer zieht nicht... überschlägt sich... »rödelt«...zieht immer noch nicht...Reserveschirm?... Entsetzen auf allen Gesichtern...einer haucht noch ein »Exitus«...

Da... da steht er plötzlich voll am Himmel, der Reserveschirm – die Füße des Springers sind knapp 2 m über dem Boden – und fällt gleich darauf durch den Landefall wieder zusammen.

Ein Jeep mit dem Arzt jagt los... Warten... und dann kommt er wieder, mit einem fröhlich lachenden Kampfschwimmer auf dem Kotflügel liegend: »Oh Mann, oh Mann!«

Erich Kalin feiert Geburtstag...

(Hauptfeldwebel Schulz von der Luftlandeschule [der »Tiger«] – hätte bestimmt gesagt: »Männlich gezogen...«)

Aus der Festschrift »10 Jahre Kampfschwimmerkompanie«, 1974

Beim Hindernisschwimmen, der Paradedisziplin der Kampfschwimmer, belegten die ersten Plätze Oberbootsmann Nieländer, Leutnant Carley und Bootsmann Wegscheider in der Einzelwertung und stellten gleichzeitig einen neuen Bahnrekord auf. In den folgenden Jahren standen beim *Para Cross* und bei internationalen Fallschirm-Wettkämpfen immer Kampfschwimmermannschaften mit auf dem Treppchen. Diese Erfolgsstrecke, gepflastert mit Rekorden und Best-

leistungen, setzt sich bis heute fort. Fast jeder Freifaller der Kompanie hat sein Scherflein dazu beigetragen. Hauptbootsmann Grabowski hat erst 2000 einen Höhenrekord im Fallschirmspringen aus 10.000 m Höhe aufgestellt und sich damit in die Reihe der Besten eingegliedert. Während der Recherchen zu diesem Buch stellte ich fest, dass es den gegebenen Umfang bei Weitem sprengen würde, die Erfolge einzeln aufzuzählen. Für Interessenten besteht jedoch die Möglichkeit, z.B. bei einem »Tag der offenen Tür« in der Kompanie sich anhand der unzähligen Urkunden, Pokale, Fotos und sonstiger Erinnerungsstücke, die alle in einer ansehnlichen Sammlung zusammengetragen wurden, vor Ort zu informieren. Selbstverständlich steht auch der Verfasser gerne für Informationen zur Verfügung.

Die meisten jungen Kampfschwimmer – auch ich – wurden schon als Schüler beim Sprungdienst der Kompanie für das Fallschirmspringen begeistert. Vor allem weil sie schnell feststellen konnten dass das Springen locker, wie vielleicht sonst nirgends in der Bundeswehr, und dabei sicher ablief. Gewisse Freiheiten waren, wie auch bei den anderen Diensten in der Kompanie, das Salz in der Suppe. Besonders die Vielseitigkeit hat es vielen angetan: Militärische Landsprünge, die ohne Zweifel immer besonderen aber aufwändigen Wassersprünge, Schausprünge im Rahmen der Öffentlichkeitsarbeit oder das militärische und zivilen Sportspringen bieten genug Möglichkeiten, sich zum Könner zu mausern. Die Teilnahme an zivilen Wettkämpfen wird von der Kompanie durch das mögliche Training beim Sprungdienst zwar gefördert, die Kosten für den »privaten« Schirm, obwohl er auch z.B. bei der Öffentlichkeitsarbeit gern gesehen wird, muss jeder Besitzer aber selbst tragen. Da kommt im Laufe der Jahre die Summe eines mittleren Neuwagens leicht zusammen, weil so `ne »Fläche« immer auf dem neuesten Stand sein muss und ja auch nicht ewig hält. Bedingt durch die vielen Sprünge ist im Schnitt alle drei Jahre eine neue Hauptkappe fällig. Wenn auch die Vorbereitungen zum Sprungdienst immer lästig sind, insbesondere wenn Wasserschirme gepackt werden müssen, lassen spätestens wenn sich die Rampe der C-160 Transall öffnet Lampenfieber und »Sprunggeilheit« jeden Vorbereitungsstress vergessen. Das Kribbeln in der Magenge-

Siebener-Stern über Eckernförde. Von rechts im Uhrzeiger-sinn: Alois Schauer (roter Helm), Mario Herrmann, Ralf Grabowski, Detlef Thiede, Willi Probst, Peter Spanke und Erich Adolf. Am oberen Bildrand »flascht« Jürgen Ziemann, in der Mitte am geöffneten Schirm schwebt US-Leutnant Jerry Weers.
Foto: Joachim Hansen

gend, eine gewisse Angespanntheit, die Konzentration auf den Sprung paaren sich mit der Überzeugung, etwas Außergewöhnliches zu tun. Alle wollen raus aus der Maschine, um den »Kick« des freien Falles zu genießen. Wie Rassepferde kurz vor einem Rennen drängelten wir oft auf die Rampe und wollten endlich raus. Der zum Absetzen »Verurteilte« musste die sprunggeile Meute oft bändigen. Unmittelbar vor dem Absprung jedoch konzentrieren sich alle auf ihre Aufgabe. Beim Relativspringen (Formationsspringen ) werden die jungen Freifaller in der Basis eingebaut, um ihnen Gelegenheit zu geben, das Anfliegen der Profis zu beobachten. Das richtige »Liegen« beim Absprung, im Anfliegen auf die Basis und in der Formation erfordert viel Übung und Geschick. Manchmal zerreißt es die Formation, weil beim Absprung einer gepennt hat. Am Boden sicher gelandet, schenken ihm die Kameraden dann reinen Wein ein. Da jeder von sich glaubt, er sei ein »Skygott«, muss sich der Unglückliche eine Menge anhören. Nirgends ist die Kritik härter als beim Springen. Doch wer das in diesem verschworenen Haufen nicht wegsteckt, ist fehl am Platze. Diverse Ausdrücke sind selten ernst gemeint, doch ein dickes Fell ist bei der Nachbesprechung sicher von Nöten. Nicht immer sind es die Jungen, die diese Geißelei ertragen müssen. Viele unter den »alten Böcken« bauen auch Mist oder vergessen, dass sie selbst auch schon öfter Mal »verzockt« haben. Der Leitende vom Sprungdienst muss dann »dazwischenschlagen«, um den Haufen wieder zu beruhigen. Von 20 Freifallern sind 15 die »Häuptlinge«. Und jeder weiss immer irgendwas besser. Die Ruhe von Olli oder Jens habe ich oft bewundert, wenn sie die Leitung hatten.

Beim Packen der Schirme verhält es sich oft wie bei einem Wettkampf. Jeder will als Erster fertig werden, um so viele Sprünge wie möglich zu machen. Erfahrene Packer »schmeissen« einen Flächenschirm MT-1 in zehn, zwölf Minuten sicher »zusammen«. Die packsichere Schnelligkeit ist vor

Der Verfasser bei seinem 1001. Sprung. Es war zufällig ein Tandemsprung, für den sich ein Kamerad aus der Kompanie zur Verfügung stellte. Flensburg, April 1994.

allem beim Hubschrauberspringen wichtig. Ungeübte haben das Nachsehen. Es ist zwar methodisch nicht unbedingt richtig, doch es erfüllt seinen Zweck. An Sprungtagen machen die Flinksten gut und gern zehn oder mehr Sprünge. Ein kleiner Höhepunkt am Ende des Sprungdienstes ist der Sprung in die Kaserne. In den letzten Jahren musste immer öfter aus Platzgründen auf dem Sportplatz gelandet werden. Aus Sicherheitsgründen springen natürlich nur die Erfahrensten in diese Liegenschaft.

Wassersprünge bedeuten schweißtreibende Arbeit. Dies beginnt mit dem Packen der Schirme schon einen oder mehrere Tage vor dem Ereignis und endet mit dem Aufhängen zum Trocknen in der Taucherübungshalle. Nicht nur das Gepäck, je nach Auftrag schnallt man sich z.B. zwei Kreislaufgeräte an das Gurtzeug, auch das Neopren

treibt einem in der Maschine den Schweiß auf die Stirn. Hinzu kommt die starke Beschränkung der Bewegungsfreiheit. Ich habe bei solchen Diensten gerne abgesetzt, allein schon weil es mich anwiderte, im eigenen Saft zu schmoren. Die Feinarbeit des Absetzens macht aber auch Spaß. Der Absprung aus dem Hubschrauber, egal ob Bell UH-1D, Sea–King oder Sea– Lynx, mit Neopren und Flossen erfordert besondere Konzentration. Viele haben bei den ersten Sprüngen Probleme mit der Stabilisierung, bedingt u. a. durch das Gepäck, das der Springer nach eigenem Ermessen entweder vorne oder hinten festschnallt. Wir sind z.B. bei Gepäcksprüngen aus der Transall öfters in einer Vierer- oder Sechser-Formation gesprungen; einfach um Mal wieder etwas Außergewöhnliches zu tun. Vor allem war es nicht so »langweilig«, wie ein einsamer Stein vom Himmel zu fallen. Das

**Nachtsprung mit Gepäck einer Sechsergruppe über die Heckrampe einer C-160 Transall.**
Foto: Olaf Gierke

funktioniert natürlich nur mit einigen Jahren Sprungerfahrung auf dem Buckel. Einer von vielen Sprüngen dieser Art wurde bei den Aufnahmen für einen Werbefilm, der die Laufbahn eines jungen Kampfschwimmers schildern sollte, auf Zelluloid gebannt. Vorbereitungen und Trainingssprünge liefen reibungslos. Wir sollten aus einer Transall rückwärts und uns gegenseitig festhaltend mit Gepäck abspringen. Auf der offenen Rampe stand die Kamera für die Innenaufnahmen, während ein Hubschrauber die andere für die Außenaufnahmen beförderte. Auf Kommando sprangen wir ab. Es war einer von tausend Sprüngen, die nicht hinhauen. Ich weiß heute noch nicht, wie mir trotz vorheriger, mehrfacher Kontrolle der Schnellverschluss vom Gepäck auf der rechten Seite aufgehen konnte. Wir wurden instabil und mussten nach einigen Drehungen um

die eigene Achse die Formation lösen. Ich klemmte mir das Gepäck zwischen die Beine und zog den Schirm in der besprochenen Höhe. Vor dem Sprung meinte Alois noch, ich solle einen normalen Karabiner zur Sicherung nutzen. Die sind nämlich sicherer als die Vorschriftsmäßigen. Beim nächsten Sprung befolgte ich seinen Rat.

Bei Sprüngen ins Wasser beginnt die eigentliche Arbeit nach der Landung. Da immer zwei Mann zusammen in den Einsatz gehen, muss der zweite Springer, also der Rottenkamerad, in unmittelbarer Nähe des ersten wassern. Dies muss schon in der Vorbereitung berücksichtigt werden, da jeder seine besondere Aufgabe hat. Einer transportiert z.B. die Kreislaufgeräte, der andere die »Bombe«. Die Rotte benötigt einige Zeit nach der Wasserlandung, um sich zum Abtauchen klarzumachen. Da dies oft nachts geschieht, bringt

»Sooo stark sind unsere Kampfschwimmer...«1985 in Regensburg waren nicht nur Fallschirmkünste gefragt, sondern auch Muckis im Dienste der Marinewerbung. Genauer gesagt ging es hierbei um die Versteigerung eines Ankers zu wohltätigen Zwecken.

dieses Verfahren so seine Tücken mit sich und setzt Erfahrung voraus. Die Wasserschirme sind im scharfen Einsatz Verbrauchsmaterial, da sie weder geborgen noch mitgeführt werden können.

Für die Eckernförder und die Touristen sind die Sprungtage und -wochen der KS immer eine willkommene Abwechslung. Bei den Eckernförder Festtagen gehören Fallschirmabsprünge und Landungen am Strand zu den Attraktionen. Unzählige Male waren Angehörige der Kompanie springend in Sachen Werbung und Öffentlichkeitsarbeit unterwegs. Ulli Wich, Alois Schauer, Ralf Grabowski und meine Wenigkeit pilgerten durch ganz Deutschland, um für die KS zu trommeln. Ei-

nes schönen Tages des Jahres 1987 fanden wir uns auch in Willingen im schönen Sauerland ein, wo die Marine das 25. Treffen der UBootfahrer des Zweiten Weltkriegs nutzte, um mit der Ausstellung »Unsere Marine« Öffentlichkeitsarbeit und Nachwuchswerbung zu betreiben (Letztere natürlich nicht unter den Veteranen, die aus fünf Ländern angereist waren, sondern unter den jungen männlichen Besuchern der Veranstaltung).

Wir sollten zwei, drei Mal am Tag springen. Grabo hatte extra seine neue Videokamera mitgebracht, er verfügte auch als Einziger über einen modernen, privat beschafften Schirm sehr leichter Bauart. Uns andern standen leider nur die dienstlich gelieferten und fast doppelt so schweren MT-1 zur Verfügung. Die Piloten waren wieder mal Spitze und hatten außer uns auch noch zahllose Rundflüge am Hals. Einfach nur zu springen war uns schon nach den ersten Sprüngen wieder zu langweilig. Abends beim Bier an der Hotelbar kam Grabo auf die glorreiche Idee, das Hotel zu »nutzen«. Es war uns beim Springen aufgefallen, da es aus der Vogelperspektive wie ein Mercedes-Stern aussah. Seine sechs terrassenförmigen Stockwerke krönte ein kiesbedecktes Flachdach. »Eigentlich ein idealer Landeplatz«, stellte Grabo so beiläufig fest. Mehr brauchte er nicht zu sagen. Natürlich fragten wir den Leiter des Hotels und erklärten, dass alles im sicheren Bereich ablaufen würde. Der Mann war hellauf begeistert. Er wollte noch Einiges vorbereiten, um der Aktion auch die nötige Werbewirksamkeit zu verleihen. Alois übernahm eine 3 x 5 m große Flagge mit Sauerlandstern.

Wir sprangen am Sonntag. Während Alois absetzte, filmte Grabo den ganzen Vorgang von der Kufe des Hubschraubers aus. Wir sprangen nacheinander ab und landeten alle nach unserem Kameramann, der jeden genau in der Linse hatte, auf dem Dach des Hotels. Alois zog als Erster und blieb so werbewirksam mit der riesigen Flagge am längsten am Himmel. Die Zuschauer waren begeistert und der Leiter des Hotels schenkte auf dem Dach Sekt für uns aus. Den nächsten Sprung wollten wir auf der Wiese vor dem Hotel beenden. Die UBootfahrer und ihre Frauen bildeten einen Kreis, in dessen Mitte wir landeten. Als besonderen »Gag« und um aller Welt zu zeigen, dass wir von der Marine sind, zogen wir bei diesem Sprung un-

Die KS-Fallschirmspringer auf Werbetour in Friedrichshafen am Bodensee, Oktober 1987. Von links: Detlef Thiede, Erich Adolf, Ulli Wich, Willi Probst. Im Hintergrund der *Sea King*, aus dem gesprungen wurde.

sere Ausgehuniformen an. An dieser Stelle möchte ich mich nochmals bei den Piloten der Marineflieger bedanken. Sie und ihre Fliegerkameraden der Teilstreitkräfte Luftwaffe und Heer übertrafen bei solchen Veranstaltungen oft sich selbst. Uns verband immer eine tolle Kameradschaft.

Den größten Zulauf in Sachen Schauspringen erlebten wir in Regensburg, meiner Heimatstadt. 1985 waren es an einem Wochenende rund 60.000 Zuschauer. Wir zogen alle Register und sprangen sogar in den Rhein–Main–Donaukanal. Die Ausstellung der Marine gastierte in der Donaustadt auf dem Dultplatz, dem Ausstellungsgelände der DONA. 1990 wurden wir wieder eingeladen und hatten den gleichen Erfolg.

Die KS ließ keine Gelegenheit aus, um für die Marine und die Kampfschwimmer zu werben. In unzähligen Städten von Flensburg bis Friedrichshafen waren fast alle Freifaller der Kompanie ein-

mal bei der Öffentlichkeitsarbeit eingesetzt. Auch auf der Ausstellung »Boot« in Düsseldorf war und ist die Kompanie jährlich mit einer Abordnung vertreten, die Vorstellung im Hindernisschwimmen und im Tauchen gibt. Mit einer gewissen Frechheit, meiner Sache aber sicher, kündigte ich einmal vor laufender Kamera einen neuen Rekord im Hindernisschwimmen an. Die Stoppuhr stand bei 46 Sekunden. Das waren sechs Sekunden unter dem alten Rekord. Auch beim Zeittauchen konnte ich mit sechs Minuten neue Maßstäbe setzen. Ein Jahr darauf, ich hatte zusammen mit Jens Hilbert trainiert und wir saßen zusammen im Becken, toppte er mich um 30 Sekunden. Wir wären in Düsseldorf auch gerne Fallschirm-gesprungen, erhielten aber wegen des in der Nähe liegenden Flughafens keine Sprunggenehmigung.

Nun wird es wieder dienstlich. Eine andere Art der Luftverbringung ist das Fallschirmspringen aus großen Höhen mit Sauerstoffatmung. Damit werden etwa Kommandotrupps im Rücken des Gegners abgesetzt um Sabotageaufträge durchzuführen oder Landungen eigener Kräfte vorzubereiten. Beim so genannten HAHO-Springen (*High Altitude, High Opening* = Große Höhe, Öffnung in großer Höhe) ziehen die Soldaten unmittelbar nach Verlassen des Flugzeugs die Reissleine und segeln aus großer Höhe bis zu 40 km und mehr in der Tiefe des Raumes lautlos durch den Nachthimmel. Die Navigation fordert dabei auch erfahrenen Troupiers einiges an Können ab und jeder Springer muss sich darauf konzentrieren, die Verbindung zu halten. Die Einsatztrupps sind vor allem des Nachts nur schwer zusammenzuhalten und zu führen. Beim Sprungdienst in Eckernförde bildet etwa die Schlei eine der Orientierungslinien.

Beim Ausschleusen sind dagegen eher wieder die Kenntnisse des Einzelkämpfers im Landkampf und Durchschlagen gefragt, womit sich der Kreis der Aus- und Weiterbildung wieder schließt.

Was gibts noch an Besonderheiten? Ach ja, die Springer-Jubiläen der Kompanie. Insbesondere wird jeder vollendete »Tausender« auf Fotos festgehalten – einzelne Angehörige der Kompanie brachten es auf über 5000 Sprünge – und sind in die so genannte *Ahnengalerie* eingereiht. Gäste befreundeter Eliteeinheiten reisen an, um gemeinsam mit den Jubilaren vom Himmel zu fallen, was natürlich ebenfalls fotodokumentarisch festgehalten wird. Bei den gegenseitigen Einladungen und Übungen ergibt sich im Übrigen auch Gelegenheit zum Erwerb von Springerabzeichen anderer Einheiten und Streitkräfte.

Neuer Rekord im Hindernisschwimmer auf der »boot« in Düsseldorf 1987. Willi Probst und Michael Höck (rechts).

## Lerne leiden ohne zu klagen, aber vergiss nicht zu kämpfen!

Willi Probst

# Ahnengalerie

Aktive Kampfschwimmer seit Bestehen der Kompanie mit rechtmäßiger Trageberechtigung des Kampschwimmerabzeichens.

Aus Eingangs erwähnten Gründen wird auf die Angabe der Taktischen Nummern verzichtet. Auch können aus Sicherheitsgründen nicht alle Namen genannt bzw. ausgeschrieben werden. Vornamen sind in kursiver Schrift dargestellt. Die Nennung erfolgt in Reihenfolge der Verleihung.

Völsch
Prasse
Heyden
Langhans
Mertens
Meier, H.
Kalin
Zierfuß
Herrmann A.
Syfuß
Sauer
Peiker
Heigl
Mohr
Buczilowski
Gartner
Haas
Ritter
Sichler
Rudolf
Vogel
Lindner
Schultz
Stolle
Bienefeld
Pollex
Mehrmann
Sassen
Kunze
Geldermann

Ehrenberger
Guss
Heinkelmann
Meisehen
Vischer
Weymann
Leopoldi
Kielow
Schulz, G.
Sartorius
Niederreiter
Krüger R.
Beermann
Kunz
Achtert
Barzen
Schöttler
Würz
Heidinger
Pommerening
Gold
Schmereim
Scherer
Harprecht
Wiedmann
Ciesel
Zimmer
Oltmann
Schmitz
Breunig
Schweizer
Reinholz
Wahl
Meyer, G.
Giebel
Adolf
Matzat
Gerlach
Magay
Neuendorf

Höpfner
Würger
Leip
Kolberg
Dindas
Strunk
Jeskulke
Köhler, U.
Nolting
Nieländer
Pierzchalski
Brüning
Milinski
Hilbert
Rank
Rogoll
Gesterkamp
Fleckenstein
G.
Körner
Schulz, K.H.
Sieber
Wich
Erb
Jantsch
Schauer
W.
Kretzinger
Heinrich, H.
Brackmann
Guth
Barth
Agne
Wagner, D.
Bartl
Prasno
Rinke
Späth
Schönfeld
Faßbender
Tuschke
Zimmermann
Dürbeck
Ziemann
Keuter
Köhler, J.
Hetz
Ullmann
Biwersi

Holtz
Carley (US SEAL)
Trettow
Dahl
Haupelshofer
Schirra
Hochmann
Falke
Landrock
Serke
Krüger, H.
Strauß
Golay (US SEAL)
Schwann
Schichtel
Christoleit
Breitenreicher
Schmalstieg
Görlich
Hatzenbühler
Stark
Sicks
Herrmann, R.
Heuvens
Knipp
Probst
Schlegl
Uecker
Schoultz (US SEAL)
D., *Kalle*
Genth
Hupfer
Weber
Adolph
F., *Michael*
H., *Janos*
Raach
Abt
Grabo
Reindl
Vollmer
Frey
Th., *Detlef*
Groß
Jansen
O`Leary (US SEAL)
Krohn
Nievenheim
Peter

241 Erb
242 Jantsch
243 Schauer
244 Wegscheider
257 Kretzinger
258 Heinrich H
259 Brackmann
260 Guth
261 Barth
262 Agne
263 Wagner D
264 Bartl
265 Prasno
266 Rinke
267 Spath

268 Schonfeld
269 Faßbender
270 Tuschke
271 Zimmermann
272 Durbeck
273 Ziemann
274 Keufer
275 Kohler J
276 Hetz
277 Ullmann
278 Biwersi
279 Holtz

Der von Wolfram Giebel entworfene Kampfschwimmerkrug trägt die Namen aller Angehörigen der Kompanie bis 2001.

Damm
Gierke
S., *Peter*
Pösl
Ziehm
Sch., *Ralf*
Wupper
Barnard
Kalwa
H., *Mario*
M., *Frieder*
Schmidt, N.
Zumbro (US SEAL)
Beyer
Appelmanns
Heinrich, A.
Friedrichs
Bales
Kröper
Höck
Bernard (US SEAL)
Tomeit
N., *Markus*
Winter
B., *Roland*
H. Jens
Wegener
Wilharm
Ott
M. Bernd
Sch., *Wolfgang*
Gerland
Apitz
Naue
W., *Jan*
Stadelbauer
Helms
Weers (US SEAL)
Schmidt, A.
Knippelberg
Irtenkauf
Enskonatus
V., *Andreas*
Mathesius
Stokloßa
Stadthagen
K.,
K., *Nico*
Nöll

Kilrain (US SEAL)
Heitz
B., *Andreas*
Peters
Nitschmann
Diekerhoff
Von Müller
Meyer, S.
Geßler
Gusentine (US SEAL)
B.
B.
Leibfritz
F.
W.
Clausen
Vorsprach
Kirschke
B.
K.
H.
R.
Sch.
H.
G.
West (US SEAL)
P.
K.
M.
G.
D.
St.
A.
K.
M., T
H., Ch.
S.
J.
Swan (US SEAL)
H.
K., D.
B.

Ehrenmitglieder *(honoris causa)*
h.c. Zickermann
h.c. Triphan
h.c. Hellwinkel
h.c. Krause
h.c. Martens

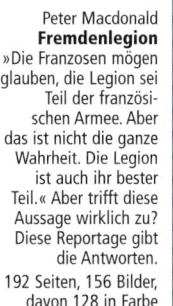
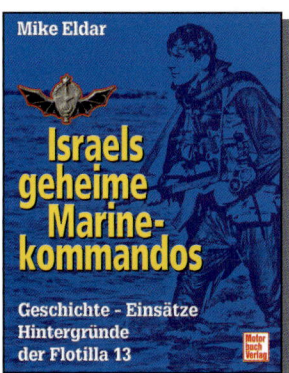